BEDROHTE SAAT

Saatgutpflege und der
Kampf gegen die Macht der Agrokonzerne

mit Beiträgen von
Manfred Christ, Nikolai Fuchs,
Tina Goethe, Bertold Heyden, Manfred Klett,
Petra Kühne, Ursula Prall und einem
Vorwort von Oliver Willing

herausgegeben von
Manfred Christ

entwürfe (17) **PFORTE**

1. Auflage 2010

www.pforteverlag.com

Buchgestaltung: Finken & Bumiller, Stuttgart
Umschlaggestaltung: Finken & Bumiller, Stuttgart
Satz: Verlag
Druck und Bindung: Druckhaus Nomos, Sinzheim

Printed in Germany
ISBN 978-3-85636-197-6

INHALT

Oliver Willing

Vorwort_5

Manfred Christ

Am Anfang war das Saatgut_11

Von der Agrokultur zum Agrobusiness und die Gefährdung unserer Ernährungs-grundlagen

Manfred Klett

Die Entstehung der Kultur-pflanzen und das Saatgut als Kulturerbe der Menschheit_49

Nikolai Fuchs

Agro-Gentechnik – Stolperstein für eine gesellschaftliche Neuorientierung_89

Tina Goethe

Leere Versprechen, volle Kassen_117

Gentechnologie in der Landwirtschaft und das Geschäft mit dem Hunger

Bertold Heyden

Getreidezüchtung am Bodensee_147

Beispiel für eine biologisch-dynamische Initiative

Ursula Prall

Genetische Vielfalt, geistiges Eigentum und Saatgutverkehr_187

Der Rechtsrahmen

Petra Kühne

Ernährung und Saatgutqualität_217

Manfred Christ

Für eine Handvoll Dollar_243

Die Macht der Agrokonzerne und das Saatgutimperium des 21. Jahrhunderts

Anmerkungen_302

Literatur_320

Adressen aus der ökologischen Saatgutzüchtung und -erhaltung_323

VORWORT

Lieber Leser, dieses Buch handelt von Ihrer elementarsten Lebenswirklichkeit. Wie gestalten Sie diesen wichtigen Bereich Ihres Lebens? Worauf kommt es Ihnen dabei an? Wer bestimmt über die zukünftige Entwicklung? Wollen Sie die Zukunft mitbestimmen?

«Sorry», sagen Sie vielleicht, «Sie irren sich. Mit Saatgut habe ich nichts zu tun!» Und in gewisser Weise haben Sie sogar recht. Im urban geprägten Lebensalltag der meisten Menschen, insbesondere in den Industriestaaten, spielt Saatgut keine wesentliche Rolle. Eher kennt man die Schnelligkeit seines Internetanschlusses, die Leistungsfähigkeit seines Computers oder die neusten Flatrate-Tarife der Handyanbieter, als dass die Unterschiede zwischen Weizen, Roggen und Gerste gegenwärtig wären.

Dennoch: Morgens das Müsli, mittags ein Risotto, abends ein Baguette oder ein Vollkornbrot – fast bei jeder Mahlzeit haben Sie es sehr konkret mit Saatgut zu tun. Zwar ahnt jeder, auch wenn er keine Bäuerin oder Bauer, keine Gärtnerin oder Gärtner ist, dass Saatgut eine elementare Grundlage wie Wasser, Boden oder Energie für unser Leben darstellt. Es ist die Grundlage unserer Ernährung. Da man jedoch keinen direkten Umgang mit den Samen hat, sind die Vorstellungen diffus.

Ist Saatgut ein Allgemeingut im Sinne der Allmende und somit Teil der Commons-Debatte? Darf man Saatgut als Ware behandeln, um damit Geld zu verdienen? Ist es die Gen-Ressource zur Lösung zukünftiger Ernährungsprobleme? Ist es ein Kulturgut oder ein Rohstoff internationalisierter Märkte? Ist Saatgut überhaupt ein physisches Gut, oder ist es eigentlich ein ideelles? Vermittelt Saatgut Nährstoffe oder Kräfte?

Unterschiedliche Autorinnen und Autoren gehen in diesem Buch mit verschiedenen Blickrichtungen den vielfältigsten Aspekten des Saatguts nach. Dies bringt wichtige Gesichtspunkte und Tatsachen ins Bewusstsein, ermöglicht neue Erkenntnisse und erweitert den Blick. So ist zum Beispiel von tiefgreifender Bedeutung für unseren Umgang mit Saatgut, ob wir es als Wirtschaftsgut betrachten. Inwiefern ist dieser Blick gerechtfertigt und wo ist er fehl am Platz? Wie auch immer wir diese Frage entscheiden, es hat unmittelbare rechtliche Auswirkungen. Und dieser rechtliche Rahmen hat in hohem Maße Folgen für die Biodiversität, für Sortenvielfalt und Ernährungssicherheit, wie Ursula Prall in ihrem Beitrag überzeugend darstellt.

Doch die Betrachtung von Saatgut als Wirtschaftsgut wirkt auch ganz entscheidend in die Züchtungsarbeit hinein. Denn aus wirtschaftlichen Überlegungen macht sich in den letzten Jahrzehnten zunehmend die Tendenz bemerkbar, Saatgut unfruchtbar zu machen (Hybridsorten, Terminator-Technologie). Dies ist eigentlich ein Widerspruch in sich, denn der Inbegriff des Saatguts ist seine Fruchtbarkeit.

Doch aus Sicht der Unternehmen, die in die Entwicklung von Saatgut investieren und aus betriebswirtschaftlicher Sicht ein *return of invest* anstreben, ist dieses Vorgehen durchaus vernünftig. Sie müssen aus ökonomischen Gründen gegen dieses Wesensmerkmal von Saatgut, also gegen seine Fruchtbarkeit, vorgehen. Stellen wir uns einmal vor, die Autos einer deutschen

Sportwagenfirma wären nicht nur schnell, sondern auch «fruchtbar». Man würde den Wagen kaufen und im Herbst in seinem Garten vergraben. Und im nächsten Jahr wüchsen dort, sagen wir gegen Mitte Juli, mehrere Sportwagen der gleichen Marke mitsamt Sonderausstattung aus dem Boden ... Zweifelsohne wäre dieser Autohersteller nach wenigen Jahren bankrott.

Sind die Saatgutfirmen und weltweit agierenden Agrokonzerne somit im Recht oder müssen wir bei Saatgut andere Maßstäbe anlegen als bei Sportwagen? Ist Saatgut nicht eigentlich ein Kulturgut, vergleichbar mit den Pyramiden von Gizeh oder dem Kölner Dom?

Wir stehen bezüglich unserer gesamten Kulturpflanzenentwicklung im Grunde genommen auf den Schultern von Riesen. Haben nicht die Menschen vor tausenden von Jahren die Grundlage für unser tägliches Brot gelegt? Ohne Gentechnik und Patente haben sie eine ungeheure Vielfalt geschaffen. Wie es dazu kam und warum Saatgut ein Kulturerbe der gesamten Menschheit darstellt, beleuchtet Manfred Klett in seinem Beitrag über die Entstehung der Kulturpflanzen.

Heutige Pflanzenzüchtung orientiert sich an einer vom Erdöl geprägten beziehungsweise von fossilen Energieträgern abhängigen Landwirtschaft. Dieses Modell der Landwirtschaft ist veraltet und aus bekannten Gründen nicht nachhaltig. Die Zukunft gehört einer «Sonnenbasierten» Landwirtschaft, die mit geringstem Input die optimalen Möglichkeiten des jeweiligen Standorts nutzt. Diese Entwicklung ist vor dem Hintergrund des Klimawandels notwendig und wird auf die zukünftigen Ziele und Gesichtspunkte der Pflanzenzüchtung starke Auswirkungen haben.

Dadurch kann auch wieder eine andere Tatsache deutlicher werden: Pflanzen sind die Vermittler der Sonnenkräfte für den Menschen. Und vor diesem Hintergrund kann es entscheidend sein, wie die jeweiligen Pflanzen aufgrund der Züchtungsziele und Züchtungstechniken «konfiguriert» sind, nach welchen Gesichtspunkten sie züchterisch verändert wurden. So wirkt die «Sonne» durch jede Pflanzenart, aber auch durch jede Sorte etwas anders auf den Menschen. Denn jede Sorte verhält sich aufgrund ihrer züchterischen Bearbeitung sehr unterschiedlich zu Boden oder Kosmos und bindet deren Kräfte unterschiedlich ein.

Die durch die Pflanze geordneten Stoffe und die damit verbundenen Sonnenkräfte nehmen wir als Nahrungsmittel zu uns. Sie wirken in uns und somit auch auf unsere gesamte Konstitution, unser Wollen, Fühlen und Denken. Neben dem allseits üblichen Blick auf die Inhaltsstoffe eröffnen sich somit weitere Gesichtspunkte für die Nahrungsmittelqualität, wie sie von Petra Kühne aufgezeigt werden.

Im Herbst 2009 machte eine neue Studie von DB Research, einem *think tank* der Deutschen Bank, mit dem Titel *Lebensmittel – eine Welt voller Spannungen* von sich reden. Diese weist unter anderem darauf hin, dass die verschiedenen Ansätze der Gentechnik und des Biolandbaus sehr unterschiedlich hinsichtlich Gleichheit und Verringerung der Armut wirken: «Bei einem reinen Life-Sciences-Ansatz konzentriert sich das Wissen auf den oberen Stufen der Produktion, das heißt in den Labors der Biotechnologieunternehmen und Saatguthersteller. Es wird dann nach unten an die Bauern weitergegeben, die die Techniken auf ihren

Feldern anwenden. Sie sind für die weitere Aussaat von den Biotechnologieunternehmen abhängig, wenn die neuen Pflanzenarten kein Saatgut produzieren oder die Unternehmen es den Bauern nicht gestatten, das Saatgut auszusäen. Die ökologisch integrierten Ansätze sind dagegen partizipativer; anstelle von Chemikalien und Schädlingsüberwachungssystemen wird in Menschen investiert. Die einzelnen Bauern erhalten in ihnen mehr Einfluss und Autonomie.»

Die dort als wesentlich für Autonomie beschriebene Kooperation und Zusammenarbeit von Züchterinnen und Züchtern mit Bäuerinnen und Bauern wird von allen biologisch-dynamischen und ökologischen Züchtungsinitiativen von Beginn an praktiziert und exemplarisch im Beitrag von Bertold Heyden anhand seines Regionalsortenprojekts am Bodensee beschrieben. Zudem gibt Heyden wesentliche Denkanstöße zum tieferen Sinn von Züchtung und Evolution und unterschiedliche Gesichtspunkte zum Verständnis der Pflanzen.

Vom Regionalen zum Globalen wendet sich der Blick durch Tina Goethes Beitrag. Sie zeigt auf, wie wenige multinationale Agrokonzerne von der Gentechnik und aktuellen Entwicklungen an den Märkten auf Kosten der Bauern in der Dritten Welt profitieren. Sie weist auf die Widersprüche zwischen der Marketing-Maschinerie der Agrokonzerne und der landwirtschaftlichen Realität hin und enttarnt die vollmundigen Heilsversprechen der Saatgutfirmen.

Diese politische Brisanz des Saatgutthemas wird auch im abschließenden Beitrag sichtbar, der sich mit den Strategien der Agrokonzerne zur Kontrolle des Saatgutmarktes und der gewollten Zerstörung der Ernährungssouveränität ganzer Erdteile beschäftigt. Sind die Befürchtungen übertrieben, wonach Saatgut als Instrument einer neokolonialen Hegemonialpolitik missbraucht werden kann, und können wir die zahlreichen alarmierenden Beispiele wirklich ignorieren?

Umgekehrt kann das Saatgut aber auch zum «Stolperstein» für eine gesellschaftliche Neuorientierung und zur Stärkung zivilgesellschaftlicher Kräfte werden. Sehr pointiert wird diese soziale Bedeutung vor dem Hintergrund zunehmender Marktkonzentration und industrieller Züchtungsmethoden von Nikolai Fuchs hervorgehoben. Die Berufung auf den allgemeinen Fortschritt bei der Rechtfertigung der Agro-Gentechnik erweist sich dabei nur als leere Worthülse. Wichtiger wäre zu fragen: Fort *wovon* und Schritt *wohin!* Oder anders gesagt: Entscheidend ist der gesamtgesellschaftliche Wille, der Wert, den wir dem Saatgut als Grundlage für unser «täglich Brot» geben. Welche Entscheidungs-Spielräume wollen wir unseren Kindern und Enkeln für die zukünftige Entwicklung auf diesem Gebiet noch lassen?

Für eine eigenständige, ökologisch und regional orientierte Saatgutarbeit stehen die Zeiger auf fünf vor zwölf. Denn so wie Strom nicht einfach aus der Steckdose kommt, kommt Saatgut nicht einfach nur aus dem Sack. Deshalb will dieses Buch auch zu persönlichem Engagement und stärkerem Verbraucherbewusstsein herausfordern und bietet auf den letzten Seiten einige wichtige Adressen von Saatgutinitiativen, die auf Ihre Unterstützung angewiesen sind.

Oliver Willing,
Zukunftsstiftung Landwirtschaft *im Januar 2010*

AM ANFANG WAR DAS SAATGUT

Von der Agrokultur zum Agrobusiness und die Gefährdung unserer Ernährungsgrundlagen

Manfred Christ

Saatgut ist das älteste Open-Source-Projekt der Menschheit und seine Vielfalt ist Ergebnis einer zehntausend Jahre währenden Ackerbaukultur. Doch seit Beginn des 20. Jahrhunderts wird die Landwirtschaft von einer Kommerzialisierungswelle überrollt, die dieses kulturelle Erbe mit seinem genetischen Reichtum zu vernichten droht. Die Strategie der Agroindustrie besteht darin, diesen durch wenige kommerzielle Sorten zu ersetzen, die von den Konzernen vermarktet, durch Lizenzen geschützt und kontrolliert werden. Zentrale Entwicklungsmomente in der Agrargeschichte von der neolithischen Revolution bis hin zur Verbreitung der Grünen Gentechnik veranschaulichen das Scheitern eines Wirtschaftsmodells an seinem selbst gesetzten Ziel, den Hunger in der Welt zu bekämpfen.

Die Natur kennt nur den Mangel und den Überfluss. Für die Bedürfnisse des Menschen ist sie blind.

Der Garten Eden ist ein mythischer Ort, wo der Mensch weder spürt, dass er nackt ist, noch dass er Hunger leidet. In der nackten Wirklichkeit jedoch wurde seine Speisekarte vom wechselhaften und keinesfalls üppigen Nahrungsangebot bestimmt, wie es die Natur ohne sein Zutun hervorbrachte. Die Vision vom Land, in dem Milch und Honig fließen, markiert das Ziel einer menschlichen

Kulturleistung, nicht den Naturzustand am Schöpfungsmorgen.

Hat Adam, der zum ersten Ackerbauer wurde, deshalb in den sauren Apfel der Erkenntnis gebissen, um die süßen Früchte des Feldes zu genießen? Und war die Paradiespforte, anders als die Genesis lehrt, der Fluchtweg aus einem bedrängten Dasein? So könnte es jedenfalls der steinzeitliche Jäger und Sammler empfunden haben, wenn es darum ging, die Hunger- und Durststrecken seiner von der Unberechenbarkeit der Natur bestimmten Lebensweise zu überbrücken.

Verkohlte Samen und Feldfrüchte vermitteln ein Bild von den Ernährungs- und Lebensgewohnheiten im Neolithikum (S. 55f). Was sie aber zu den aufschlussreichsten archäologischen Funden aus jener Zeit macht, ist die Tatsache, dass sie einen dramatischen Wandel und zivilisatorischen Fortschritt zwischen 9000 und 8000 v. Chr. dokumentieren.[1] Innerhalb einer entwicklungsgeschichtlich kurzen Zeitspanne sprengte der Mensch die Fesseln seiner naturgebundenen Existenz, wurde sesshaft und begann, Ackerbau und Viehzucht zu betreiben. Samen von Wildgräsern und -früchten wurden gesammelt und getauscht, Kultursorten, die den menschlichen Bedürfnissen und natürlichen Bedingungen entsprachen, durch Selektion herangezüchtet.

Dieser Schritt aus einer Gesellschaft von Jägern und Sammlern war eine der folgenreichsten Etappen in der Menschheitsentwicklung. Der steinzeitliche Revolutionär kostete nicht nur vom Baum der Erkenntnis, er säte auch dessen Früchte auf allen Gebieten menschlicher Tätigkeit. Der Ackerboden wurde zum Nährboden weiterer Kulturentwicklung, indem seine Bearbeitung eine

Ernährungsgrundlage schuf, die Voraussetzung für den Fortschritt auf anderen Gebieten wie dem der Kunst, von Handwerk und Technik und der Wissenschaft war.

Getreide war Grundnahrungsmittel und zugleich allseits akzeptiertes Zahlungsmittel und sorgte auch dadurch für eine florierende Wirtschaft und funktionierende Staatsordnung. Schon im Kodex Hammurabi (um 1750 v. Chr.) wurden die Preise für Waren und Dienstleistungen in Getreidemaßen festgelegt. Dies ging weit über eine reine Tauschwirtschaft hinaus; Saatgut trug die Merkmale einer echten Währung, die nicht nur ihren realwirtschaftlichen Gegenwert besaß, sondern sich auch durch Aussaat und Pflege vermehren ließ.

Gerstenmutter und zürnende Göttin – Der mythische Ursprung der Ackerbaukultur

Die Ambivalenz der Natur als Ursprung des Mangels und zugleich als Quelle der Fruchtbarkeit tritt in der griechischen Götterwelt in Gestalt der Persephone hervor. Ihrem Namen nach bringt sie «Zerstörung»;[2] als Tochter der Demeter ist sie aber auch Sinnbild der reifen Ähre und der Fruchtbarkeit. Ihre Mutter, die Göttin des Getreides – der «Grundform des Reichtums»[3] – und der jahreszeitlichen Ordnung, auch unter dem Namen «Gerstenmutter» und «Weise der Erde» verehrt, trägt bereits dieses Doppelwesen in sich. Wer der Göttlichkeit der Natur seinen Respekt versagte, bekam Demeters Zorn zu spüren.

Als Erysichthon damit begann, die Bäume des ihr geweihten Heiligen Hains zu fällen, verdammte sie ihn zu ewigem Hunger. So viel er auch aß, er wurde nur umso hungriger und dürrer, und als man die Mengen an Nahrung nicht mehr aufbringen konnte, nach denen er verlangte, ging er betteln und aß den Abfall der Straße.[4]

Doch Hunger war nur eine der Sanktionen, die Demeter verhängen konnte. Es herrschte Dürre, die Felder und Bäume trugen keine Früchte mehr, als sie auf der Suche nach ihrer Tochter zehn Tage unerkannt auf der Erde umherirrte. Die Menschen starben. Persephone war ohne ihr Wissen von Hades in die Unterwelt entführt worden. In Eleusis wurde Demeter in der Verkleidung einer alten Frau von König Keleus als Amme aufgenommen. Nur dessen Sohn Triptolemos erkannte die Göttin und berichtete ihr vom Raub der Tochter, den er beim Hüten des Viehs beobachtet hatte.

Auf Demeters Schwur hin, dass die Erde bis zur Rückkehr Persephones unfruchtbar bleiben würde, sah sich Zeus zum Handeln gezwungen. Sie könne ihre Tochter zurückerhalten, ließ er ihr durch Hermes melden. Doch diese hatte bereits von den Kernen eines Granatapfels gegessen. Nachdem sie einmal diese Totenspeise gekostet hatte, war sie für alle Zeit dem Hades verfallen. Nur ein von Zeus ausgehandelter Kompromiss konnte bewirken, dass ihr Aufenthalt im Hades auf ein Drittel des Jahres begrenzt blieb.[5] Danach durfte sie auf die Erde zurückkehren und mit ihr das pflanzliche Leben. In der Landbevölkerung hielt sich das Andenken an dieses Ereignis in zahlreichen Riten, etwa im Begräbnis einer Getreidepuppe, die nach Ende des Winters wieder aus der Erde geholt und deren sprießendes Korn an das Erwachen der Lebenskräfte erinnern sollte.

Bevor Demeter Eleusis verließ, überreichte sie Triptolemos Saatgut, einen Pflug und einen Wagen mit vorgespanntem Drachen, mit dem er durch die Welt ziehen

Die Aussendung des Triptolemos, attische Schale, circa 460 v. Chr.

und den Menschen den Anbau des Getreides lehren sollte. Aus dem Viehhirten wurde ein Ackerbauer. Er wurde in die Mysterien der Demeter eingeweiht, die von nun an jedes Jahr bis in die christliche Zeit gefeiert wurden.

Dies hatte keineswegs nur jenen kultischen Zweck mit prosaischem Nutzen, den man heute darin gerne zu sehen glaubt, nämlich die Bitte um die Gunst der Götter als eine Art vorkapitalistische Form der Agrarsubvention. Indem Triptolemos von der Göttin selbst in der Kunst des Ackerbaus unterwiesen wurde, wurde göttliche Weisheit nun von den Menschen verwaltet und in einem Einweihungsritus weitergegeben. Als «Prototyp des Ackerbauers» und «Verbreiter bäuerlicher Gesittung im Auftrage von Demeter und Kore (Persephone)»[6] verteilt er die Gaben der Erde unter den Menschen.

Eine ältere ägyptische Form desselben Mythos spricht vom «Feuer des Hades, der unterirdischen Hochzeit, den Geburtswehen der Pflanzen»[7] und verweist damit unmittelbar in die Sphäre des Keimhaften, der Lebenskräfte. Dort, im Reich des Todes, enthüllen sich die Geheimnisse des Lebens. Dorthin führten den Mysten die eleusischen Zeremonien, und wer sie durchlaufen hatte, kannte die Gesetze des Keimens und Wachsens, der Pflanzenzucht und des Ackerbaus. Zukunft wurde gesät – und das Saatgut ist nicht nur die Ernte des folgenden Jahres, sondern ein Realsymbol für einen geistigen Einschlag von universalem Charakter, der Entwicklung und Zivilisation bewirkt.

Mit der Arche in die Apokalypse – Überlebensprojekt Samenbank

Heute findet die Entführung der Persephone nicht nur im jahreszeitlichen Wechsel statt, überall und jederzeit öffnen sich neue Eingänge zum Hades. Einer davon befindet sich seit Februar 2008 auf Svalbard, besser bekannt unter dem Namen seiner Hauptinsel Spitzbergen. Dort, wo sich Eisbär und Polarfuchs Gute Nacht sagen, 800 Kilometer vom Nordpol entfernt, klettern die Temperaturen auf der zu Norwegen gehörenden Inselgruppe im arktischen Meer nur wenige Tage im Jahr über den Gefrierpunkt. Diese kurze Zeitspanne genügt der heimischen Vegetation, Blüten zu entfalten und Samen zu bilden, bevor der Polarwinter für Monate wieder jedes Leben erstickt.

Inmitten dieser lebensfeindlichen Umgebung soll bald Saatgut von bis zu 4,5 Millionen Kultursorten gelagert werden – ein Querschnitt des bedeutendsten kulturellen Erbes der Menschheit. Bereits 175 Länder planen, ihre Samenproben nach Spitzbergen zu schicken. Gesichert in einer festungsartigen Anlage tief im Permafrostboden bei konstanten 18 Grad minus wähnt man so den pflanzengenetischen Reichtum, der die Ernährungsgrundlage der Menschheit bildet, vor globalen Katastrophen zu schützen: Kriege, Klimawandel und steigender Meeresspiegel, Pflanzenkrankheiten – oder *genetische Verunreinigung.* «Ein gefrorener Garten Eden», begeistert sich EU-Kommissionspräsident Barroso bei der Eröffnung des gigantischen Saatgutbunkers, eine deutsche Boulevardzeitung stilisiert ihn sogar zur «Samenbank Gottes», und auch ernst zu nehmende Blätter hyperventilieren in biblischer Metaphorik, wenn sie von einer modernen «Arche Noah» oder vom «Tresor des Jüngsten Gerichts» berichten.

Eigentlich wurde schon mit der Verdrängung traditioneller Kulturpflanzen durch wenige, für den indus-

Aufbewahren statt Bewahren? – Eingang zum Svalbard Global Seed Vault, Spitzbergen.

triellen Anbau geeignete Hochleistungssorten in den Fünfziger- und Sechzigerjahren die Notwendigkeit erkannt, bedrohte Kultursorten in öffentlichen Genbanken zu sammeln, zu konservieren, auszuwerten und durch Erhaltungszucht zu bewahren. In Deutschland werden heute in der Samenbank des Instituts für Pflanzengenetik und Kulturpflanzenforschung Gatersleben rund 150 000 Kultursorten aufbewahrt. Andere Länder betreiben vergleichbare Einrichtungen zum Schutz ihrer Ressourcen. Weltweit dürften es mehr als sechs Millionen Muster von 80 verschiedenen Nutzpflanzenarten in 1320 Genbanken und 131 Ländern sein, die überwiegend als Samen, aber auch als Stecklinge und Anpflanzungen auf diese Weise konserviert werden.[8]

Während noch vor wenigen Jahren alle Appelle der Food and Agriculture Organization (FAO) zur Finanzierung eines öffentlichen Saatgutfonds, der unter internationaler politischer Kontrolle allen Ländern freien Zugang zum Genmaterial bieten sollte, ungehört verhallten,[9] tritt nun wie aus dem Nichts der Global Crop Diversity Trust als Betreiber einer Internationalen Saatgutbank mit einem Vermögen von derzeit 123 Millionen US-Dollar auf den Plan. Und plötzlich lassen sich auch Konzerne und industrienahe Stiftungen nicht lumpen, wenn es um den Erhalt der biologischen Vielfalt geht, darunter jene, die am meisten zur ihrer Verdrängung beigetragen haben, wie die Saatgutriesen Syngenta aus der Schweiz oder Dupont Pioneer Hi-Bred, einer der bedeutendsten Inhaber von Patentrechten auf gentechnisch verändertes Saatgut. Mit einer Summe von jeweils einer Million US-Dollar haben sie vorsorglich ihren Fuß in die Hochsicherheitstüren des Saatgutbunkers von Spitzbergen gestellt.

Auch die Rockefeller-Stiftung, die als Triebkraft der sogenannten grünen Revolution dazu beigetragen hat, große Teile der Welt in Agrarwüsten zu verwandeln und den Handel mit Saatgut zu kommerzialisieren, sitzt mit im Boot. Deren Zuwendung von 305 000 Dollar nimmt sich gegenüber den 30 Millionen der Bill & Melinda Gates Foundation allerdings bescheiden aus.[10] Doch auch die Großzügigkeit, die von Gates' Wohlfahrtsimperium ausgeht, verliert ihren Glanz, wenn man um ihr «schmutziges Geheimnis» weiß. Nach einem Bericht der *Los Angeles Times* ist ein Großteil des Stiftungskapitals in Unternehmen investiert, von denen erhebliche Gefährdungen für Gesundheit und Umwelt ausgehen und deren Ziele mit denen der Stiftung, die sich bisher vor allem durch medizinische Hilfsaktionen hervorgetan hat, nicht zu vereinbaren sind.[11] Der humanitäre Gestus wird von der Logik eines marodierenden Profitstrebens gesteuert, das auch die Unternehmensstrategie der Agrokonzerne prägt.

Beim Überlebensprojekt von Spitzbergen präsentiert sich nun ein Konsortium globaler Brandstifter als Löschtrupp – oder wie es F. William Engdahl formuliert: Die Füchse bewachen den Hühnerstall der Menschheit.[12] Ihre Profite resultieren aus der Begrenzung von Schäden, die sie selber verursacht haben, und in einem sich selbst perpetuierenden System von Ursache und (Neben-) Wirkung werden mit jedem neuen landwirtschaftlichen Produkt zugleich neue Probleme, neue Bedürfnisse und neue Lösungen geschaffen: Resistenzen gegen Herbizide, die Auszehrung der Böden oder die Verunreinigung des Wassers bilden die Grundlage, immer neue Agrochemikalien – Gifte und Mineraldünger – und widerstandsfähigere Sorten hervorbringen und vermarkten zu können: Eine Endlosspirale, solange dieses System sich nicht selbst vernichtet.

Gerade die Saatgutindustrie ist in diesem Kreislauf der Widersprüche gefangen. Denn der Erfolg und die Verbreitung ihrer Produkte gründen auf der Zerstörung genetischer Ressourcen mit dem Ziel, das in einer Allianz von Natur und Mensch in zehntausend Jahren hervorgebrachte und frei zugängliche Saatgut durch kommerzielle Sorten zu ersetzen. Doch zugleich ist sie auf die Erhaltung der Vielfalt angewiesen, um aus diesem genetischen Potenzial immer wieder neues Saatgut zu entwickeln, neue Märkte zu erobern und sich neue Lizenzen zu sichern.

Wird das stillgelegte Bergwerk auf der entlegenen arktischen Insel, das sich zum globalen Samen-Depot verwandelt hat, von den Konzernen also nur als genetische «Goldmine» betrachtet, deren Ausbeutung weniger dem Fortbestand der Arten als dem eigenen wirtschaftlichen Überleben dienen soll? Ist die Genbank von Spitzbergen Teil eines besonders perfiden Geschäftsmodells, das darauf beruht, die Menschheit eines Kulturschatzes zu berauben und sich zugleich einen exklusiven Zugriff darauf zu sichern?

Angesichts dieses Verdachts schrumpft die viel beschworene Arche zum Rettungsboot einer havarierenden Agroindustrie, deren Besatzung man das wertvollste Erbe der Menschheit nicht unbedingt anvertrauen möchte. Denn was der angesehene amerikanische Wirtschaftsjournalist Matt Taibbi über die Verursacher der jüngsten Finanz- und Wirtschaftskrise schreibt, gilt umso mehr für die Protagonisten der Saatgutkonzerne: «Diesen Leuten ging es nie um etwas anderes, als Geld und immer mehr Geld zu machen. Ihre Werte befinden sich auf einer Stufe mit denen von Rauschgiftsüchtigen oder sexuell Perversen, die in Häuser einbrechen, um Unterwäsche zu klauen.»[13]

Vielleicht spricht sich im apokalyptischen Vokabular vom «Tresor des Jüngsten Gerichts» nichts anderes aus als das vage Gefühl, dass die Katastrophe Teil des Plans ist und die Samenbank im arktischen Eis eine erste Vorkehrung für die Zeit, in der sich die menschenfreundliche «Gerstenmutter» wieder in die zürnende Göttin verwandelt. Ob künftige Generationen die gefrorenen Samen von Spitzbergen als genetische Ressource nutzen oder nur noch als Herbarium ausgestorbener Arten besichtigen können, bleibt allerdings ungewiss. Je länger das Saatgut im künstlichen Koma verharrt, desto geringer wird seine Keimfähigkeit. Um ihre Vitalität zu erhalten, müssen daher alle Samenproben in regelmäßigen Abständen durch Aussaat erneuert werden. Der einzig sichere Weg, das Überleben einer Art und damit die genetische Vielfalt zu bewahren, ist die Erhaltung und Vermehrung der Kulturpflanzen und ihrer Wildformen als Teil des natürlichen Ökosystems und in der landwirtschaftlichen Nutzung (S. 196).

Triptolemos' Auftrag bestand in der ungehinderten Verbreitung des Saatguts und des Wissens um seine Pflege. Daraus entwickelte sich über Jahrtausende hinweg eine kaum zu überblickende Vielfalt unterschiedlicher, den vielfältigsten Bedingungen angepasster Land- und Hofsorten. Die Strategie der Agroindustrie weist in die entgegengesetzte Richtung: Ihr Ziel besteht darin, diese Vielfalt durch wenige kommerzielle Sorten zu ersetzen, die von den Konzernen vermarktet, durch Lizenzen geschützt und kontrolliert werden. Inzwischen werden auf 80 Prozent der Ackerfläche Europas nur noch vier verschiedene Kulturpflanzen angebaut und jährlich schwindet der genetische Reichtum mit einer Rate von einem bis zwei Prozent, während die Gewinne der Agrokonzerne in zweistelliger Höhe steigen.[14]

So meldete Monsanto, das inzwischen den Markt für genmanipuliertes Saatgut beherrscht, 2007 eine Gewinnsteigerung von 71 Prozent, und auch die Saatgutsparte des deutschen Bayer-Konzerns konnte im selben Jahr um immerhin 23 Prozent zulegen.[15] Was heute als «Sündenfall der Gentechnik» bezeichnet wird, die Manipulation des Erbguts und die Durchbrechung der Artenschranken mit dem dazugehörigen Anbaukonzept, das auf rücksichtslose Ausbeutung und Zerstörung natürlicher Ressourcen ausgerichtet ist, erscheint ebenso als Symptom eines Paradigmenwechsels von der Agro*kultur* zum Agro*business* wie der Griff nach Tiefkühlpizza und Dosenbier.

Die Lebensgrundlage der Menschheit liegt heute als Konserve in der Gefriertruhe auf Spitzbergen, und ist das Verfallsdatum erst einmal abgelaufen, stehen wir wieder dort, wo der steinzeitliche Jäger und Sammler einst begonnen hat. Wir haben wie Erysichthon den Heiligen Hain gefällt, sind unersättlich und werden doch nicht satt.

Kommerz statt Kultur? – Saatgut in der Mühle des Agrobusiness

Ende der 1970er-Jahre schlug James Lovelock scheinbar eine neue Seite im Buch der Natur auf, doch genau besehen wurde nur eine alte Geschichte in der Terminologie moderner Wissenschaft erzählt. Seine als Gaia-Hypothese bekannt gewordene Auffassung beschreibt die Biosphäre als sich selbst regulierenden Organismus, der Veränderungen kompensieren kann, ohne aus dem natürlichen Gleichgewicht zu geraten.

Die Natur als dynamisches System, das sich selbst am Leben erhält, kann danach nicht bloß im Sinne eines mechanistischen Weltbilds als Uhrwerk betrachtet werden, das sich im berechenbaren Takt naturgesetzlicher Notwendigkeit dreht, sondern als kosmische Intelligenz oder beseelter Organismus, wie er schon in den ältesten Zeiten der Menschheit in der fruchtbringenden oder strafenden Erdgöttin Bild geworden ist. Selbst wer in diesem Phänomen nur einen Funktionszusammenhang erkennen will, der in seiner Komplexität nicht zu durchschauen ist, kann aus ihm dieselben Entwicklungsprinzipien herauslesen: Vitalität, Ausgleich, Erneuerung und Differenzierung.

Wo der Mensch in einen solchen Systemzusammenhang eingreift oder ihn zu reproduzieren versucht, kann er dessen Komplexität und Vielfalt nur in Form einer *Kulturleistung* schaffen und bewahren. Für Max Weber gehörte die Agrargeschichte eben deshalb zur Kulturwissenschaft, weil bei ihr die Kausalität der Zusammenhänge – im Gegensatz zur Naturwissenschaft – nur beschränkt erkennbar ist. Mit dieser Kulturwissenschaft geht eine zehntausend Jahre alte Kulturpraxis einher. Die Veredelung von Wildpflanzen gehört zu den ältesten Kulturtechniken der Menschheit – mehr noch, sie *ist* Kultur im ursprünglichsten Sinne. Der lateinische Begriff «colere», von dem sich das Partizip «cultus» ableitet, bedeutet «das Feld bebauen und pflegen». *Cultus* hat sich auch in einer sprechenden Doppelbedeutung als «Pflege des Körpers und des Geistes, geistige Erziehung» etabliert.

Die Lebens- und Entwicklungsgrundlagen einer Kultur sind Freiheit, Vielfalt, Offenheit und Austausch. Sie erhält, reproduziert und verändert sich in einem unaufhörlichen Prozess, bei dem Eigenes verwandelt und Fremdes integriert wird. Wo diese «klimatischen» Bedingungen gestört sind, wird Kulturentwicklung gehemmt, unterdrückt oder führt zu einem erstarrten elitären oder kommerziell dominierten Kulturbetrieb – oder zu dessen Erliegen. In der industriellen Serienproduktion, die sich auch des Saatguts bemächtigt hat, dem fortwährenden Kopieren eines standardisierten Prototyps, wird kulturelle *Vielfalt* durch industrielle *Vervielfältigung,* kulturelle *Einzigartigkeit* durch serienmäßige *Gleichförmigkeit* ersetzt.

Moderne Technologien beschleunigen diesen Kommerzialisierungstrend. «Primär sind industrielle Züchtung und Gentechnologie Werkzeuge, um die erneuerbare Fülle des Lebens durch knappe Waren zu ersetzen, die von den Saatgutfirmen und der Life-Science-Industrie zu einem hohen Preis bereitgestellt werden» – so fasst die indische Umweltaktivistin und Globalisierungskritikerin Vandana Shiva das Grundaxiom des Agrobusiness in einer knappen Formel zusammen.[16] Seine Produkte dienen nicht der Absicht, den Markt zu bedienen, sondern ihn zu kontrollieren – mehr noch: Sie sind ausschließlich zu diesem Zweck konstruiert. Gentechnisch verändertes Saatgut bringt bis heute weder der traditionellen Landwirtschaft noch dem Verbraucher nennenswerte Vorteile, es dient ausschließlich als Werkzeug zur Verschiebung natürlicher, ökonomischer und rechtlicher Rahmenbedingungen im Sinne der Konzerninteressen: durch die Verdrängung traditioneller Sorten, durch Monopolisierung der Märkte, durch Patente als rechtlichen und Sterilität als biologischen Schutz gegen unkontrollierte Vermehrung. Was die Natur bislang in ihrer Fülle hervorgebracht hat, wird zum knappen Gut, dessen Preis und Menge nun von den Unternehmen diktiert wird.

Das Profitstreben der Agrokonzerne zu verurteilen wäre ebenso unangemessen wie einem Hund das Jagen zu verbieten. Der *Kampf gegen die Macht der Agrokonzerne* muss dort beginnen, wo diese den Aktionsradius ökonomischen Handelns überschreiten und nicht nur das Keimplasma der Nahrungspflanzen manipulieren, sondern auch politische Entscheidungsprozesse und die öffentliche Meinung, oft mit äußerster Aggressivität und ohne Rücksicht auf übergeordnete Interessen und rechtliche Schranken. Ihr gesamtes Geschäftsmodell basiert auf einer Lüge: Während sie vorgeben, sich globalen Aufgaben wie der Ernährung einer wachsenden Weltbevölkerung zu widmen, zerstören sie die Ernährungsgrundlagen der Menschheit und verdienen am Hunger in der Welt.

Langzeittherapie gegen den Hunger

Bis ins 20. Jahrhundert hinein war Hunger auch in Europa ein gefürchteter Gast. Naturkatastrophen vernichteten regelmäßig bedeutende Teile der Ernte. Chroniken berichten selbst in unseren Breiten von Heuschreckenplagen biblischen Ausmaßes. 1388 wusste man in Bozen keinen besseren Rat, als den Kirchenbann gegen die gefräßigen Insekten zu verhängen. Der größte

Schädling war jedoch der Mensch selbst, der die strukturellen Voraussetzungen geschaffen hatte, durch die Naturkatastrophen zu Hungerkatastrophen wurden, indem er durch Misswirtschaft und mangelnde Vorsorge zur Krisenanfälligkeit beitrug. In solchen Fällen sah man die «Heuschreckenschwärme» selbst dann nicht, wenn sie schon die Sonne verdunkelten, und man konnte sich nicht einmal auf die Launen der Natur berufen, wenn die Folgen von Krieg oder Unterdrückung durch Hunger verschlimmert wurden.

Wie schon bei der neolithischen «Revolution», der Auflehnung des Menschen gegen die Bevormundung durch die Natur, waren auch spätere gesellschaftliche Umwälzungen meist aus Hunger- oder Agrarkrisen hervorgegangen. Sie hatten wesentliche Auswirkungen nicht nur auf die Methoden des Landbaus und die Agrarverfassung, sondern auch auf das gesamte soziale und politische Gefüge in einer bis ins 20. Jahrhundert bäuerlich geprägten Gesellschaft, die direkt oder indirekt von der Landwirtschaft lebte. Dies trifft auf die Bauernkriege des 16. Jahrhunderts ebenso zu wie auf die Französische Revolution, und man sieht sich dabei der ernüchternden Tatsache gegenüber, dass deren hochgesteckte Ideale wie Freiheit, Gleichheit und Brüderlichkeit erst laut wurden, nachdem das Gespenst des Hungers die Massen auf die Barrikaden getrieben hatte.

Mit der *Erklärung der Menschen- und Bürgerrechte,* deren Maximen im Prinzip der Gewaltenteilung eine staatstheoretische Grundlage erhielten, hatte man anders als bei früheren Bauernaufständen jeder weltlichen oder geistlichen Instanz, die sich über die Würde des Menschen erheben konnte, die Anerkennung verweigert. Die

Diagnose, «dass die Unkenntnis, das Vergessen oder die Missachtung der Menschenrechte die alleinigen Ursachen für die öffentlichen Missstände» sind, lässt keinen anderen Schluss zu, als dass ihre Verfasser in den «natürlichen unveräußerlichen und geheiligten Rechten des Menschen» eine radikalere und wirksamere Hungerbekämpfung sahen als in Rezepturen, die die konkurrierenden ökonomischen Schulen bereithielten. Eine Langzeittherapie des an Mangelerscheinungen leidenden gesellschaftlichen Organismus konnte nur darin bestehen, jene sozialen Schranken abzubrechen, die den Menschen daran hindern, nach seinen ökonomischen, sozialen und kulturellen Grundbedürfnissen zu leben und zu handeln.

Einmal freigesetzt, waren diese Ideen nicht mehr rückholbar und griffen die schwache Konstitution europäischer Feudalherrschaft an. Ihr Nährwert, der nicht in Kalorien zu messen ist, zeigte sich stets nach jenen Katastrophen, die auf Zwangsherrschaft oder nationalen Größenwahn unvermeidbar folgten, wenn die Wiedereinsetzung des Menschen in seine natürlichen Rechte wie etwa nach dem Zweiten Weltkrieg Ausgangspunkt einer gesellschaftlichen Neuorientierung wurde und damit eine neue Phase des Wohlstands einläutete.

Industrielle Revolution und die Modernisierung der Landwirtschaft

Als Albrecht Daniel Thaer mit der Landwirtschaftlichen Akademie in Möglin 1806 das erste deutsche landwirtschaftliche Lehrinstitut ins Leben rief, war dies die Geburtsstunde der modernen Agrarwissenschaft und der erste Schritt in einer «Wissensrevolution», die in einen unaufhaltsamen Prozess der Entwicklung und Verbreitung neuer Anbaumethoden und moderner Hochleistungssorten hineinführte.

Der traditionelle Landbau, der seine Leistungskraft aus der Natur und ihren eigenen Erzeugnissen bezieht, erschien dagegen wie schon bei seinem letztmaligen Niedergang im ausgehenden Mittelalter, als sich der Aufbruch in eine moderne Wissensgesellschaft vollzog, als letzter Wagen am Zug der gesellschaftlichen Entwicklung, den man abkoppeln konnte, damit die Lokomotive des Fortschritts an Fahrt gewann. Das Primat technisch-ökonomischer Lösungen dominierte bei dem nun einsetzenden agrartechnologischen Wandel wieder über den sozial-ethischen Entwurf einer solidarischen Gesellschaft, die den strukturellen Ursachen zyklisch wiederkehrender Agrarkrisen zu begegnen weiß. Jene gesellschaftlichen Fesseln, die im Zeitalter des Feudalismus zu Hunger und Armut geführt hatten, wurden nun durch die eisernen Ketten der industriellen Revolution ersetzt.

Ihre Fortsetzung findet diese in der grünen Revolution und der sogenannten gentechnischen Revolution des 20. Jahrhunderts – Etappen auf dem Weg zu einer industrialisierten und kapitalintensiven Landwirtschaft, die sich mit immensen Ertragssteigerungen technische und wissenschaftliche Errungenschaften scheinbar zunutze macht, sich tatsächlich aber in die Abhängigkeit von der Industrie begibt. Selbst die Mühe des Revoltierens hatte man den Landwirten und den Hungernden in aller Welt abgenommen und ihnen den verheißenen Fortschritt in Form von Agrochemikalien, Maschinen oder nach reinen Ertrags- und Anbaukriterien gezüchteten und industriell vermehrten Hochleistungssorten feilgeboten.

Vom Betriebsorganismus, der sich durch das maßvolle Zusammenspiel unterschiedlicher Faktoren selbst am Leben erhält, wurde der Schritt zur industriellen Produktionsweise vollzogen, die auf maximale Effizienz ausgerichtet ist. Diese wiederum erreicht nur mit dem Hilfsmotor industrieller Fertigprodukte, Rohstoffe und Energie ihre Betriebstemperatur und muss dabei den hohen Kapitaleinsatz durch Ertragssteigerungen kompensieren. Ihr zentraler Glaubensartikel, dass nur durch unaufhörliche Expansion und Produktivitätssteigerung dem Hungerproblem zu begegnen sei, beherrscht bis heute sämtliche Lösungsansätze, die das globale politische und ökonomische Handeln prägen.

Die grüne Revolution war kein Aufstand von Bauern oder gar einer hungernden Bevölkerung, viel eher war sie der Putsch eines politisch-industriellen Interessenkartells gegen eine weitgehend autarke Landwirtschaft, finanziert und inszeniert von der US-amerikanischen Regierung und der Rockefeller-Stiftung. Die grüne Revolution war nur so grün wie eine Dollarnote.

«Sicher leben heißt mehr erzeugen!» – Nahrung aus dem Chemiebaukasten

Bedrohlich wie ein Countdown rasen die Ziffern auf der Website des Internationalen Reisforschungsinstituts, mit denen das Wachstum der Weltbevölkerung eindrucksvoll inszeniert wird, scheinbar der nahen Katastrophe entgegen, während dicht darunter die Anzeige mit der verfügbaren Ackerfläche wie eingefroren erscheint. Mit der im 20. Jahrhundert erfolgten «Bevölkerungsexplosion» wuchs auch das «Bewusstsein von den Verflechtungen solcher Entwicklungen mit der wirtschaftlichen und gesellschaftlichen Entwicklung».[17]

Tatsächlich wurde schon zu Beginn des letzten Jahrhunderts, als eine erste Kommerzialisierungwelle die Landwirtschaft überrollte, die Parole ausgegeben: «Sicher leben heißt mehr erzeugen!»[28] Eine *Denkschrift des Preußischen Landwirtschaftsministers zur Frage der Volksernährung* sagte auch, wie dies zu erreichen sei. Dem Boden seien «die Mengen von Nährstoffen in Form von Kunstdünger zuzuführen, die er braucht, um volle Ernten zu bringen. [...] Geschieht dies nicht, so tritt Hungersnot ein.»[19]

Schon 1840 hatte Justus von Liebig, der die wachstumsfördernde Wirkung von Stickstoff, Phosphaten und Kalium nachweisen konnte, die Zauberformel für die geforderte Produktionssteigerung gefunden,[20] doch erst das Haber-Bosch-Verfahren, 1910 als Patent angemeldet, erlaubte die Synthetisierung von Ammoniak und dessen Weiterverarbeitung zu Stickstoffdünger in einem großindustriellen Ausmaß. Die Landwirtschaft bildete zunächst nur einen nachrangigen Absatzmarkt für die Produkte dieses energieaufwändigen Verfahrens. Primär diente es der Rüstungsindustrie zur Herstellung von Munition. Doch auch die Skepsis der Bauern trug dazu bei, dass der Mineraldüngerverbrauch nur schleppend stieg. Anders als in der Propaganda der Düngemittelhersteller verheißen, entpuppten sich deren oft minderwertige oder wirkungslose Produkte – ähnlich wie heute die der Gentechnik – als Mogelpackungen, und eine Aufklärungsschrift der DLG von 1914 mit dem Titel *Vorsicht beim Ankauf von Dünge- und Futtermittel!* erreichte eine Auflage von einer Viertelmillion.[21]

Erst der Ausbruch des Ersten Weltkriegs gab dem Trend zur Intensivierung der Landwirtschaft und damit vor allem dem Kunstdüngereinsatz einen kräftigen Schub, indem das Streben nach landwirtschaftlicher Selbstversorgung zur erklärten politischen Zielsetzung wurde. Schon 1914 gab es 65 staatliche Versuchsanstalten im Deutschen Reich, von denen 50 unter der Leitung eines Chemikers standen. Die Landwirtschaft geriet zunehmend in die Abhängigkeit von Staat, Industrie und Forschung: Das phosphathaltige Thomasmehl, ein Nebenprodukt der Stahlerzeugung, wurde von der Schwerindustrie hergestellt, die chemische Industrie war Produzentin von Stickstoffdünger, der Staat war über das Kalimonopol als Rohstofflieferant für Düngemittel involviert. Dieses Interessenkartell prägte das Leitbild der Agrarproduktion. Einseitigkeit wurde Programm.

Das Erforschen anderer Aspekte der Bodenfruchtbarkeit etwa im Bereich der Bakteriologie, auch andere Überlegungen früherer Agrarreformer, beispielsweise über innerbetriebliche Stoffkreisläufe, die auf dem Gleichgewicht von Viehwirtschaft und Pflanzenanbau beruhen, konnten wieder zu den Akten gelegt werden. Das Problem der Nährstoffversorgung schien gelöst zu sein. Doch gerade die Abhängigkeit vom Kunstdünger und damit von Industrie und Militär musste die Krisenanfälligkeit der Landwirtschaft verschärfen, da mit ihr der Mangel an Alternativen im Landbau einherging. Denn im Zweifelsfall hatten militärische Interessen den Vorrang, etwa wenn der produzierte Stickstoff für die Herstellung von Sprengstoff benötigt wurde.

Die Weichen waren jedoch längst gestellt und neue technische Möglichkeiten eroberten schnell die Landwirtschaft. Max Eyth, der sich auch einen Ruf als Romanschriftsteller und Maler erwarb, versuchte mit der Gründung der Deutschen Landwirtschafts-Gesellschaft (DLG) die Agrarwirtschaft mit dem Fortschritt vertraut zu machen und die Mechanisierung voranzutreiben.

Daneben gelang auch ein erster Durchbruch bei der chemischen Schädlings- und Unkrautbekämpfung, die irrigerweise als «Pflanzenschutz» bezeichnet wird, obwohl sie darauf hinzielt, pflanzliches und tierisches Leben zu zerstören. Chemiker des Basler Unternehmens Geigy arbeiteten in den Zwanzigerjahren an der Entwicklung von Wirkstoffen, die Insekten und Gliederfüßler vernichten, Pflanzen und Warmblüter dagegen schonen sollten, die eine lange Wirkungsdauer und eine hohe chemische Stabilität besitzen. 1939 fand der Chemiker Paul Müller diese Eigenschaften im Dichlor-Diphenyl-Trichloräthan (DDT) wieder, einer Substanz, die schon 1873 entdeckt worden war, deren praktische Anwendungsmöglichkeiten man damals aber noch nicht erkannt hatte und deren Gefahren man lange nicht erkennen wollte.

Biologisch-dynamische Landwirtschaft – eine «gefährliche» Alternative

Gerade als das Nährstoffproblem von der Düngemittellobby als gelöst erklärt wurde, trat Rudolf Steiner mit seinem Modell einer biologisch-dynamischen Landwirtschaft hervor, das in seinem alle Lebens- und Wissensgebiete umfassenden Gesamtwerk einen eher beiläufigen Stellenwert einnimmt, in seiner Wirkung aber zu den folgenreichsten und auch erfolgreichsten alternativen Anbaukonzepten gehört.

Was Steiner während eines «landwirtschaftlichen Kurses» im schlesischen Schloss Koberwitz zu sagen wusste, hatte denselben Ausgangspunkt wie alle Reformbemühungen seiner Zeit, indem er das Ende der «instinktiven Agrikulturweisheit»[22] erklärte. Doch Steiner zog daraus völlig entgegengesetzte Konsequenzen als der Mainstream der Agrarforschung. Er stellte den reduktionistischen Tendenzen der Wissenschaft den holistischen Anspruch gegenüber, «im Einklang mit dem ganzen Kosmos positiv zu wirken».[23]

Jener merkantilistische Teufelskreis, der immer höhere Einträge an Chemikalien und Rohstoffen, immer mehr Maschinen und Kapital erforderte, verwandelte sich in Steiners landwirtschaftlichem Konzept zum geschlossenen Stoffkreislauf eines individuellen Hoforganismus (S. 158ff.), in dem im Idealfall nicht nur auf Agrochemikalien verzichtet, sondern jegliche Substitution durch Produkte vermieden wird, die nicht aus der eigenen Hofproduktion hervorgegangen sind – von der organischen Düngung bis zur Zubereitung von Pflanzenpräparaten, deren Heilkräfte zur Verbesserung der Bodenfruchtbarkeit und Pflanzengesundheit dienen.

Wer Wachstumsprozesse nur als biochemische Vorgänge begreifen konnte, den Acker als Chemiefabrik, den Boden als Schwamm zur Aufnahme des Flüssigdüngers betrachtete, musste solchen Überlegungen über die Wirksamkeit «ätherischer» Kräfte und kosmischer Einflüsse kopfschüttelnd gegenüberstehen. Industrie und Wissenschaft konnten Steiners universellem Ansatz jedoch nur das Totalitäre ihres eigenen Geltungsanspruchs entgegensetzen. Ihre Angriffe richteten sich gegen Menschen, die sich dem unzeitgemäßen Anliegen der Verantwortung für Mensch und Umwelt verpflichtet fühlten. Tatsächlich war dieses Ansinnen aber weniger harmlos, als es schien, denn Steiners Schüler waren im Begriff zu beweisen, dass es eine praktikable Alternative zu den propagierten Anbaumethoden gab und gerade die sich modern und effizient gebärdende Landwirtschaft «unter der materialistischen Weltanschauung am allermeisten von rationellen Prinzipien abgekommen ist».[24]

Und so dauerte es nicht lange, bis eine Generalmobilmachung gegenüber dem biologisch-dynamischen Landbau erfolgte, der parallel zur Industrialisierung der Landwirtschaft seine ersten Gehversuche machte. Obwohl sich selbst die DLG zu gemeinsamen Versuchen mit Vertretern der biodynamischen Wirtschaftsweise durchgerungen hatte, wurde diese in einem Pamphlet ihrer Dünger-Abteilung als «bedenklich, gar gefährlich» stigmatisiert. Gefährlich vor allem für die Superphosphat-Industrie, die um einen lukrativen Absatzmarkt bangte und sich in ihren Hoffungen, dieser Spuk werde bald vorübergehen, enttäuscht sah. Einer ihrer Wortführer attackierte sie als «Kurpfuscherei an einem sehr kranken Körper» und forderte, dass die maßgebenden Stellen «schärfer gegen diese Lehre vorgehen».[25]

Dort schien man solche Auffassungen zunächst zu teilen, denn auch ein interner Vermerk der Biologischen Reichsanstalt sprach «von unbelehrbaren Fanatikern», die «sich nicht an Vernunft und Wissen, sondern an den Glauben ihrer Anhänger wenden». Auch die *Chemiker-Zeitung* berichtete von «Irrlehren auf dem Gebiet der Bodendüngung», die sich mit einem Fanatismus breit machten, dass man sich «in die finsteren Zeiten mittelalterlicher Unwissenheit zurückversetzt glaubt».[26]

Tatsächlich waren es «ideell veranlagte Menschen», die ihre Arbeit «nicht nur im Hinblick auf ihre Rentabilität» vornahmen, wie schon damals ein Vertreter der

Reichsanstalt nicht ohne Sympathie berichtete,[27] und Steiners Konzept entspricht keineswegs einer Rückwendung zu überholten Traditionen, sondern einer völligen Neuausrichtung. Gerade diese zentrale Gemeinsamkeit, nämlich der moderne Ansatz einer wissensbasierten Landwirtschaft, musste den Hass der Gegner herausfordern. Steiners Schüler waren angetreten, um auf demselben agronomischen Neuland ihr Feld zu bestellen, und gelangten dabei zu einem völlig anderen Ergebnis – zu einer Landwirtschaft, die *ernährt,* statt einer Agroindustrie, deren Produkte *satt* machen.

Beide Richtungen sind auf ihre Weise bis heute außerordentlich erfolgreich: die biologisch-dynamische Wirtschaftsweise im Aufbau einer nachhaltigen, weitgehend autarken Landwirtschaft, die qualitativ hochwertige Nahrungsmittel hervorbringt, und der hochindustrialisierte, kapital- und rohstoffintensive Landbau in der quantitativen Steigerung der Ernteerträge und der Kapitalrendite. Mit dessen Erfolg wuchsen aber auch die Probleme, doch Steiner hatte bereits darauf reagiert, bevor sie überhaupt sichtbar wurden, und einen fundamentalen Defekt bloßgelegt. Man hatte über allen wissenschaftlichen Überlegungen zur Rationalisierung und Produktivität vollkommen die Bedürfnisse des Menschen vergessen: «Sie können ja irgendwelche Frucht ziehen, die glänzend aussieht, auf dem Felde oder im Obstgarten, aber sie ist vielleicht für den Menschen nur magenfüllend, nicht eigentlich sein inneres Dasein organisch befördernd. Aber bis zu diesem Punkte, dass der Mensch die beste Art von Nahrung für seinen Organismus erhält, kann es ja diese Wissenschaft heute nicht bringen, weil sie dazu gar nicht den Weg findet.»[28]

Letztlich waren die Hoheit über die Institutionen und mächtige wirtschaftliche Interessen entscheidend, dass die Kriterien biologisch-dynamischer Wirtschaftsweise nicht in den wissenschaftlichen Diskurs einfließen konnten – nicht anders als in der heutigen Debatte über Grüne Gentechnik, Lebensmittelqualität und alternative Anbaumethoden. Selbst wer in unseren Zeiten des Biobooms für den Ökolandbau Partei ergreift, wird zwar mit besserem Geschmack, der Abwesenheit von Giften und Nitrat oder mit «Prozessqualität» argumentieren können. Wer sich aber auf Vitalkräfte beruft, muss sich als esoterischer Spinner belächeln lassen. Gerade dieses Tabu bildet aber die offene Flanke der Biobranche, durch die sie von der Agroindustrie korrumpiert und vereinnahmt wird. Selbst Greenpeace-Chef Kumi Naidoo ließ sich jüngst in einem Interview dazu hinreißen, die ablehnende Haltung seiner Organisation gegenüber der Grünen Gentechnik zur Disposition zu stellen.[29]

Heute steht man staunend dem Phänomen gegenüber, dass die Zuwachsraten auf dem Biosektor zwar rasant steigen, zugleich aber die Folgen eines wissenschaftlichen Reduktionismus, der sich zur Weltanschauung verfestigt hat, gerade auf den Gebieten der Landwirtschaft und Ernährung nicht weniger rapide zunehmen: Beim *precision farming* nutzt man statt kosmischer Kräfte GPI-Satellitensignale aus dem All, und aus Lebensmitteln, die Vitalkräfte vermitteln, sind Sattmacher geworden, die den Magen füllen. Die heuchlerische Empörung über «Analogkäse» und «Schummelschinken» illustriert nur jene Widersprüchlichkeit, mit der die Vorzüge des Agrobusiness begrüßt und ihre Folgen gefürchtet werden. Mit dem Konsum industriell erzeugter Nahrung, der es an Vitalkräften mangelt, praktizieren wir eine Form der Askese, die dick macht.

Moderne Hochleistungssorten – ein Moloch der Agroindustrie?

Auch der Trend zur Ausbreitung von Monokulturen und zu einem drastisch reduzierten Sortenspektrum hat seinen Ursprung schon im frühen 20. Jahrhundert. Die ersten dadurch hervorgerufenen Probleme und die mit ihnen verursachten ökologischen und wirtschaftlichen Schäden ließen nicht lange auf sich warten, und oft enthielten sie – wie im folgenden Beispiel – selbst den Kern der Lösung.

Einem besonders aggressiven Schädling, dem Baumwollkapselkäfer, dessen Larven sich von den Kapselfrüchten der Baumwolle ernähren und erhebliche Ernteeinbußen verursachen können, hat die Stadt Enterprise im US-amerikanischen Bundesstaat Alabama schon 1919 eine besondere Anerkennung erwiesen. Doch nicht in seiner Fresswut bestand die eigentliche heroische Leistung, die ihn sogar auf den Sockel eines öffentlichen Denkmals gehoben hat. Es war die Tatsache, dass er zum Lehrmeister der Menschen wurde, die seine Invasion auf den Feldern als Anlass zur Umstellung ihrer monokulturellen Landwirtschaft nutzten und mit dem diversifizierten Anbau von Erdnüssen, Mais, Kartoffeln und Zuckerrohr der Plage nicht nur Herr wurden, sondern auch wesentlich höhere Gewinne erwirtschaften konnten.

Während die Bauern bisher versucht hatten, ihr Saatgut selbst zu verbessern und rein zu erhalten, wurden sie zunehmend durch professionelle Züchter ersetzt.

Beamte und Wissenschaftler übernahmen nun die Kontrolle über die Züchtung und Vermehrung. Moderne wissenschaftliche Praktiken ersetzten traditionelles Erfahrungswissen, und besonders die Wiederentdeckung von Mendels Vererbungslehre und Darwins Theorie zur Entstehung der Arten führte dazu, dass das bäuerliche Auswahlverfahren durch die Methoden der Kreuzungszüchtung verdrängt wurde, bei der man nicht mehr nur auf lokale Sorten zurückgriff, sondern auf genetisches Material aus allen Teilen der Welt.

Im Ergebnis bedeutete dies jedoch keine Vielfalt und Differenzierung, sondern eine genetische Verarmung und einen Rückgang des Sortenangebots. Die Bildung eines staatlich regulierten Saatgutsektors zielte darauf hin, dass nur noch wenige Pflanzenarten angebaut wurden, die den Anforderungen der weiterverarbeitenden Industrie entsprachen. Die Sortenbereinigung ging so weit und vollzog sich so rapide, dass in den Dreißigerjahren in der Schweiz nur noch sieben Getreidesorten wuchsen, wobei zwei Sorten bis zu 87 Prozent der Getreideanbaufläche einnahmen.[30] Mit dieser Auswahl des Saatguts ging auch die der Züchter einher, denen vielerorts der Zutritt zu einer Saatgutorganisation verschlossen blieb.[31] Abweichler wurden bekämpft und ausgeschlossen; sie konnten ihr Saatgut oft nur noch auf dem grauen Markt vertreiben.

Als Norman Borlaug, der als «Vater» der grünen Revolution bezeichnet wird, in den Fünfzigerjahren mit den Geldern der Rockefeller Foundation einen Hochertragsweizen entwickelte, der in der Lage war, auf kurzen Halmen schwere Ähren zu tragen, griff er auf eine bereits in den Zwanzigerjahren gelungene Kreuzung einer japanischen zwergwüchsigen Sorte mit amerikanischem Weizen zurück. Aus dieser sogenannten Weizenrevolution gingen im Wesentlichen drei Sorten hervor, die weltweit Verbreitung fanden. Eine ähnliche «Revolution» fand auch bei den Hauptnahrungspflanzen Reis und Mais mit der Entwicklung ertragsstarker Hybridsorten statt.

Mit einer Verdopplung der Produktion beim Weizen innerhalb von 25 Jahren und einer Ertragssteigerung von mehr als 130 Prozent beim Reis rühmen sich die Verfechter der grünen Revolution im Kampf gegen den Hunger in der Welt.[32] Doch in diesen Zahlen spiegelt sich nur ein Teil der Wahrheit. Der Erfolg des grünen Revolutionssaatguts beschränkt sich im Wesentlichen auf drei Hauptgetreidearten, aus denen weltweit etwa 50 Prozent der Nahrungsmittel hergestellt werden, und seine Ertragskraft ist abhängig von einem ausreichenden Nährstoffangebot und geeigneten Anbaubedingungen, ohne die seine Produktivität nicht höher als die herkömmlicher Sorten ist.

Die moderne Landwirtschaft entpuppt sich dabei als Scheinriese, der zu einer bescheidenen Größe schrumpft, je näher man ihn betrachtet. Denn mit der Erntemenge stieg der Einsatz an Düngemitteln, Pestiziden und Energie überproportional. Vor allem der Wasserverbrauch erweist sich bei den durstigen Nutzpflanzen der grünen Revolution, die viele dürreresistente heimische Sorten verdrängt haben, zunehmend als Problem. Während sich beim Weizen traditionelle indische Landsorten mit 300 mm Jahresniederschlag begnügen, benötigen moderne Hochleistungssorten das Dreifache.[33] Noch schneller als die Produktion stieg auch der Bedarf an fossilen Brennstoffen. Während das Verhältnis von Energieeinsatz und

Ertrag im 19. Jahrhundert ein Verhältnis von 1:10 erreichen konnte, neigte sich die Waagschale nun auf die andere Seite und erreichte einen Wert von 1:0,86.[34] Unter Berücksichtigung der Energiebilanz kann mit extensiven Methoden somit nicht nur gesünder und nachhaltiger, sondern auch effizienter produziert werden.

Die Gesamtbilanz wird jedoch nicht nur durch den höheren Input getrübt, sondern auch durch einen beispiellosen Schwund der Sortenvielfalt. So ist die Zahl der angebauten Reissorten von 100 000 auf zehn zurückgegangen[35] und zahlreiche Hirsearten, die anspruchsloser und ertragreicher sind und einen höheren Reichtum an Nährstoffen als Reis aufweisen, wurden zugunsten des Reisanbaus verdrängt. – Maishybride bedeckten 1970 bereits 99 Prozent aller Maisanbauflächen.

Die friedliche Koexistenz mit einer extensiven Landwirtschaft war damals schon, noch bevor Gentechnik-Pflanzen fremde Felder kontaminieren konnten, kaum möglich, und die Vernichtung kleinbäuerlicher Strukturen schreitet weiter fort. So pachtete 2009 der koreanische Daewoo-Konzern halb Madagaskar wie andere einen Schrebergarten und wird es wohl durch großflächigen Anbau für Biosprit und mit Lohn- und Preisdumping zugrunde richten.[36]

Doch gerade die daraus resultierenden Schäden dienen der Industrie als Vorwand, ihr Zerstörungswerk fortzusetzen. Nachlassende Bodenfruchtbarkeit oder die Verschwendung natürlicher Ressourcen – insbesondere durch den immensen Wasserverbrauch moderner Hochleistungssorten, der zur Verwundbarkeit der Landwirtschaft gegenüber Dürre und Desertifikation beträgt – erfordern immer neue technische Lösungen, wie sie etwa mit der Entwicklung gentechnisch veränderter «stresstoleranter» Sorten angestrebt werden.

Auf Biodiversität basierende Produktivitätsmessungen veranschaulichen jedoch, dass Kleinbauern die Welt ohne Weiteres ernähren könnten.[37] Traditionelle Mischkulturen erzeugen, wie Vandana Shiva vorrechnet, hundert Nahrungseinheiten aus fünf Einheiten Input, während industrielle Monokulturen 300 Einheiten Input zur Erzeugung derselben hundert Einheiten brauchen. Und Shiva rechnet weiter: Aus den verschwendeten 295 Einheiten hätten weitere 5900 Nahrungseinheiten erzeugt werden können. «Das ist ein Rezept, um Menschen auszuhungern, nicht um sie zu ernähren.»[38]

Hinzu kommt, dass höhere Ernteerträge nicht automatisch höhere Einkommen bedeuten, sondern sinkende Preise. Während auf den Philippinen das Erntevolumen in den Siebzigerjahren um 70 Prozent zunahm, sanken die Nettoeinkommen der Bauern um 60 Prozent wegen fallender Weltmarktpreise und kostenintensiver Anbaumethoden.[39] In Brasilien lag die Produktivität eines Hofs von bis zu zehn Hektar Größe bei 85 Dollar pro Hektar, während auf einer 500-Hektar-Farm zwei Dollar pro Hektar erwirtschaftet wurden. – Auch die grüne Revolution frisst ihre Kinder.

Gentechnik und der Sprung ins Informationszeitalter

Während die grüne Revolution zu den Früchten des Industriezeitalters mit seinen wissenschaftlichen und technischen Errungenschaften gehört, vollzieht die Pflanzenzüchtung mit dem Einzug der Gentechnik den Schritt ins Informationszeitalter. Alle Merkmale des Lebens werden auf «Erbinformationen» zurückgeführt, deren Alphabet aus den vier organischen Basenpaaren der DNA besteht.

Züchtung wird zur Datenverarbeitung, die nach Umgehung aller Sicherheitsbarrieren, die die Natur in Form von Artenschranken gesetzt hat, in den «Quellcode» eines Organismus eingreift, ohne ihn in seiner Komplexität verstanden zu haben. Bei der Modifizierung und der Rekombination von Erb-«Material» aus unterschiedlichen Organismen werden alle absehbaren und noch unbekannten Risiken in Kauf genommen bis hin zum Systemabsturz, dessen «Datenverlust» man beim nötigen *reset* mithilfe eines *backup,* wie es in den Genbanken lagert, ungeschehen machen zu können glaubt.

Auch auf diesem wissenschaftlichen Gebiet klafft ein breiter Graben zwischen den verbreiteten Auffassungen der Genetik und jenen Erkenntnisgrundlagen, aus denen Rudolf Steiner seine Anschauungen zur Landwirtschaft entwickelt hat. Während alle gestaltbildenden Prinzipien nach dem zentralen Dogma der Genforschung im Genom festgeschrieben sind und genetische Informationen durch äußere Einflüsse nicht verändert werden können, widerspricht Steiner dieser Determinierung und «Komprimierung» des Lebens im Samen, indem er ihn als «chaotische Materie» beschreibt, offen für Verwandlungsprozesse und Kräfte, die dem Stoff eingeprägt werden können. In ihm findet «eine völlige Umwandlung der physischen Substanz durch die ätherischen Kräfte statt [...], weil der Same durch die ihn umhüllende Mutterorganisation vor der Einwirkung der physischen Kräfte geschützt wird.»[40] Steiner verbleibt dabei keineswegs im Bereich einer diffusen okkulten Begrifflichkeit, er präzisiert und erweitert dies in seinen Gedanken zur

Morphologie bis hin zu konkreten Anweisungen für die landwirtschaftliche Praxis.

Designer-Pflanzen – Leben aus der Retorte

Wie die Karikatur dieser universellen Lebensquelle, die im Samen verborgen liegt und sich immer wieder selbst erneuert, muss das Idealbild eines multifunktionalen Einheitssaatguts erscheinen, zu dem alle Entwicklungstendenzen der Biotechnologie zwangsläufig hinführen. Die natürliche Variationsbreite einer Art wird dabei durch das Konzept eines Universalwerkzeugs ersetzt, bei dem die einzelnen Merkmale (Trait-GURTs) nach Belieben durch den Einsatz regulierender Chemikalien «freigeschaltet» werden können. Die ETC Group[41] bezeichnet Trait-GURTs auch als «Verräter-Technologien», denn diese würden zu einer totalen Abhängigkeit der Nahrungsmittelerzeugung von der chemischen Industrie führen.

James D. Watson, ein Pionier der Genforschung, der zu den Initiatoren des *Human Genome Project* gehört, äußerte sich überzeugt davon, dass unsere Gene sogar «für unser Schicksal maßgebend»[42] sind. Wer eine Ansammlung von Basensequenzen nicht nur für die Organisation des Lebendigen verantwortlich macht, sondern aus zunehmend fragwürdigen Modellannahmen der Gentechnik ein ganzes Weltgebäude zurechtzuzimmern weiß, wird auch keine Grenzen der gentechnischen Manipulation anerkennen wollen. Das Genom wird demnach als beliebig programmierbare Steuereinheit des Lebens betrachtet und die Grenzen des Möglichen werden nur durch den aktuellen Stand der Wissenschaft definiert. Der Phantasie bei der Schaffung von Designer-Pflanzen sind dabei keine Grenzen gesetzt.

Der genetische Superorganismus, der alles kann, könnte sich aber zugleich als Superschwächling präsentieren. Während die natürliche evolutionäre Entwicklung eine gewisse Stabilität der Merkmale veranlagt hat, könnte das Saatgut aus der Retorte eine Anfälligkeit sowohl gegenüber genetischen «Parasiten» als auch gegenüber menschlichen «Programmierfehlern» aufweisen.

Eine sich durch die «Errungenschaften» der Gentechnik ergebende Gefährdung der Ernährungssicherheit ist bereits mehr als nur ein Gedankenspiel. Alarmierende Beispiele häufen sich, durch die die Gefahren von Missernten, die man durch moderne Praktiken in der Landwirtschaft eingedämmt zu haben glaubte, plötzlich wieder real erscheinen. Bisher hat sich das Füllhorn der Gentechnik nur als «Ertragsbremse» erwiesen und zu Ernteeinbußen gegenüber herkömmlichen Hochleistungssorten geführt, die sich allein bei Gen-Soja auf mehr als fünf Prozent beziffern. Auch die agronomischen Vorteile von Bt- oder Roundup-ready-Kulturen können sich durch die Entwicklung von «Superschädlingen» oder «Superunkräutern», die in einigen Gebieten Nordamerikas bereits außer Kontrolle geraten sind, als Bumerang erweisen, der die betroffenen Landwirte mit voller wirtschaftlicher Härte trifft.[43]

Bereits 1997 wurden Monsanto und Delta and Pine wegen Ernteschäden bei Roundup-ready-Baumwolle durch den Baumwollkapselwurm, bei denen amerikanische Farmer einen Verlust von bis zu vierzig Prozent ihrer Ernte beklagen mussten, mit Schadensersatzforderungen in Millionenhöhe konfrontiert.[44] Allein das Ausmaß solcher Einzelfälle ist besorgniserregend und macht deutlich, welche Dimensionen eine Versorgungskrise annehmen könnte, sobald Hauptnahrungspflanzen betroffen sind, bei denen der Anbau gentechnisch veränderter Sorten heute weit fortgeschritten ist.

In Südafrika, wo auf 1,6 Millionen Hektar gentechnisch veränderter Mais angebaut wird,[45] was 57 Prozent der gesamten Mais-Anbaufläche des Landes ausmacht, hatten 280 von rund tausend Farmern 2009 beim Kauf von Genmais-Saatgut buchstäblich eine Niete gezogen. Zwar entwickelten sich die Pflanzen zunächst prächtig, bildeten aber kaum oder überhaupt keine Frucht aus. Monsanto bestritt einen genetischen Defekt und führte den Fehler auf «unzureichende Düngung im Labor»[46] zurück, erklärte sich aber bereit, für einen Ernteausfall zwischen 80 000 und 150 000 Tonnen Mais Schadensersatz zu zahlen, wohl um die Akzeptanz der Gentechnik nicht zu gefährden. Satt wird von diesen Geldern freilich niemand, und was hier bereits Realität wurde, könnte in einem globalen Szenario, wenn sich das monokulturelle Erbe der Saatgutkonzerne über den ganzen Planeten verbreitet, zu einer nicht mehr beherrschbaren Hungerkatastrophe führen. Zu Epidemien, Insekten- und Pilzbefall, Dürre und anderen Naturereignissen wäre somit nun auch die Grüne Gentechnik als möglicher Auslöser von Hungerkatastrophen zu zählen.

Weltweite Anbaufläche jener Pflanzen, bei denen gentechnisch veränderte Sorten am weitesten verbreitet sind[47]

	Fläche*	Fläche GV-Sorten*	Anteil GV-Sorten
Soja	91	65,8	72 %
Mais	161	37,3	23 %
Baumwolle	33	15,5	47 %
Raps	28	5,9	21 %

* in Millionen Hektar

«Biotechnology can help» – Die Ertragssteigerungsdoktrin der Saatgutkonzerne

Doch ausgerechnet der Kampf gegen den Hunger, der ursprünglich die zentrale Antriebskraft einer Agrokultur war, mutiert in der modernen Welt des Agrobusiness zum Vorwand für den Einsatz von gentechnisch verändertem Saatgut und damit zur Tarnvorrichtung obszöner Profitgier. Er wird zum uneingelösten Heilsversprechen, mit dem jede sachliche Debatte über die Risiken der Agrogentechnik im Keim erstickt und Kritiker mundtot gemacht werden sollen. Immer wieder verkündet die Saatgutindustrie mit der Unbeirrbarkeit amerikanischer Weltuntergangssekten neue Termine für die Marktreife ertragreicher Sorten, als würde die Präzision der Vorhersage die Wahrscheinlichkeit der Ereignisse beeinflussen.

So wollen BASF Plant Science und Monsanto 2012 nach gemeinsamer Forschungsarbeit den ersten trockenheitstoleranten Mais mit Ertragsvorteilen von sechs bis zehn Prozent auf den Markt bringen. «Innerhalb des Gesamtmarkts für Pflanzenbiotechnologie, den wir 2025 bei 50 Milliarden Dollar sehen, haben Ertragssteigerung und -sicherung eindeutig das größte Geschäftspotenzial», schwärmt Dr. Hans Kast, Geschäftsführer der BASF Plant Science in Anbetracht des zu erwartenden Geldregens in Zeiten ökonomischer Dürre.[48]

Tatsächlich dürfte es einfacher sein, Wasser in Wein zu verwandeln, als nennenswerte Ertragssteigerungen auf diesem Gebiet zu erzielen. Doch unbeeindruckt von der bisherigen Erfolglosigkeit bei der Entwicklung ertragreicherer Sorten malt auch der Marktführer Monsanto in einer aktuellen Werbekampagne zunächst das

Schreckgespenst einer wachsenden Weltbevölkerung, des Klimawandels und der Notwendigkeit, das Nahrungsangebot bis 2050 zu verdoppeln, um wie erwartet den Deus ex machina der Gentechnik niederschweben zu lassen: «Biotechnology can help.»

Gerade die Gentechnik hat nicht nur die genetische Erosion bei Kulturpflanzen vorangetrieben, sondern auch den seit Beginn der grünen Revolution bestehenden Wachstumstrend in der Ertragsentwicklung gebremst. «Das Stichwort Ertragssteigerung taucht in den Listen von Merkmalen, die durch transgene Nutzpflanzen eingeführt werden, überhaupt nicht auf.»[49] Not soll also durch Mangel bekämpft werden – mit derselben absurden Logik, die mit Waffen Frieden schaffen und mit Atomkraft zum Umweltschutz beitragen will.

Auch die strukturellen Probleme, die für eine Unterversorgung eines großen Teils der Weltbevölkerung verantwortlich sind, haben sich im Zeitalter der Grünen Gentechnik weiter verschärft. Seit Mitte der Neunzigerjahre, quasi mit dem Beginn des kommerziellen Großanbaus gentechnisch veränderter Pflanzen, lässt sich bei konstant steigender Nahrungsmittelproduktion pro Kopf wieder ein markanter Anstieg der Zahl der Unterernährten in den Entwicklungsländern feststellen.[50]

Unter Börsenexperten scheint man keine Wette auf eine kurzfristige Verbesserung der Versorgungslage eingehen zu wollen und prognostiziert steigende Preise für Agrarrohstoffe. Damit will man zunehmend auch Privatanleger zu einer Investition in Rohstoffzertifikate, Aktien und Fonds aus dem Agrarsektor verführen. Doch gerade aus dem erhofften Preisanstieg, der einer in Armut lebenden Bevölkerung den Zugang zu Nahrungsmitteln zunehmend erschwert, resultiert eine Verschärfung der Hungerproblematik. Obwohl die Agroindustrie vorgibt, den Hunger zu bekämpfen, sind alle Wachstumsfantasien dieser Branche nur möglich, solange sie vom ostinaten Grundton knurrender Mägen begleitet werden.

In der Ertragssteigerungs-Doktrin der Saatgutkonzerne, deren Erfolge in die Zukunft verlegt, aber schon heute gefeiert und propagandistisch ausgeschlachtet werden, offenbart sich neben der Monokultur auf den Äckern eine Monokultur des Geistes, die entscheidende wissenschaftliche, rechtliche, ökonomische, kulturelle und soziale Aspekte ausklammert. Allein dies zeigt die Notwendigkeit für einen grundlegenden gesellschaftlichen Systemcheck, denn mit der fehlenden Kompetenz, Glaubwürdigkeit und Unabhängigkeit der verantwortlichen Akteure in Politik und Wirtschaft muss auch die Funktionsfähigkeit rechtsstaatlicher Institutionen hinterfragt werden, deren Aufgabe es ist, Gesundheit, Sicherheit und Daseinsvorsorge der Menschen zu gewährleisten.

Gentechnik in den Händen der Agrokonzerne ist keine Zukunftstechnologie. Sie ist die tragende Säule eines Wirtschaftsmodells, das dorthin zurückführt, wo der steinzeitliche Ackerbauer begonnen hat. Innerhalb kürzester Zeit hat es zur Vernichtung eines Großteils der biologischen Vielfalt der Kulturpflanzen beigetragen und damit eine über Jahrtausende gewachsene Kulturleistung bedroht. Es gefährdet die Ernährungssicherheit, indem es die Launen der Natur durch die Unberechenbarkeit von Wirtschafts- und Konjunkturzyklen und machtpolitischem Kalkül ersetzt.

Das Agrobusiness kennt nur den Mangel und den Überfluss. Für die Bedürfnisse des Menschen ist es blind.

DIE ENTSTEHUNG DER KULTURPFLANZEN UND DAS SAATGUT ALS KULTURERBE DER MENSCHHEIT

Manfred Klett

Die wichtigsten Nahrungspflanzen, die wir täglich verzehren, prägten bereits den Speiseplan des Steinzeitmenschen. Seiner Kulturleistung bei der Wildsortenveredelung wusste der neuzeitliche Züchter vergleichsweise wenig hinzuzufügen. Ist der rätselhafte Evolutionssprung zu Beginn der Ackerbaukultur mehr als nur das Ergebnis von Zufallsmutation und Auslese? Und über welche Fähigkeiten verfügte der damalige Mensch, um Entwicklungsprozesse im Lebendigen zu beeinflussen?
In einem Rückblick auf vergangene Kulturzeitalter verbindet Manfred Klett die Entwicklung und Verbreitung der Kulturpflanzen mit bewusstseinsgeschichtlichen Entwicklungsprozessen, die sich von prähistorischen Kulturtechniken bis hin zu modernen Life-Science-Technologien spannen. Daran knüpft sich die zukunftsentscheidende Frage, wie sich das kulturelle Erbe der Kulturpflanzen erhalten und deren qualitative Weiterentwicklung als «Kunstschöpfungen im Lebendigen» fortsetzen lässt.

Der bewusstseinsgeschichtliche Hintergrund vorchristlicher Hochkulturen

Die Bewusstseinsentwicklung der Menschheit findet man am reinsten gespiegelt in den Kunstschöpfungen der aufeinander folgenden Zeitalter. In der Kunst stellt der Mensch nach außen hin dar, was er innerlich erlebt. In der Geschichte rückschreitend wurzelt dieses Erleben immer tiefer in religiösen Inhalten, in einer geistigen Auffassung der Welt. Die Kunstschöpfungen nehmen, je weiter sie zurückdatieren, immer mehr einen sakralen Charakter an. Dies offenbart sich im Griechentum in der Behandlung des bloß Mineralischen, des toten Steins. Der griechische Bildhauer gibt ihm eine Form, die in der Menschengestalt das Übermenschlich-Göttliche zur Erscheinung bringt. Die Säule des Tempels, der Wohnung der Gottheit, ist so proportioniert, dass sie dort besonders aufgewölbt ist, wo der Mensch in der Aufrechten am stärksten das Lastende dessen empfindet, was er auf Kopf oder Schultern trägt. In der dem griechisch-römischen Zeitalter vorausgehenden altägyptischen Kultur ist von Anbeginn der tote Stein das Material, in welchem der Mensch das Erleben des Göttlichen im Irdischen – in der geometrischen Gestalt der Pyramide und in der monumentalen Plastik – abbildet.

Jenseits der Schwelle des dritten vorchristlichen Jahrtausends versiegen zunehmend die Quellen und immer weniger Funde bezeugen ein künstlerisches Schaffen in der Ausformung des Steins. Müssen wir an dieser Schwelle zur Prähistorie haltmachen und uns mit der Aussage zufrieden geben, die Menschheit ruhte im frühen Neo- und dann im Mesolithikum noch in so primitiven Zuständen, dass sie dem eingeschränkten inneren Erleben keinen äußeren Ausdruck verleihen konnte? Daran knüpft sich die Frage, ob sich in den aus totem Stoff geformten Zeugnissen vorangegangener Jahrtausende wie Steinwerkzeuge, Elfenbein- und Steinplastiken oder Felszeichnungen überhaupt ein annähernd angemessenes Bild der schöpferischen Innenwelt der damaligen Menschheit gewinnen lässt.

Ein viel umfassenderer Ausdruck dieser Innenwelt tritt uns in den Mythologien der Völker entgegen. Sie alle weisen auf eine dem Göttlichen noch nahe, über die irdische Welt hinausgreifende Bewusstseinsverfassung der Menschheit hin. Das gilt auch für die in späterer Zeit aufgeschriebenen, über Jahrtausende lebendig erinnerten Veden, die ihren Ursprung in der urindischen Kultur des sechsten bis achten vorchristlichen Jahrtausends haben, sowie auf das Zend Avesta, das auf eine geistige Tradition zurückweist, die ihren Ursprung beim vorhistorischen Zarathustra hat, dem Begründer der urpersischen Kultur des sechsten bis vierten vorchristlichen Jahrtausends.

Die Bewusstseinsentwicklung der Menschheit verläuft nicht linear von primitiven Zuständen des archaischen *homo sapiens* bis herauf zur intellektuellen Höhe des Gegenwartsmenschen. Sie vollzieht sich in Metamorphosen von einem noch vorindividuellen, träumend-instinktiven Erleben eines in einem Geistkosmos (bei den Urindern das Nirvana) sich beheimatet fühlenden Menschseins zu einem individuell erfahrenen Erdenbewusstsein, das sich, durch die Sinneserkenntnis hindurcharbeitend, zu einem Selbstbewusstsein erhebt, mit dem der Mensch wieder, jetzt in bewusster Erkenntnis, zu seinem geistigen Ursprung zurückfinden kann. Solange man das Augenmerk nicht auf diese geistesgeschichtlichen Tatsachen lenkt, wird man den Blick nicht frei bekommen für die Umstände, die zur Entstehung der Kulturpflanzen und der Haustiere geführt haben.

Jenseits der Schwelle des dritten vorchristlichen Jahrtausends begegnen wir einer Menschheit, deren wahres Künstlertum sich auf einer anderen Ebene als der der Formung unbelebter Natur offenbart. Wir treten ein in das Zeitalter der urpersischen Kultur, das dem altägyptischen Kulturzeitraum vorangegangen ist und zu Beginn des sechsten vorchristlichen Jahrtausends seinen Anfang genommen hat.[1] Aus dieser Zeit und aus dem Verbreitungsgebiet dieser Kultur stammen die Urformen eines Großteils der Kulturpflanzen. Die Darstellungen Rudolf Steiners[2] und die Überlieferungen der Avesta,[3] in der Lehren des Zarathustra aus der frühen urpersischen Kultur aufklingen, vermitteln ein Bild des damaligen Menschen, wonach dieser sich in die Polarität von Licht und Finsternis hineingestellt sah und dessen innere Welt rein durch Empfindungen geprägt war. Man darf bei ihm eine Art dumpfes Hellfühlen vermuten, mit dem er einerseits in die Lichtwelt des planetarischen Geistkosmos eintauchte, in das Erleben der Sonnengottheit Ahura Mazda, und andererseits in die Erdentiefen, in das Reich der Finsternis, des Ahriman.[4]

Die Lehre des «Ur-Zarathustra»[5] hatte ihre Bedeutung darin, die Menschen an ein Erleben der Mitte zwischen Licht und Finsternis, zwischen oben und unten, heranzuführen, an die den Sinnen sich offenbarende Natur, insbesondere an die Pflanzenwelt, die in Wurzel und Spross das sinnenfällige Bild des Zusammenklangs der Kräfte der Tiefen und Höhen ist. Zarathustra leitete die Menschen dazu an, einerseits von der Mitte aus durch den bloßen Sinnenschein hindurch die Verbindung zur Sonnengottheit zu suchen,[6] andererseits aus dieser Bewusstseinsaufhellung heraus die Steuerung der Kräfte der Höhen und der Tiefen im Acker- und Pflanzenbau selber in die Hand zu nehmen. Er lehrte die Menschen, den Pflug an die Erde zu setzen, den Boden zur Aufnahme der Saat aufzubrechen. Er wurde zum Inaugurator der Landbaukultur, des Ackerbaus.

Durch die Lehren der zarathustrischen Mysterien wurden die Menschen angeleitet, die planetarischen Bewegungsabläufe und Rhythmen, welche sie in letzten Ausklängen noch seelisch miterlebten, im Verhältnis zum Zentralgestirn der Sonne mit den korrespondierenden Lebensströmungen und Rhythmen im Pflanzenwachstum zu verbinden. Aus diesem zwar schon verdämmernden, bei herausragenden Menschen durch die Lehren der Mysterien aber noch aufgehellten kosmischen und zugleich der Erde zugewandten Bewusstsein wurden die Urperser zu den großen, einzig in der Menschheitsgeschichte dastehenden Pflanzenzüchtern. Sie erwarben sich die Fähigkeit, über den kosmischen Pol der Pflanze, den *Lebenspol,* verwandelnd auf deren Lebensorganisation zu wirken und dieses Verwandelte dauerhaft dem *irdischen Pol,* der physischen Organisation der Pflanze, einzuprägen.

Der rückwärts gerichtete Blick erkennt die hohe Kunst der Griechen und Ägypter in der plastischen Gestaltung der toten Natur. Der Urperser entfaltete sein eigentliches Künstlertum nicht in der Herstellung etwa der neolithischen Steinwerkzeuge, sondern in der Durchgestaltung der Lebensprozesse der Pflanze und deren Befestigung im physischen Erbstrom. Seine Kunst müssen wir in einem Seelenleben suchen, das begonnen hatte, das ausklingende Miterleben des wirkenden Geistkosmos mit eigener Geisteskraft zu durchdringen, und das sie befähigte, die belebte Natur umzuformen und Wildpflanzen in Kulturpflanzen zu verwandeln.

In der urpersischen Kultur und noch weiter rückschreitend in der Menschheitsentwicklung treffen wir auf eine Bewusstseinsverfassung, in der die Menschen traumhaft, in unmittelbarer Wahrnehmung noch viel tiefer in den wirkenden Geist in der Natur und im Sternenkosmos eingebunden waren. Diese versetzte sie in die Lage, über das Seelische des Tieres auch dessen Leiblichkeit umzuformen, die Tierseele der Seele des Menschen zu öffnen. Verbanden die Menschen bestimmte Eigenschaften, die sie in sich trugen, mit ihren geistigen Kräften, waren sie imstande, diese Eigenschaften dem Tier einzuverweben, es zu zähmen.[7] Sie hatten die Fähigkeit, so auf das Seelenwesen bestimmter Tierarten einzuwirken, dass sich diese der Führung des Menschen anvertrauten und in seinen Dienst stellten. Sie wurden zu Tierzüchtern, die die Macht hatten, die Verwandlung des Seelenwesens der Lebensorganisation und der physischleiblichen Grundlage in größter Variationsbreite einzubilden.

In unseren Haustieren können wir Kunstschöpfungen der altpersischen und einer noch älteren Menschheit erblicken, herausplastiziert aus der beseelten Natur. Menschheitsgeschichtlich offenbart sich hier der Urgegensatz zwischen der Kain- und Abelströmung, zwischen Ackerbau- und Hirtenvölkern. Im Urpersertum, der Zeit des Sesshaftwerdens der Menschheit, verbanden sich erstmalig und anfänglich Tierzüchtung und Pflanzenzüchtung auf der Grundlage des Ackerbaus. Das in seinen Ursprüngen hauptsächlich von den nomadisierenden Hirtenvölkern gezüchtete Tier erwarb dadurch Eigenschaften, die für die spätere eigentliche Haustierwerdung charakteristisch sind.[8]

Ein Blick in die Bewusstseinsgeschichte der Menschheit und ihrer Widerspiegelung in den Kunstschöpfungen, der Gestaltung der unbelebten, belebten und beseelten Natur, lehrt, dass die Entstehung der Kulturpflanzen und Haustiere in ihren Ursprüngen nicht das Produkt einer Züchtung von «unten» über das Genom, dem physischen Schattenwurf der Lebensorganisation, und damit über Zufallsmutation und Auslese war, sondern umgekehrt einer Züchtung von «oben» über die Lebensorganisation der Pflanzen und die Seelenorganisation der Tiere. Das Genom stellt von daher gesehen den ins Physische projizierten Bauplan dar, der die Grenzen bezeichnet, in welchen der jeweilige Typus von Pflanze und Tier in Zeit und Raum sich zur Erscheinung bringen kann.

Die Mannigfaltigkeits- oder Genzentren

Die vorchristlichen Hochkulturen haben sich seit dem Ende der Eiszeiten um das achte Jahrtausend v. Chr. in einem großen Bogen von Ost nach West entwickelt, ausgehend von Indien über Persien, Mesopotamien, Palästina bis nach Ägypten. Der westliche Teil dieses Bogens, der sich vom Persischen Golf über die heutigen Länder Irak, Türkei und Syrien, über Palästina bis ins Niltal erstreckt, wird als der «fruchtbare Halbmond» bezeichnet. Dieser und das sich anschließende Mittelasien beherbergen in großer Formenmannigfaltigkeit und Artenvielfalt die Urtypen der nachfolgend im europäischen Kulturraum heimisch gewordenen Kulturpflanzen. Man lokalisiert hier die Mannigfaltig-

Eines der ältesten Relikte, die die Verarbeitung von Getreide dokumentieren: Mahl- und Läuferstein aus Çayönü, Anatolien, 7500–7100 v. Chr.

keitszentren nahezu aller heimischen Nahrungspflanzen von den Getreiden über die Gemüsearten bis zu den Obstgehölzen.

Dabei datiert das Alter dieser Kulturpflanzen in den meisten Fällen weit über die Schwelle des dritten Jahrtausends v. Chr. hinaus, zurück in Zeiten also, die vor dem Beginn der ägyptisch-mesopotamischen Hochkulturen liegen. Die Funde weisen zurück in den urpersischen Kulturraum, der sich über die Länder des mittleren Asien, über das heutige östliche Persien, Pakistan, Afghanistan, Kasachstan, Turkmenistan bis zu den Flüssen Amudarja und Syrdarja (im Altertum Oxus und Jaxartes) erstreckte, die aus dem Hindukusch und dem Pamirgebirge kommend in den Aralsee münden. Bezeichnend ist, dass die Entstehung eines Großteils der Kulturpflanzen, welche die Grundnahrungsmittel für die Menschheit bereitstellen, sich auf die Gebirgszonen und die Flusstäler des mittleren und vorderen Asien konzentrierte, also auf die Flussgebiete von Amudarja und Syrdarja, die der Hochtäler Afghanistans, des Euphrat und Tigris, des Jordan und des Nil.

Paläobotanische und prähistorische Befunde sprechen dafür, dass die Entwicklung der Kulturpflanze in einem recht kurzen Zeitraum stattgefunden hat.[9] Die frühesten Funde weisen zurück ins Neolithikum, in die Zeit vor dem sechsten Jahrtausend v. Chr. Es handelt sich hauptsächlich um die Weizenverwandten Einkorn und Emmer sowie um Gerste, Linse, Erbse und Flachs.[10]

Da diese Funde vor allem im Gebiet des «fruchtbaren Halbmondes» und da speziell in der Südtürkei, im Libanon sowie in Syrien und Palästina gemacht wurden, wird das Entstehungszentrum für die genannten und viele andere Kulturpflanzen in dieser nahöstlichen Region vermutet. Zeitlich aber fällt der Entstehungsmoment in die urpersische Kultur, deren Zentrum im mittleren Asien lag, wo einzelne Funde, datiert durch die Radiokarbonmethode, aus dem vierten bis sechsten Jahrtausend v. Chr. belegt sind.[11]

Das Entstehungszentrum der drei verwandten Urstammformen des Weizens, Einkorn, Emmer und Hartweizen, sowie des Saat- oder Brotweizens (Sammelname *triticum aestivum)*,[12] dessen Urformen aus dem fünften Jahrtausend v. Chr. belegt sind, kann als identisch mit dem Ausbreitungsgebiet der urpersischen Kultur angesehen werden. Dies geht aus der Tatsache hervor, dass das Bergland des Hindukusch, des Pamir und des Westhimalaja von Wawilow und anderen als Genzentrum des hexaploiden[13] *triticum aestivum* betrachtet wird.[14] Mit der Fixierung des Blicks auf die vielfältigen Funde in Vorderasien bis in den Westiran hinein wird dort das primäre (Entstehungs-)Zentrum und im mittelasiatischen Gebirgsland ein sekundäres (Stauungs-)Zentrum gesehen.[15] Anhand der bloßen Funde ist das schwerlich zu entscheiden, wenn man nicht den bewusstseinsgeschichtlichen Wandel in der Progression der Hochkulturen von Ost nach West, von Urindien über Urpersien, Mesopotamien und Ägypten bis hin zu Griechenland und Rom, der Betrachtung zugrunde legt.

Was für die Gruppe der Weizenverwandten angesprochen wurde, ist für die zweizeilige Gerste am Westabhang des Hindukusch und weiter östlich für die sechs- beziehungsweise mehrzeiligen Gersten evident.[16] Fest steht, dass die Ausbreitung sich sehr rasch vollzog, wie Funde unter anderem aus ganz Griechenland aus dem sechsten Jahrtausend belegen. In Mitteleuropa gefundene verkohlte Samen von Kulturpflanzen sowie Abdrücke von solchen in Keramik und Hüttenlehm stammen aus dem fünften Jahrtausend v. Chr. aus Siedlungen der Bandkeramiker. Man muss davon ausgehen, dass sie dort durchweg nicht heimisch waren, sondern aus den Mannigfaltigkeitszentren Vorderasiens beziehungsweise aus dem Ausstrahlungsraum der urpersischen Kultur stammen.

Bei den Kulturpflanzen des *Ackerbaus* handelt es sich um die Weizenverwandten Einkorn *(triticum monococcum)*, Emmer *(triticum dicoccum)*, Saatweizen *(triticum aestivum)*, Dinkel *(triticum spelta)* sowie um Gerste in Nackt- und Spelzform *(hordeum vulgare)*, Roggen *(secale cereale)* und Hafer *(avena sativa)*, um die Leguminosen Erbse *(pisum sativum)*, die Linse *(lens culinaris)* und die

Rote Platterbse *(lathyrus cicera)*. Daneben gab es Lein *(linum usitatissimum)*, Rispenhirse *(panicum miliaceum)*, Schlafmohn (Stammpflanze *papaver setigerum)*.[17]

Die Annahme, dass Roggen und Hafer sekundäre Kulturpflanzen seien, das heißt allmählich in Kultur genommene Wildgräser, die mit den primären Kulturformen Weizen und Gerste mitgeschleppt worden seien, erscheint sogleich in einem anderen Licht, wenn man bedenkt, dass sie in der der altägyptischen Kultur zeitlich parallel laufenden Megalithkultur weit verbreitet auftreten. In dieser wurde nach dem dritten Jahrtausend v. Chr. eine Mysterienkultur gepflegt, die in ihrer Naturverbundenheit und kosmisch-irdischen Orientierung noch eine Nähe zu den urpersischen Mysterien zeigte.[18] Das Ursprungsgebiet des Roggens wird auch im Nahen Osten, in Anatolien und angrenzenden Gebieten vermutet. Funde in Rumänien legen nahe, dass Roggen im vierten Jahrhundert v. Chr. bereits in Kulturform angebaut wurde.[19] Bezüglich des Hafers finden sich keine Anzeichen einer Kultivierung im Nahen Osten während des neolithischen und Bronze-Zeitalters.

Prähistorische Belege für den *Gemüseanbau* sind wegen der Erhaltungsaussicht der vegetativ fruchtenden Teile naturgemäß kaum vorhanden. Auch lassen die Samen der Gemüsepflanzen keine sichere Aussage über ihre Zugehörigkeit zur Wild- oder Kulturform zu. Vor diesem Hintergrund ist es immerhin erstaunlich, dass sich Belege über die Kultivierung einer Reihe von Gemüsearten aus der Zeit des vierten bis siebten Jahrtausends v. Chr. gefunden haben. Dazu gehören die Möhre *(daucus carota)*, die Pastinake *(pastinaca sativa)*, verschiedene Formen der Petersilie *(petroselinum sativum)*, die Gurke *(cucumis sativus)*, die Linse *(lens esculenta)*, Kohl *(brassica oleracea)* und diverse Arten Feldsalat *(valerianella)*.[20] Obwohl überzeugende Funde der Ackerbohne *(vicia faba)* erst relativ spät im dritten Jahrtausend v. Chr. im Mittelmeerraum auftreten, wird sie neben Linse, Erbse und Kichererbse zu den Urvertretern der Kulturpflanzen gezählt.[21]

In Ägypten haben sich unter dem besonders trockenen Klima in Pyramiden und als Grabbeigaben verschiedene Gemüsearten in getrocknetem Zustand erhalten. Die Funde zeigen, dass ab dem dritten Jahrtausend Lauch *(allium porrum)*, Knoblauch *(allium sativum)*, Zwiebeln *(allium cepa)*, Kopfsalat *(lactuca sativa)* und anderes angebaut wurden.[22]

Aus der Bronzezeit, die in das zweite Jahrtausend v. Chr. fällt, taucht in Vorderasien eine Vielzahl von Gemüsearten und Formen auf, was darauf hindeutet, dass diese sich über die Grenzen ihres ursprünglichen Entstehungsgebietes bereits weiter ausgebreitet und in den dichter besiedelten und damit intensiver kultivierten Gebieten Mesopotamiens und des Niltals eher erhalten haben.

Für alle *Frucht- und Obstgehölze* gilt, dass sie schon lange vor dem Auftreten ihrer Kulturformen genutzt worden sind. Reste gesammelter Früchte von Wildformen lassen sich bis ins früheste Neolithikum datieren. Zu den ältesten kultivierten Obstgehölzen gehören Oliven, Feigen, Datteln und die Weinrebe.[23] Sie sind Repräsentanten des bis nach Zentralasien erweitert gedachten «fruchtbaren Halbmondes» und des Mittelmeerraums. Älteste Funde kultivierter Oliven *(olea europaea)* nördlich des Toten Meeres stammen aus der Zeit von 3700 bis 3500 v. Chr.

Grabrelief mit der Darstellung eines ägyptischen Hohepriesters als Sämann, Saqqara, um 1300 v. Chr.

Im Falle der Feigen *(ficus carica)* besteht die Schwierigkeit darin, dass die Samen der Wildform nicht von jenen der Kulturform zu unterscheiden sind. Es gibt aber Anlass zur Annahme, dass die Kulturform in der zweiten Hälfte des dritten Jahrtausends v. Chr. bereits bestanden hat. Aus Keilschrifttexten ist zu entnehmen, dass Feigen in dieser Zeit in Mesopotamien kultiviert wurden.

Die Dattelpalme *(phoenix dactylifera)* ist der Fruchtbaum der südlichen Randzone dieses von Osten nach Westen sich erstreckenden Kulturgürtels, in welchem, beeinflusst durch die urpersische Kultur, die nachfolgenden Hochkulturen Ägyptens und Mesopotamiens sowie Griechenlands und Roms sich entwickelt hatten. Älteste Funde aus Mesopotamien datieren auf 4000 v. Chr., in Jordanien auf 3700 bis 3500 v. Chr.[24]

Auch für die Weinrebe *(vitis vinifera)* bleibt der Übergang von der Wildform (wahrscheinlich *vitis sylvestris)* zur Kulturform im Dunkel der Prähistorie. Im Alten Testament wird Noah als der erste Pflanzer des Weinstocks genannt. Noah aber ist der Repräsentant jener Menschheit, die, im Bilde der großen Sintflut gesprochen, den Übergang von den Eiszeiten in die nacheiszeitlichen Hochkulturen, beginnend mit der Urindischen im siebten und achten Jahrtausend v. Chr., vollzogen hat. Der Weinstock wird hier zum Symbol der durch Sinn und Hand des Menschen sich verwandelnden Wildpflanze zur Kulturpflanze. Ein verwandtes Motiv der Mysteriengeschichte aus dem zweiten Jahrtausend v. Chr. taucht in der Schilderung des Melchisedek auf, der Abraham Brot und Wein, in bildlichen Darstellungen Weizenähren und Weintrauben, überbrachte, ein symbolträchtiges Bild der Urkulturpflanzen.

In archäologischen Funden auf Zypern wurden aus der Zeit um 4500 v. Chr. karbonatisierte Traubenkerne und -beeren nachgewiesen, wobei unklar ist, ob diese der Wild- oder Kulturform entstammen. Früheste sichere Anzeichen der Kultivierung der Weinrebe finden sich in der Levante aus der Zeit um 3200 v. Chr. Exporte von Wein und Trauben nach Ägypten sind um das Jahr

3150 v. Chr. belegt. Erste Anzeichen von Weinbau im Niltal finden sich um 3050 v. Chr. Es kann sich nur um die Kulturform handeln, da die Wildform dort nie heimisch war.[25]

Nördlich des Kulturgürtels von Mittelasien bis Ostasien einerseits und bis Westeuropa andererseits dominieren die der Familie der Rosazeen angehörenden Obstgehölze: Apfel *(malus domesticus),* Birne *(pyrus communis),* Pflaume *(prunus domestica)* und ihre Verwandten, Kirsche *(prunus cerasus),* Aprikose *(armeniaca vulgaris), Pfirsich (persica vulgaris)*und Quitte *(cydonia vulgaris).*

Der Apfel hat mit über 2000 Sorten die größte Verbreitung, gefolgt von der Birne mit circa 1000 Sorten. Die Arten Wildapfel und Wildbirne umfassen je 30 Unterarten, verteilt über die gemäßigte Zone Europas, Asiens und Nordamerikas. In Eurasien gliedern sich diese voneinander unabhängig in ökogeografische Zonen. Durch Kreuzungen ist eine große Vielfalt von Genotypen entstanden. Zahlreiche Funde aus neolithischer Zeit, vor allem in Europa, zeugen von der Nutzung dieser Wildformen. Aus dem babylonischen Ur, das weit außerhalb des Wildapfelgürtels in Südmesopotamien liegt, wurden aus dem Beginn des dritten Jahrtausends v. Chr. kleine, in Scheiben geschnittene gedörrte Äpfel gefunden. Diese Funde weisen auf die Kultivierung des Apfels schon vor der Schwelle des dritten Jahrtausends v. Chr. hin, was auch durch Keilschrifttexte bestätigt wird.[26]

Die Ansichten darüber, aus welchen Unterarten der Wildform der Kulturapfel hervorgegangen sei, gehen auseinander. Nach älteren Anschauungen gilt es als wahrscheinlich, dass am Entstehen seiner Urform der hochwüchsige Holzapfel *(malus sylvestris* beziehungsweise *orientalis)* und der Zwergapfel *(malus pumila)* beteiligt waren. Beide sind im Kaukasus und in Westasien weit verbreitet.[27] Russische Forscher sehen neuerdings diese Urform in dem im östlichen Kasachstan und in China beheimateten *malus sieversii* veranlagt, der in seinem Formenreichtum und gemäß der Analyse seines Genoms dem Kulturapfel am nächsten kommt.[28] Völkerzüge sollen diesen nach Europa gebracht haben.

Damit ist aber noch nichts über den Schritt zur Kulturfrucht gesagt. Dieser wiederum liegt für alle Rosazeen-Obstgehölze im historisch-prähistorischen Dunkel. Er ist ein zweifacher, der Verwandlungsschritt als solcher sowie die mit diesem verbundene Praxis zu seiner Erhaltung. Die Nähe der Mannigfaltigkeitszentren der kaukasischen und kasachischen Gebirgszonen zum urpersischen Kulturraum lässt vermuten, dass sich ebenfalls dort und zu urpersischer Zeit der Verwandlungsschritt vollzogen hat. Dieser aber ist untrennbar mit der handwerklichen Kunst des Pfropfens verbunden. Abgesehen von der Kirsche, die hin und wieder echt aus dem Samen fällt, streuen die Obstgehölze aus der Familie der Rosazeen bei Samenvermehrung und bringen dabei für den Anbau ungeeignete Nebenformen hervor.

Auch über die Stecklingsvermehrung lässt sich bis auf Ausnahmen (zum Beispiel die Johannisbeere) die Kulturform nicht erhalten. Die sortenechte Erhaltung ist nur möglich durch Okulieren des «Edelauges» oder Pfropfen des Edelreises auf den samenvermehrten Wildling oder eine verwandte Unterlage. «Jedes einmalig Edle würde wieder verschwinden, könnte es nicht durch Veredlung festgehalten werden.»[29] Nach dem heutigen Sprachgebrauch ist das Veredeln ein Klonen beziehungsweise eine Vermehrung über das Kambium.[30]

Im Gegensatz zur leichter über Stecklinge beziehungsweise Samen vermehrbaren Olive, Feige, Weinrebe und Dattel, deren Kultivierung im dritten und zweiten Jahrtausend v. Chr. rasch vorangeschritten ist, gibt es aus dieser Zeit keine Funde, die eine Kultivierung des Apfels und seiner Rosaceae-Verwandten belegen. Das Handwerk des Veredelns war im griechischen Altertum allgemein geübte Praxis.[31] Dessen Ursprung muss aber mit großer Wahrscheinlichkeit östlich in den vorangegangenen Hochkulturen zu suchen sein.

Als Spätankömmlinge im vorderasiatischen und Mittelmeerraum (300 bis 700 v. Chr.) gelten Aprikose und Pfirsich, deren Stammland die Gebirgsgegenden Tibets und West-, Nord- und Zentralchinas ist, sowie die Quitte, die in der Kaukasusregion beheimatet ist. Funde in China weisen auf eine Kultivierung des Pfirsichs bis in die Zeit um 2000 v. Chr. zurück.[32] Der Weg der Kultivierung der genannten Früchte führte über den zentralasiatischen Altiran, wo die Kunst der Verwandlung der Wild- in die Nahrungsfrucht ihren Ursprung hatte, nach Westen.

Die seit alters in Europa heimischen Getreide-, Gemüse- und Obstarten sowie die verschiedenen Arten an Futterpflanzen haben geografisch ihre Mannigfaltigkeitszentren im Kulturbogen, der sich von Zentral- über Vorderasien bis in den Mittelmeerraum wölbt und über den die Menschheit von Ost nach West seit den Eiszeiten von einer Kulturblüte zur nächsten vorangeschritten ist. Außer diesen zusammenhängenden, wohl ältesten

Mannigfaltigkeitszentren haben Wawilow und andere noch weitere Genzentren ausgewiesen, so in China bis zurück auf 4000 v. Chr. (Soja, Reis, Hirse, Orange, Pfirsich), in Südostasien (Reis, Zitrusfrüchte, Zuckerrohr, Hirse, Banane und Tee), in Abessinien und Eritrea (abessinische Unterarten von Mono- und Dicoccum-Weizen, Gerste, Hirse, Erbse, Linse, Pferdebohne, Lupine und andere)[33] und in Mittelamerika (6000 v. Chr. in Mexiko Mais, Kürbis und Bohne; in Peru und Chile 3500 v. Chr. Kartoffel und Batate).[34]

Auffallend ist, dass diese Mannigfaltigkeitszentren bevorzugt in den klimatisch differenzierten subtropischen oder tropischen Gebirgsgegenden und auf Hochebenen dieser Zonen liegen. Sie sind dadurch charakterisiert, dass auf geografisch begrenztem Raum neben den Wildformen einzelner Kulturpflanzen eine Vielzahl an Zwischenformen und Kulturformen anzutreffen sind, wobei einzelne Kulturarten und ihre Wildformen in verschiedenen derartigen Zentren auftreten können. Wawilow bezeichnet sie als Genzentren.[35]

Dieser Begriff ist unter dem hier vertretenen Gesichtspunkt irreführend. Er entspringt der heute üblichen Denkweise, die der Materie das Primat zuspricht. Sie führt die belebte Natur der Pflanze, die beseelte Natur des Tieres sowie das geistige Vermögen des Menschen auf die Verursachung durch materiell-physische Vorgänge zurück. Daraus ergibt sich notwendig die Vorstellung, dass die Entstehung der Zwischen- und Kulturformen der Pflanzen auf Zufallskreuzungen beziehungsweise Zufallsmutationen zurückzuführen seien und der Anteil des Menschen sich auf die Auslese beschränkt habe.

Diese Denkungsart führt, ohne ethische Hürden nehmen zu müssen, folgerichtig zur gezielten Kreuzungs- und Hybridzüchtung und schließlich zur Gentechnik. Sie setzt punktuell am Genom an und kann nur das variieren, was als fertige Bausteine der Evolution in Form der Gene als Merkmalsträger schon da ist. Daraus ergibt sich eine Variation neuer, zu Höchstleistung fähiger Sorten. Doch wird man auf diesem Wege vergeblich das seit der urpersischen Kultur begonnene, über die folgenden Kulturzeitalter bis in die jüngste Vergangenheit fortgepflegte Schöpfungswerk des Werdens der Kulturpflanzen fortsetzen können. Im Gegenteil, geschieht kein Umdenken, droht dem Kulturerbe der Menschheit der Verfall.

Die Mannigfaltigkeitszentren der einzelnen Kulturpflanzenarten sind Gebiete, in denen Menschen früherer Zeitalter mit ihrem instinktiven, empfindungsstarken Bewusstsein und geleitet durch die Schulungsstätten der Mysterien[36] ebenso real in den lebensschaffenden und -tragenden kosmisch-irdischen Rhythmen lebten wie der zu seinem Selbstbewusstsein erwachte Gegenwartsmensch in seinen die äußere sinnenfällige Welt abbildenden Begriffen. Aus seinem inneren Erleben schuf der urpersische Pflanzenzüchter anhand der Vorlage der Wildform die Fülle der Zwischen- und Kulturformen, zum Beispiel des Weizens. Gerade diese Kulturpflanze zeigt am deutlichsten, wie das Züchtungsziel der Vergrößerung des Samens zur Nahrungsfrucht durch Kräfte geschieht, die die ganze Pflanze gleichsam «durchfruchten», in der Stauchung der Ähre, Verdickung des Stängels, Verbreiterung des Blattes und in Glanz und Farbe des Strohs.

In den Zeiten der urpersischen Kultur züchteten die Menschen aus dem Bewusstsein einer Art Hellfühlens, aus dem sie die Ganzheitlichkeit des übersinnlichen Typus einer Pflanzenart erfassten. Das fand seinen Niederschlag in den Erbanlagen des Genoms. Diese Fähigkeit war seit dem Beginn des dritten Jahrtausends in der ägyptisch-chaldäisch-babylonischen Kultur zunehmend am Erlöschen. Was in den verschiedenen Mannigfaltigkeitszentren und insbesondere in dem bis nach Zentralasien erweitert zu denkenden «fruchtbaren Halbmond» an Kulturpflanzengut entstanden ist und schon in prähistorischer Zeit weit über dessen Grenzen hinaus Verbreitung gefunden hatte, wird in den folgenden Zeiten von der griechisch-römischen und der keltogermanischen Kultur übernommen. Mit dem Beginn der Neuzeit ist es Weltkulturerbe geworden.

Die Fruchtbildung – das Geheimnis der Kulturpflanze

Aus botanischer Sicht beschränkt sich der Begriff der Frucht auf den Prozess der Samenbildung. Die Frucht entsteht durch Umbildung der Blüte aus den Fruchtblättern, wobei auch die Blütenachse und die Blütenblätter beteiligt sein können. Sie reift mit dem Samen, den sie umhüllt, und dient vor allem Vögeln und Säugetieren zur Nahrung.

In der Samen- und Fruchtbildung kommen urphänomenal zwei Entwicklungsströmungen im Pflanzenwachstum zum Abschluss. Die eine führt zur Reproduktion, die andere zur Nahrhaftigkeit. Durch Erstere vollzieht sich die Generationenfolge, durch Letztere die Samenverbreitung sowie etwas, was über das bloße Pflanzensein hinausweist, was zur Nahrungsgrundlage für Tier und Mensch wird. Die Samen- und Fruchtbildung ist das Ergebnis eines Stauprozesses der Vertikalachse des Stängels, besonders anschaulich bei der Weizenähre, bei der die Internodien[37] des Stängels zur Ährenspindel gestaut sind. Durch diese vollständige Zurückdämmung des vertikal in die Achse Erde-Sonne sich eingliedernden Stängelwachstums entsteht eine sich aus einem Punkt erweiternde Sphäre, die sich mit Stoffen füllt – im Nährgewebe (Endosperm) des Samens wie auch im Nährgewebe der Frucht.

Dieses Prinzip der Fruchtbildung, der Stauung am Ende der Vertikalachse des Stängels, die mit der Samenbildung verknüpft ist, ist auch in allen anderen Pflanzenorganen wirksam, die sich auf dem Wege menschlicher Einwirkung zum Nahrungsmittel umgebildet haben. Die Menschen der Vorzeit waren in der Lage, den Strom der Nahrhaftigkeit bereits in den vegetativen Organen bestimmter Pflanzenarten, in deren Speicherorganen – unter anderem in Zwiebel, Knolle, Wurzel – aufzuhalten, zu stauen, zu verstärken und im Reifevorgang zur Ruhe kommen zu lassen. Es gelang ihnen, bei Samenfrüchten die Reproduktion zurückzudrängen, zum Beispiel bei den Getreiden die Anzahl der Samen zugunsten des nährenden Teils, die Vergrößerung des Endosperms zum Mehlkörper.

Die sphärische Raumbildung, Stofferfüllung, Reifung, Verfärbung und Nahrhaftigkeit im vegetativen Wachstumsverlauf ist diesem entgegengesetzt und bedeutet eine Art Todes- oder Absterbeprozess. Die physiologische Aktivität kommt in den betreffenden Organen für eine gewisse Zeitspanne zur Ruhe, vergleichbar der Samenruhe. Unter diesem Gesichtspunkt lässt sich mit Fug und Recht der Begriff der Frucht auf alle Einzelorgane der Pflanze erweitern, die zu einer Art Kugelform gestaucht und mit Nährgewebe erfüllt sind und in diesem Zustand in physiologischer Ruhe verharren können. Dieses Phänomen demonstrieren in besonders ausgeprägter Weise die Kohlverwandten, die sich als Nahrungspflanzen darin unterscheiden, dass bei jeder Unterart ein spezifisches Organ zur «Frucht» umgebildet ist, so bei der Kohlrübe die zur Rübe gestauchte Wurzel, beim Kohlrabi der durch Stauchung verdickte Stängel, beim Kopfkohl Stängel und Blattfolge, die zur Kugel gestaucht sind, beim Rosenkohl die vergrößerte, im Öffnen gestauchte Knospe, bei Blumenkohl und Broccoli die gestauchten und verdickten Blütenteile und beim Raps der vergrößerte ölerfüllte Samen.

Bei den Getreiden setzt sich der Wachstumsvorgang, der das Nährgewebe bildet, bis in die Bildung des Samens hinein fort und staut sich dort im verdickten Mehlkörper. Von diesem Prozess ist aber die ganze oberirdische Pflanze erfasst, zum Beispiel in dem verdickten, goldgelb glänzenden Halm. Bei den Obstgehölzen wird der Staueffekt des Säftestroms zur Fruchtbildung zusätzlich durch den jährlichen Schnitt verstärkt. Durch die Wahl der Unterlage – stark oder schwach wachsend – kann der Stauvorgang zur Fruchtbildung verlangsamt oder beschleunigt werden.

Die Erhebung der Wildpflanze zur Kultur- beziehungsweise Nahrungspflanze durch Steuerung der Lebensprozesse – Verstärkung des Wachstums, Stoffeinlagerung und Absterbeprozesse sowie Stauung, physiologische Ruhe, Färbung – ist die einzigartige, Kultur inaugurierende Tat der Menschen des siebten bis dritten Jahrtausends v. Chr. Sie vollzog sich unter der Führung der Mysterien und ihrer initiierten Priesterschaft, die aus ihren Einsichten in das Wirken des Geistkosmos im Irdischen, des Leben schaffenden Lichtes und der Tod bringenden Finsternis, die Menschen zu diesen Kunstschöpfungen im Lebendigen anleiteten.

Man mag diese Schöpfungen Mutationen nennen. Dann waren es aber keine, die durch bloßen Zufall entstanden sind, sondern von Menschengeist und -hand geführte, die sich sekundär dem Genom einprägten. Die gezielte Kreuzungszüchtung bis hin zur Gentechnik wuchert mit dem aus vorhistorischer Zeit stammenden Lebenskapital. Sie findet es vor, nutzt dessen physischen Niederschlag, das Erbgut, variiert es und zwingt es gezielt zu Höchstleistungen oder setzt es, wie im Falle der Gentechnik, der Gefahr der Zerstörung aus.

Die bloße Analyse des Genoms, des physischen Schattenwurfs der Lebensorganisation der Pflanze, klärt zwar über das Verwandtschaftsverhältnis von Wild- und Kulturform auf. Wie aber der originäre Schritt zur Kulturform sich tatsächlich vollzogen hat, muss auf dieser Ebene der Betrachtung letztlich doch ein Rätsel bleiben. Bemerkenswert in dieser Hinsicht ist ein Hinweis von Elisabeth Schiemann: «Jedenfalls darf nicht übersehen werden, dass der Sprung von der Wildform zur primitivsten Kulturform ein sehr großer ist. Hier klafft in den meisten Fällen eine Lücke, während der Übergang der primitiven Kulturform zu ihren höchsten Gliedern ein schrittweiser ist.»[38]

Kulturpflanzenerhaltung und Saatgutpflege

Am Anfang steht die Verwandlung der Lebensorganisation der Wildpflanze zur Kulturpflanze. Dieser Vorgang hat sich der Erbanlage eingeprägt und diese trägt ihn entsprechend den Gesetzen der Vererbung durch die Generationenfolge. Doch in jedem neu sich bildenden Samen, in jedes Organ der vegetativen Vermehrung (Kartoffelknolle, Steckling, Edelreis) haben sich die Wirkungen aller Kräfte und Stoffe des Kosmos und der Erde des Vorjahres und der vorausgegangenen Jahreszyklen eingeprägt. Das Saatgut oder das Organ vegetativer Vermehrung enthält also einerseits den Ursprungsimpuls der Verwandlung als solchen, das Ergebnis der konstituierenden Wirkungen, und andererseits das Ergebnis der modifizierenden Wirkungen im Zeitenstrom, durch die sich das ursprüngliche Züchtungsereignis immer wieder neu kosmisch-irdisch vergegenwärtigt. Maßgebend für die Art dieser Vergegenwärtigung ist durch die Jahrtausende hindurch neben dem Zusammenwirken von Kosmos und Erde am Standort die Zuwendung des Menschen im Landbau. Die Art dieser Zuwendung unterlag Metamorphosen gemäß dem sich wandelnden menschlichen Bewusstsein.

Die Maßnahmen zur «Vergegenwärtigung» der Kulturpflanzenentwicklung waren in den vorchristlichen Hochkulturen seit urpersischer Zeit die Bodenbearbeitung mit dem ritzenden Pflug zur Aufnahme der Saat, die Handhacke, die Düngung auf der Grundlage der jährlichen Überschwemmungen und der hoch entwickelten Bewässerungskultur, die Saat und Pflege gemäß den lebenstragenden kosmischen Rhythmen, die Beherrschung von Stauungsprozessen im Wachstumsgeschehen, die Hand- beziehungsweise Sichelernte des Getreides, die Auslese des Saatgutes und dessen Verwahrung.

Die Lenkung der Lebens- und Absterbeprozesse im Hinblick auf die Ausbildung der Nahrungsfrucht ist unmittelbar verknüpft mit der düngenden, lebensfördernden Bewässerungskultur und der das Absterben fördernden Bodenbearbeitung. Das Aufbrechen der juvenilen Böden der Nacheiszeit beziehungsweise der Sedimentationsböden der großen Flussgebiete bedeutete Durchlüftung, durch die die Abbauprozesse der humosen Stoffe aktiviert wurden und damit die Freisetzung von Stickstoff. Umgekehrt hatte die hohe Kunst der Bewässerung unter Berücksichtigung der Mondrhythmen und die Sedimentation von Schwebeteilchen infolge saisonaler Überschwemmungen eine Bodenbelebung zur Folge.

Die Aussaaten geschahen nach den Bewegungen der Planeten im Verhältnis zur Erde, zur Sonne und zu den Fixsternen. Zu dieser Rhythmus schaffenden, kosmischen Umwelt standen die Menschen noch lange in lebensvoller Beziehung. Es war die Priesterschaft der auf den Urzarathustra zurückgehenden Mysterien,[39] die, aus ihren kosmischen Weisheitslehren schöpfend und aufgrund der sehr genauen Beobachtungen von Sonne und Mond im Jahreslauf, ihre Anweisungen über die Aussaatzeiten gab.[40] Ab dem dritten Jahrtausend v. Chr. können diese Mysterien in den Tempelanlagen beziehungsweise den Steinsetzungen der Megalithkultur lokalisiert werden.

Wie die Aussaaten standen alle Pflege- und Erntearbeiten sowie die Auslese des Saatguts und dessen Aufbewahrung unter der Regie der Mysterienstätten. Die Landwirtschaft war die Basis der Pyramide der Theokratie. Das Mysterienwort aus dem Munde der Priesterschaft regelte beides, das soziale Zusammenleben und die Arbeit an der Erde in den Rhythmen des Sonnenjahres. Die Zusammengehörigkeit des Menschen der frühen Hochkulturen mit dem von ihm bearbeiteten Acker kommt in dem gleichlautenden Wortstamm für Mensch (Adam) und Acker *(adama* – das Irdische) in der hebräischen Sprache zum Ausdruck.[41]

In neolithischen und, sich abschwächend, in nachfolgenden Zeiten muss man sich die Beziehung der Menschen in der Pflege der Kulturpflanzen um ein Vielfaches gesteigert denken gegenüber dem, was man heute «eine grüne Hand haben» nennt. Im Nachklingen des Mysterienwortes trug die Arbeit in urpersischer Zeit einen sakramentalen Charakter. Darüber geben keine schriftlichen Zeugnisse Auskunft, auch nicht über die Pflege und Ernte und über die Gewinnung und die Auslesekriterien des Saatguts. Erst seit der ägyptischen Kultur, beginnend im dritten vorchristlichen Jahrtausend, gibt es zahlreiche Belege für eine von der Priesterschaft geregelte Saatguterfassung, -einlagerung und -verteilung. Im Niltal wurde das Saatgut innerhalb der Tempelanlagen in bienenkorbartigen, aus Lehmziegeln gemauerten Behältern gelagert. Erst aus römischer Zeit stammen Hinweise, die eine sorgfältige Erzeugung des Saatguts und die Auslese großer Körner empfehlen.

Der bewusstseinsgeschichtliche Hintergrund der Entwicklung in nachchristlicher Zeit

Im Zeitalter der griechisch-römischen Kultur trat mit der Zeitenwende und der Ausbreitung des Christentums der große Umbruch ein. Die Gnosis war versiegt, die alten Theokratien verfielen und mit ihnen die heiligen Mysterien- und Tempelstätten. Eine Zeitlang blieb in fließenden Grenzen die Differenzierung von Ackerbau und Viehhaltung, Gemüse- und Obstbau und deren Bindung an die ererbten Fähigkeiten einzelner Sippen, Stämme und Völkerschaften weiter bestehen. Im selben Maße aber, mit dem das selbstständige Denken in Begriffen erwachte, begannen sich die Menschen aus den ererbten Traditionen zu lösen.

Aus dem Christentum kamen die neuen Impulse, die das Kulturerbe der vorchristlichen Hochkulturen verwandelten. Vorreiter war der von Benedikt von Nursia (um 480–547) begründete und der Landwirtschaft zugewandte Mönchsorden der Benediktiner, durch welchen sich das Überlieferte mit den Impulsen verband, die im Christentum auflebten. Es sind dieselben Impulse, durch die fortwirkend die Menschen zum Ich-Bewusstsein erwachen. Diese Mönchsströmung durchdrang eine andere, die ihren Ursprung in den erlöschenden irisch-megalithischen Mysterien hatte. Die Menschen des megalithischen Kulturkreises waren noch tief mit der Naturgeistigkeit verbunden, die später in den Lehren der Schule von Chartres in der Anschauung und Verehrung der Göttin Natura auflebte. In dieser zweiten Strömung, die vor allem den kelto-germanischen Kulturkreis umfasste, war das Dorfprinzip als Zelle des sozialen Gemeinwesens angelegt.

Aus dem Zusammenfluss beider Strömungen entstand in der Zeit des siebten bis neunten Jahrhunderts n. Chr. das christliche Dorf. Es ist dadurch charakterisiert, dass es einen Mittelpunkt hat, die Kirche mit den umliegenden Bauerngehöften, und einen Umkreis, die Dorfgemarkung, die in charakteristischer Gliederung alle Elemente vorchristlicher Landbaukultur – Ackerbau, Viehhaltung, Garten- und Obstbau – in sich zu einem Ganzen, dem Dorforganismus, vereinte. Was in der urpersischen Kultur angelegt war, die Überwindung des Urgegensatzes in der Menschheitsentwicklung zwischen Ackerbauer (Kain) und Viehzüchter (Abel), ist jetzt auf einer höheren Stufe der Vollendung erreicht. Das christliche Dorf in Verbindung mit den Klöstern wurde fortan zum Träger der Landbaukultur und übernahm damit die Erhaltung, Pflege und Weiterentwicklung der Kulturpflanzen und der Haustiere.

Dieser Entwicklungsimpuls, in den die gesamte europäische Menschheit einbezogen war, nahm mit dem Heraufkommen des naturwissenschaftlichen Bewusstseins seit dem 15. Jahrhundert eine tiefgreifende Wende. Das bildhafte Bewusstsein erlischt und an die Stelle tritt nach und nach das ganz an die Sinne gebundene Gegenstandsbewusstsein. Mit diesem vollzieht sich der Schritt der Emanzipation von der Natur. Er findet außerhalb des Dorfes in den Städten statt auf der Grundlage der aufstrebenden Naturwissenschaften. Die Dorf- und die Klostergemeinschaft verlieren ihre kulturtragende Kraft. Die Menschen wandern ab, dem Ruf folgend, «Stadtluft macht frei». Das naturwissenschaftliche Gegenstandsbewusstsein erfasst nur noch die sinnenfällige Form der Dinge, nicht mehr den Inhalt, der die Form schafft. Es entsteht ein Erkenntnisvakuum. Auf der Suche nach dem Inhalt, den die Form umschließt, postuliert es die Materie und versinkt mit diesem wieder gegenständlich gedachten Konstrukt in den Materialismus.

Als vorherrschendes Paradigma vor allem seit der zweiten Hälfte des 19. Jahrhunderts reduziert dieser nicht nur die Erscheinungswelt auf die Ebene des Anorganisch-Toten, sondern erklärt diese so gedachte materielle Welt unumstößlich als die allein wirkliche. Die Technologien, die aus dieser bloß physischen Auffassung auch der Lebenserscheinungen hervorgehen, zum Beispiel die Gentechnik aus den sogenannten Life-Sciences, setzen bei der Pflanze am physischen Pol an, bildlich gesprochen also «von unten» – im Gegensatz zum «Urperser», der aus seinem von den Mysterien geführten, instinktiven, kosmisch erweiterten Bewusstsein «von oben», vom Lebenspol aus, die Lebensorganisation der Pflanze verwandelte. Die Lebensorganisation ist aber die Architektin der physischen Organisation; sie ist die Bildnerin der Ganzheit der Pflanze, die dem gegenständlichen Bewusstsein als Form erscheint.

Der Gentechniker ignoriert die Form und die lebendige Ganzheit, die sie hervorbringt. Sein Blick engt sich auf die Buchstaben einer Schrift ein, die die Lebensorganisation der Pflanze geschrieben hat. Sie ordnet die Stoffe physisch zu bestimmten Kompositionen an, wie der Schriftsteller die Buchstaben zu Worten und Sätzen. Der Gentechniker erfasst die einzelnen Buchstaben – sprich Gene – und denkt sich die funktionelle Ganzheit, das Genom, aus der Summe dieser Gene zusammengesetzt. Diese punktuelle, auf die Buchstaben reduzierte Betrachtungsart weist ihm die technologischen Wege, wie er beliebig in die physisch-stoffliche, von der Ganzheit der Pflanze geprägte Ordnung eingreifen kann. Auf diesen Wegen wird die übersinnliche, geistreale Entität der Pflanze, der Typus, in eine physische Erscheinungsform gezwängt und so zunehmend ihres kosmischen Ursprungs entfremdet.

Das Postulat des Materialismus, dass das Erste und Letzte Materie sei, führt die Menschheit zur Ausbeutung und Zerstörung der Erde und damit zum Verlust ihrer Mission – «zur Bildung der Erde sind wir berufen» (Novalis) – und ihres Kulturerbes. Wahre Selbstbesinnung kann den Menschen dazu führen, in sich Fähigkeiten zu erwecken, in der Formenmannigfaltigkeit der physischen, belebten und beseelten Natur den diese Formen schaffenden Geist zu erkennen.

Kulturpflanzenentwicklung und Saatgutpflege in der Zeit der Entfaltung des Christentums

Bemerkenswert ist, dass in nachchristlicher Zeit kaum mehr wirklich neue Arten (wie die Zuckerrübe) als Nahrungspflanzen entstanden sind. Die bestehenden Arten, Schöpfungen hauptsächlich aus der Zeit vor dem dritten vorchristlichen Jahrtausend, verblieben weitgehend in dem Verbreitungsgebiet rund um ihre ursprünglichen Mannigfaltigkeitszentren und erst in den Jahrhunderten, die dem großen Umbruch seit dem 15. Jahrhundert folgten, kam es zum globalen Austausch.

In nachchristlicher Zeit ist jedoch keineswegs ein Stillstand in der Entwicklung der Kulturpflanzen zu verzeichnen. Im Gegenteil, diese erhielt einen bedeutenden Schub im Zusammenhang mit der Entstehung der bäuerlichen Dorfgemeinschaft hauptsächlich seit dem 9. Jahrhundert n. Chr. Hier vollzog sich, im Spannungsfeld von Mittelpunkt (Kirche) und Umkreis (Feldgemarkung), die Verwandlung des vorchristlichen Kulturerbes auf der Grundlage der wechselseitigen Förderung von Ackerbau und Viehhaltung, Garten- und Obstbau im weitgehend in sich geschlossenen Organismus einer Dorfschaft.[42] Hier trat der Pflanzenbau unmittelbar in ein maßvolles Verhältnis zur Tierhaltung; hier entstand auf der Basis von Bodenbearbeitung, geregelter Fruchtfolge (Dreifelderwirtschaft) und Düngung die Grundlage der europäischen Landbaukultur; hier war es fortan der Rinderdünger, der die beiden in der Kulturpflanze seit ihrem Ursprung angelegten Entwicklungsströme, den der Reproduktion und jenen der Nahrhaftigkeit, kräftigte und auf höherer Stufe zum harmonischen Ausgleich brachte; hier wendeten sich die Menschen mit derselben Hingabefähigkeit in der Arbeit – eine Frucht des benediktinischen *ora et labora* – und mit derselben Kunstfertigkeit der Pflege der Kulturpflanzen und Betreuung der Haustiere zu, mit der sie im Zentrum des Dorfes ihre romanischen oder gotischen Bauwerke schufen; hier erblühte eine vom Christentum geprägte Dorfkultur, die tausend Jahre währte und in welcher das Organismusprinzip eine harmonisch aufeinander bezogene Naturordnung der Feldgemarkung und eine Sozialordnung der Dorfgemeinschaft schuf.

Seit etwa dem neunten Jahrhundert n. Chr. und ausklingend im 19. und 20. Jahrhundert lag die Erhaltung und Entwicklung der Kulturpflanzen, die Pflege des Saatguts und dessen Austausch im regionalen, landschaftsgebundenen Rahmen in den Händen der Bauern und stand übergeordnet unter der Obhut der Dorfschaften und der Klöster bis zu deren Säkularisation. Auf diese Weise entwickelte sich über ein Jahrtausend hinweg der Reichtum der unzähligen an den Standort angepassten Regional- beziehungsweise Landsorten. Das Prinzip bestand darin, die Fähigkeit zur Fruchtbildung bei den als Kulturerbe bereits bestehenden Kulturpflanzenarten durch die Harmonisierung des Wechselverhältnisses von Reproduktion und Nahrhaftigkeit zu steigern. Die äußere Bedingung hierfür war ihre Kultivierung innerhalb menschengeschaffener «Mannigfaltigkeitszentren», das heißt in der organismischen Geschlossenheit der Höfe und Dorfgemarkungen. Die innere Bedingung erfüllte sich durch die persönliche Art der Zuwendung des Menschen in aller Arbeit. Ob in der Bearbeitung des Bodens mit dem Zugtier, dem Anbau der Kulturen, der Haltung der Tiere, der Gestaltung der Kulturlandschaft und dem Miterleben der Rhythmen des Jahreslaufes, man empfand sich noch in einem intimen Einklang mit der waltenden Naturgeistigkeit.

Jetzt erst, auf der Grundlage des bewusst gestalteten Wechselverhältnisses von Ackerbau und Viehhaltung im Organismus der Landwirtschaft, erlangte die Düngung mit Stallmist – «das Gold des Landwirts» – ihre herausragende Bedeutung. Durch sie wurde eine bodenständige Dauerfruchtbarkeit veranlagt, «die alte Kraft des Bodens», wie man es nannte. Insbesondere der Rinderdünger vermittelt dem Boden Kräfte, die der beseelten Natur des Rindes entstammen. Wiederkäuend verarbeitet es durch seine besondere Wesensart als durchrhythmisiertes Stoffwechseltier das am Standort gewachsene Futter in solcher Weise, dass ein Dünger entsteht, der heilsam auf Boden und Pflanze wirkt, der am deutlichsten den Typus der Pflanze in Wurzel, Spross, Blatt, Blüte und Frucht in die Erscheinung treten lässt. Die Artveranlagung der Wurzel, zum Beispiel zur Pfahlwurzel, oder ihr Tiefentrieb, ihre Feinbewurzelung wird ebenso gefördert wie der arttypische Sprossaufbau mit charakteristisch durchgeformter Blattfolge und vor allem die Fruchtbildung hinsichtlich physiologischer Ausreifung, Geschmack und Haltbarkeit. Das arttypische, standortgerechte

Wachstum findet seinen Abschluss in einem ausgewogenen Verhältnis der Nahrhaftigkeit der Frucht und der Reproduktionskraft des Saatguts.

So war dem Saatgut epigenetisch[43] das Züchtungsergebnis vergangener Jahrhunderte eingeschrieben, und durch das Saatgut wurde dieses Lebenskapital in künftige Zeiten hinübergetragen. Der Bauer war mit diesen Zusammenhängen tief verbunden. Das naturhafte Geschehen und sein seelisches Erleben hatten sich noch nicht, wie im intellektuellen Bewusstsein der Gegenwart, voneinander gesondert. Was beim Bauern als Gesinnung lebte, was demutsvoll aus seinen Handlungen floss, entband Kräfte, die befruchtend in das Naturgeschehen wirkten. Die bäuerliche Arbeit trug über die Jahrhunderte hinweg einen sakralen Charakter. Aus diesem Zusammenklang von Naturgeschehen, landbaulichen Maßnahmen und geistig-seelischer Teilhabe des Menschen kann verständlich werden, dass über die Zeiten hinweg die Gesundheit und Nachhaltigkeit von oft nur einer Lokalsorte gewährleistet werden konnte und darauf basierend eine leibliche Gesundheit des Menschen im Dienste seiner geistig-seelischen Entwicklung.

Nach dem Beginn der Neuzeit, im 15. Jahrhundert, erbte sich diese bäuerliche Lebensform fort, ohne aus sich selbst heraus Erneuerungsimpulse entwickeln zu können. Die Neuerungen in der Landwirtschaft kamen ab dem 18. Jahrhundert zunehmend von außen in Form neuer Technologien hinzu, so zum Beispiel die Sämaschine, gegen deren Einsatz sich die Bauern Flanderns heftig wehrten. Die Erfindung dieser Maschine entspringt einer gedanklichen Abstraktion, nämlich der Überlegung, in einer bestimmten Zeiteinheit eine bestimmte Saatgutmenge in eine bestimmte Bodentiefe ablegen zu können. Der Bauer erlebte dies instinktiv als Verletzung seiner moralischen Gesinnung, die ihn mit dem Sävorgang verband. Er hatte dieser und allen folgenden technologischen Entwicklungen aus seiner einem vergangenen Zeitalter verhafteten Bewusstseinsverfassung nichts entgegenzusetzen.

So endete eine über tausendjährige abendländisch-christliche Landbaukultur einerseits in einem Agnostizismus und andererseits in einem erwachenden Selbstbewusstsein, das den Keim zur freien Selbstbestimmung des Menschen und damit zur Inauguration einer neuen Landbaukultur in sich trägt.

Zukunftsperspektiven einer Züchtung und Saatgutpflege im biologisch-dynamischen Landbau

Die Desintegration des «Mannigfaltigkeitszentrums» des landwirtschaftlichen Organismus als Errungenschaft der nachchristlichen Landbauentwicklung vollzog sich im Zuge der Industrialisierung der Landwirtschaft. Diese leitete vor allem seit den 50er- und 60er-Jahren des 20. Jahrhunderts den Zerfall der Ganzheitlichkeit der bäuerlichen Betriebe in die Monokulturen im Ackerbau, Garten- und Obstbau sowie in die Massentierhaltung ein und bereitete damit der Mineral- und insbesondere Stickstoffdüngung, dem Einsatz von Pestiziden und anderer Pflanzenbehandlungsmittel sowie der auf der Genetik aufbauenden Pflanzenzüchtung die Wege. Letztere begann mit der Kreuzungszüchtung, gefolgt von der Hybridzüchtung und gipfelt nun in der Züchtung durch gezielte Genmanipulation.

Die Kreuzungszüchtung bedeutet eine Variation der evolutiv geronnenen genetischen Ordnung gemäß der in dieser Ordnung wirksamen Gesetze der Vererbung. Von dieser Methode unterscheidet sich die Hybridzüchtung darin, dass die Gesetze der Vererbung selbst beliebig instrumentalisiert werden (fortgesetzte Linieninzucht). In der Gentechnik wird vollends die gesetzmäßige Ordnung des Genoms durch gewaltsame Einschleusung und Austausch von Genen der menschlichen Willkür unterworfen. Dieser Weg in die Einseitigkeit und Beliebigkeit führt zur «Generosion», zu einer gewaltigen Einengung und Uniformierung des weltweiten Sortenspektrums. Die große Vielfalt geht verloren und nur ein geringer Teil wird als Genreserve in die «Tresore» der Genbanken verbannt.

An die Stelle der einstigen Mannigfaltigkeitszentren treten weltweit agierende Monopol- beziehungsweise Biotechnologiezentren, die den Anbau von möglichst boden- und klimaunabhängigen, inputintensiven Universalsorten steuern und kontrollieren. Das System ist auf Globalität und den augenblicklichen Erfolg angelegt. Die Konsequenzen für Natur und Mensch sind unabsehbar. Der für die Nahrungspflanze kennzeichnende Beziehungszusammenhang von Reproduktion und Nahrhaftigkeit bricht auseinander.

Die genannte, mit Gewinn- und Machtstreben verbundene, das Weltkulturerbe des Lebenskapitals zugrunde richtende Entwicklung ist der Züchtungsmethodik, dem Züchtungsziel und der Saatgutpflege im biologisch-dynamischen Landbau diametral entgegengesetzt. Die biologisch-dynamische Wirtschaftsweise knüpft unmittelbar an das Kulturerbe der Menschheit an, an den

Entstehungsmoment der Kulturpflanzen im Zeitalter der urpersischen Kultur und den folgenden Kulturepochen und ebenso an der Weiterentwicklung dieser Errungenschaften im christlich-abendländischen Landbau seit dem frühen Mittelalter.

Die Anknüpfung an diesen durch die Jahrtausende sich hinziehenden roten Faden bedeutet einmal, den Erkenntnisweg zum Verständnis des übersinnlichen Typus einer Pflanzenart und deren Lebens- beziehungsweise Bildekräfteorganisation zu erschließen, und zum anderen, die prägenden Umweltbedingungen zu schaffen, die dann gegeben sind, wenn der landwirtschaftliche Betrieb zu einem möglichst in sich geschlossenen Organismus, zu einem standortgemäßen «Mannigfaltigkeitszentrum» (jetzt gedacht als integrative Diversität) gestaltet wird. Aus beidem, dem innerlich erarbeiteten Bild der Pflanze und der Lenkung der Kräfte der Erde und des Kosmos innerhalb der Ganzheit des Hofes, ergeben sich die Maßnahmen der Züchtung und Saatgutpflege. Dabei steht im Vordergrund, bei jeder zu züchtenden Nahrungspflanze beide Entwicklungsströme in den Blick zu nehmen, jenen, der zur Reproduktion führt, und jenen, der zur Nahrhaftigkeit führt.

Ein wichtiges Ziel der biologisch-dynamischen Pflanzenzüchtung und Saatgutpflege ist deren Verlagerung in die Hände eines jeden Anbauers. Das heißt größtmögliche Dezentralisierung statt Zentralisierung in den Händen weltweit agierender Biotechnologiefirmen. Der Anbauer muss in der Einrichtung seines Hofes dafür sorgen, dass die Bedingungen für einen lange anhaltenden Nachbau gewährleistet sind. Das bedeutet, gemäß den Standortgegebenheiten alle Elemente der Landwirtschaft wie Ackerbau und Viehhaltung, Garten- und Obstbau, Hecken- und Waldbau sowie Wiesen-, Weide- und Gewässerwirtschaft in ein maßvolles, sich gegenseitig förderndes Wechselverhältnis zu bringen, sie zu Organen eines weitgehend zur Selbsterneuerung fähigen landwirtschaftlichen Organismus zu machen. Damit wird jeder so gestaltete Hof wieder zur Urzelle der Kulturlandschaft. Darüber hinaus muss der Anbauer in diesem vielgestaltigen Lebenszusammenhang bemüht sein, die für die Erhaltungszüchtung und Weiterentwicklung der Nahrungspflanzen notwendigen biologisch-dynamischen Düngungs- und Anbaumaßnahmen durchzuführen.

Beides wirkt direkt auf das Wechselverhältnis von Reproduktion und Nahrhaftigkeit und damit auf das eigentliche Züchtungsziel als Kulturaufgabe der Zukunft. Dieses besteht in der Befestigung und Förderung der urzeitlich veranlagten Eigenschaft, Kulturpflanze zu sein, und in der Züchtung neuer, dem Wandel des menschlichen Ernährungsbedürfnisses entsprechender Nahrungspflanzen aus ihren Wildformen.

Bei den spezifischen Düngemaßnahmen handelt es sich um die sogenannten biologisch-dynamischen Düngerpräparate, die in Dosierung und Wirkungsweise in etwa den homöopathischen Heilmitteln vergleichbar sind.[44] Durch die Art ihrer stofflichen Zubereitung und ihrer Einbettung in die Lebenszusammenhänge und die Rhythmen des Jahreslaufs entbinden sie Kräfte, die unmittelbar belebend, gesundend und ordnend auf das lebendige Ganze der Pflanze wirken und deren Lebensprozesse so durchorganisieren, dass sich die kosmisch-irdische Gestalt der Pflanze sowie die stoffliche und kräftemäßige Komposition der Nahrungsfrucht idealtypisch ausformen kann. Die Wirkungsweise dieser Düngerpräparate gleicht Extreme aus und gliedert die Pflanze entsprechend der standortgegebenen Situation harmonisch in die Polarität von Erde und Kosmos ein.

Die biologisch-dynamischen Präparate werden teils über die hofeigenen Dünger und Komposte angewendet, teils in wässriger Suspension rhythmisiert und hoch verdünnt auf den Boden zur Saat beziehungsweise auf die wachsende Pflanze gesprüht.

Eine besondere Anbaumaßnahme ist direkt auf die Erzeugung von Saatgut gerichtet, indem entweder mehr der Reproduktionspol oder mehr der Pol der Nahrhaftigkeit in der Fruchtbildung gestärkt wird. Im ersteren Fall wird von der «winternahen», im letzteren von der «sommernahen» Aussaat gesprochen.[45] Die Spätsaat auf den Winter zu bei den überjährigen Winterfrüchten und die Frühsaat im ausgehenden Winter bei den einjährigen Sommerfrüchten fördert die Reproduktionskraft. Umgekehrt fördert die Spätsaat auf den Sommer zu bei einjährigen und die Frühsaat im ausgehenden Sommer bei überjährigen Nahrungspflanzen die Nahrhaftigkeit. Diese Pflege des Saatguts, im Wechsel gehandhabt, erzieht die Nahrungspflanze dazu, ihre sortentypischen Eigenschaften entsprechend den Standortbedingungen zu bewahren und zu entwickeln.

Der biologisch-dynamische Landbau ist aus der anthroposophischen Geisteswissenschaft Rudolf Steiners hervorgegangen. Diese erschließt dem gedanklichen Bewusstsein des heutigen, nach freier Selbstbestimmung strebenden Menschen, was einst durch die Mysterien einem noch instinktiv-geistnahen Bewusstsein einer früheren Menschheit zugeflossen ist. Mit dieser Befruchtung der wissenschaftlichen Erkenntnis unserer Zeit wird die Menschheit in freier Wahl zu ihren Zukunftsimpulsen finden können. Ohne diese droht ihr die Gefahr, die Errungenschaft der freien Selbstbestimmung auf dem Gebiet der Landwirtschaft und Ernährung dem bloßen Machtstreben der Agrokonzerne preiszugeben und dabei das Kulturerbe der Nahrungspflanzen und Haustiere dem Untergang zu weihen.

Der Autor

Dr. Manfred Klett, geboren 1933, Studium der Agrarwissenschaften, 21 Jahre biologisch-dynamischer Landwirt auf dem Dottenfelderhof, Mitbegründer der dortigen Landbauschule. Von 1987 bis 2001 Leiter der Sektion für Landwirtschaft am Goetheanum, Dornach. Vortrags-, Seminar- und Beratungstätigkeit.

AGRO-GENTECHNIK – STOLPERSTEIN FÜR EINE GESELLSCHAFTLICHE NEUORIENTIERUNG

Nikolai Fuchs

Hybrid- und Gentechnik erobern die Landwirtschaft. Die Sorglosigkeit, mit der diese Technologien vonseiten der Saatgutindustrie propagiert werden, steht in keinem Verhältnis zu ihren möglichen Auswirkungen. Doch gerade die Saatgutthematik vermag die heute wirksamen Interessen und Triebkräfte hinter den bestehenden gesellschaftlichen Verhältnissen zu verdeutlichen.
Ob sich der weitere Vormarsch der sogenannten Grünen Gentechnik verhindern lässt, ist ungewiss, doch bereits heute hat sie wie kaum eine andere Zeiterscheinung gesellschaftliche Kräfte mobilisiert und zu einer bewussten gesellschaftlichen Weichenstellung beigetragen. Nikolai Fuchs leuchtet in unterschiedliche ethische, soziale, ökonomische und wissenschaftliche Dimensionen dieses Phänomens hinein und zeigt Entwicklungsperspektiven, die in eine Kultur der Verantwortung münden können.

Hybridtechnik als Vorläufer der Gentechnologie

Als Ende der Sechzigerjahre die Hybridtechnik in breiterem Umfang in die Pflanzenzüchtung Einzug hielt,[1] wusste man zwar noch nicht, dass damit ein neues Zeitalter eingeläutet wurde, eine Ahnung war aber dennoch vorhanden. Bei einem Treffen der biologisch-dynamischen Gemüsezüchter im Jahr 1968 erkannten einige die Situation und plädierten erstmals für eine eigenständige biologisch-dynamische Gemüsezüchtung.[2] Dass damals, als noch 99 Prozent aller Gemüsearten samenfest[3] im Handel waren, nicht gleich die Kraft gefunden wurde, dieses Potenzial für eine eigene Vermehrung und Züchtung zu nutzen, gehört zur Signatur jener Zeit, in der neue Technologien in der Pflanzenzüchtung bestimmend wurden und biologisch-dynamisches Gärtnern und biologisch-dynamische Landwirtschaft (andere Formen des Bio-Landbaus gab es damals noch kaum) vielen Zwängen und Belastungen ausgesetzt waren.

Um was musste man sich nicht alles kümmern! – Die Rechtsverhältnisse des Hofes mussten geklärt werden, eine Hofverarbeitung aufgebaut, die Ausbildungsfrage angegangen und überhaupt das Überleben sichergestellt werden. Und bei all diesen und anderen Nöten jetzt noch eine eigene Saatgutzucht aufnehmen? Wo es doch Firmen gab, die Saatgut lieferten, das sicher keimte und befriedigende Erträge versprach. Die Hybridtechnik lockte mit gleichförmigeren Produkten und höheren Erträgen. Gegen das Image der «Schrumpelmöhren» vom Biohof musste man ja schon damals ankämpfen. Also nahm man das Angebot der Saatgutindustrie an, das Vereinfachung versprach, ohne auf die von ferne dämmernde Gefahr zu achten und die Herausforderung der Saatgutzüchtung zu ergreifen.

Wie schon so oft im 20. Jahrhundert entstanden neue Technologien für die Landwirtschaft nicht aus dieser und den ihr innewohnenden Bedürfnissen selbst.[4] Sie kamen von außen und gehorchten ganz anderen Interessen und Gesichtspunkten, die im schalen Sinne dem Zeitgeist entsprachen. Aus sich heraus konnte die Landwirtschaft dem nichts entgegensetzen.

Die Industrie propagierte die Hybridtechnik mit dem Argument des Heterosis-Effekts – Mehrertrag bei größerer Gleichförmigkeit. Der steigende Anteil industrieller Verarbeitung von Gemüse zu Konserven erforderte zudem Erzeugnisse, die immer mehr auf Maschinentauglichkeit zugeschnitten waren. Der Verbraucher suchte mit steigendem Wohlstand in zunehmendem Maße die Ware mit dem Auge aus. Die aufkommende Supermarkt-Kultur verdrängte die bis dahin dominierenden Wochenmärkte und kleinen Einzelhandelsgeschäfte. So gesehen schien es eine ganz natürliche Entwicklung zu sein, wenn eine neue Technik auf sich wandelnde Bedürfnisse antwortete.

Was sollte also dagegen sprechen, diese Entwicklung mitzumachen? Sicher, eine zunehmende Konzentration der Saatgutindustrie war damals schon abzusehen. Auch dass das Hybridsaatgut in jedem Jahr neu – und nicht billig – zugekauft werden musste, war den bisher auf Selbstversorgung ausgerichteten Bauern und Gärtnern nicht entgangen. Aber eine zunehmend arbeitsteilig organisierte Wirtschaft versprach natürlich eine Erleichterung im Arbeitsleben. Und wer wollte die nicht haben beziehungsweise musste sie bei zunehmender Abwanderung der Kinder in die Stadt nicht auch suchen?

Erst viel später, mit dem Einzug der Gentechnologie in die Züchtung, wurde – zumindest in biologisch-dynamischen Kreisen – erst klar, wohin die Hybridtechnik geführt hatte: Sie war sozusagen der Schuhlöffel für die Gentechnik. Noch bedeutsamer war aber, dass mit ihr innerhalb von 20 bis 30 Jahren ein beispielloser Aneignungsprozess vonstatten gegangen war.[5] Bis zum Jahrtausendwechsel waren über 80 Prozent aller Gemüsesorten hybridisiert und damit für Gärtner und Gemüsebauern nicht mehr nachbaubar. Jedes Jahr mussten nun alle Gemüsesamen bei der Saatgutindustrie zugekauft werden. Zwar gab es auch vorher schon einen Sortenschutz, das heißt Saatgut einer geschützten Sorte durfte vom Anbauer nicht weiterverkauft werden. Für den Eigenbedarf war der Wiederanbau jedoch erlaubt. Auch wenn man davon aus vielerlei Gründen – etwa dem der Saatgutreinheit – nicht immer Gebrauch machte, die Möglichkeit war gegeben. Von nun an gehörte aber das Saatgut tatsächlich der Industrie, die Gärtner und Bauern waren mit den Hybridsorten zu Abhängigen geworden.

Wie sich nach dem Mauerfall am Beispiel der Saatgutzucht in Ostdeutschland herausstellte, konnte man aber auch ohne Hybridtechnik ertragreiche und gleichförmige Sorten hervorbringen – nur eben ohne «eingebauten» Eigentumsschutz. Die Saatgutindustrie war im Osten einen anderen Weg gegangen. Damit ist offensichtlich, was eine treibende Kraft für die Einführung der Hybridtechnologie war: Die Aneignung von Rechten, die die Grundlage für wirtschaftlichen Erfolg bilden.

Gentechnik – Leben als Mechanismus verstanden

Auch die bisherige Züchtungspraxis – Selektion, Kreuzungszüchtung und ebenfalls die Hybridtechnologie bis hin zur Zellfusion[6] – ist durch mehr oder weniger deutliche Einwirkungen auf die Entwicklung des Pflanzengenoms geprägt. Ihre Auswirkungen sind aber allesamt rückholbar. Auch wenn sich die Züchtung zunehmend ins Labor verlagert hat, die Organismen selbst müssen sich in der freien Natur behaupten. Das trifft zwar auch auf gentechnisch veränderte Pflanzen zu. Wo aber Auskreuzung auf Wildpflanzen möglich ist, ist das manipulierte Genom nicht mehr rückholbar. So können sich gentechnisch manipulierte Pflanzen etwa durch Bestäubung von Wildpflanzen unkontrollierbar verbreiten. In Kanada beispielsweise kann kein gentechnikfreier Raps mehr angebaut werden, weil durch Pollen- oder Samenverfrachtung alle Kulturen kontaminiert worden sind.

Die bis zum Einsatz der Hybridtechniken gebräuchlichen Züchtungsmethoden kann man noch als Kultivierung im Sinne Georg Simmels (1918–1958) bezeichnen. Simmel hat die Kultivierung als Weiterentwicklung der bereits im Naturzustand vorhandenen «eigenen Wesenstendenzen», also von natürlichen Strukturprinzipien, verstanden.[7] Die Gentechnik geht einen Schritt weiter, da gewaltsam artfremde Gensequenzen (Transgenetik) oder gezielt organismeneigene Erbsubstanz (Cisgenetik) mit der Erbsubstanz des Zielorganismus verschmolzen wird. Die Vorstellung, dass jeweils ein Gen eine bestimmte Eigenschaft vererbt, verleitet zur Entwicklung einer Technologie, die gewünschte Merkmale von einem Organismus auf einen anderen transferiert. Und weil dies in der Praxis mehr oder weniger «funktioniert», verleitet es wiederum zu einem mechanistischen Weltbild mit der Annahme, dass die Welt des Lebendigen Lego-bausteinartig aufgebaut sei.

Sehr viele Gen-Transaktionen misslingen jedoch.[8] Dies kann man damit begründen, dass die Technik noch nicht ausgereift oder der bisherige Wissensstand noch unzureichend sei. Man könnte es aber auch so anschauen, dass dieser Weg nicht dem Wesen der Pflanzen entspricht und nur in Ausnahmefällen gelingt. Gentechnik ist eben eine Manipulationstechnik. Waren der Manipulation bei den anderen Züchtungstechniken natürliche Grenzen gesetzt – zum Beispiel indem eine Bestäubung vom Zielorganismus nicht angenommen wurde –, wird diesem die Annahme nun gewaltsam aufgedrängt.

Auch wenn heute von der These, dass jedes Gen wie in einer «lebendigen Maschine» für eine genau determinierte biologische Funktion verantwortlich ist, in wissenschaftlichen Kreisen schon abgerückt wird, die monokausale Denkweise vererbt sich fort und findet auch ihren Niederschlag, wenn zum Beispiel über epigenetische[9] Effekte weitergeforscht wird. Letztlich wird auch im Rahmen dieses Funktionsmodells nach materiellen Steuerungskomplexen gefahndet. Insofern ist der Begriff *Life Science* in der Art, wie ihn sich heute die Gentechnik-Industrie angeeignet hat, eine Irreführung. Es wird physikalisch-technisch gedacht und nicht organismisch, was in dem Begriff «Gentechnologie» auch zum Ausdruck kommt.

Wie auf wissenschaftlichem bleibt diese mechanistische Betrachtung des Lebendigen auch auf rechtlichem Gebiet nicht ohne Folgen. Die Gentechnik ermöglicht einen weiteren Schritt über den Sortenschutz hinaus. Seitdem man «Gen-Konstrukte» beschreiben kann, wird das eigentlich technischen Erfindungen vorbehaltene Patentrecht auch auf Lebendiges ausgeweitet (S. 201 und 290). Die Patentierung von (gentechnisch veränderten) Organismen wirft jedoch gänzlich neue Fragen im Umgang mit der Schöpfung und im sozialen Miteinander der Menschen auf. Das Welterbe Saatgut droht in der Privatisierung und Kommerzialisierung aufgesogen zu werden.

Es ist ein Grundzug der Evolution, dass sie Artenschranken aufgerichtet hat und dass sich höheres Leben durch sexuelle Vermehrung fortpflanzt. Es ergibt also durchaus einen «Sinn», dass Arten nicht beliebig miteinander kreuzbar sind. Der Arten übergreifende Genaustausch ist im Normalfall nicht vorgesehen; er findet höchstens auf dem Weg viraler Erkrankungen statt. Die gegenseitige Abgrenzung von Arten scheint eine Einrichtung zu sein, die Unterschiedlichkeit und damit Vielfalt, aber auch Eigentümlichkeit und damit Autonomie mit sich bringt. Die Gentechnik zielt im Ergebnis in die entgegengesetzte Richtung; sie fördert Gleichförmigkeit, Monotonie und Abhängigkeit.

Rote, Weiße und Grüne Gentechnik

Befürworter der Gentechnik führen als Positivbeispiel häufig die Behandlung von Diabetes an. Die biosynthetischen Verfahren zur Herstellung von Humaninsulin wären ohne die Möglichkeiten der Gentechnik nicht durchführbar.

Und tatsächlich: Der Umgang mit *menschlichen* Leiden und ihre Therapie entziehen sich bei der Verschiedenheit des individuellen Patientenschicksals schnell der allgemeinen Beurteilung. Behandlungen am Menschen unterliegen anderen ethischen Maßstäben als der Umgang mit Tieren, Pflanzen und Bakterien, deren manipulative Veränderung alle Menschen und die gesamte Natur betreffen können. Entscheidend ist bei der Roten (mit Blut in Berührung kommenden) Gentechnik, dass die Folgen einer medizinischen Behandlung keinen unkontrollierbaren Einfluss auf die Umgebung des betroffenen Patienten ausüben. Insofern muss sie anders beurteilt werden als gentechnisch manipulierte Organismen, die in der freien Natur zum Einsatz kommen.

Dies gilt auch für die Weiße (Graue) Gentechnik, das heißt bei der Modifikation von Mikroorganismen, die dann bei der Waschmittelproduktion oder in der Umwelttechnik – zum Beispiel bei der Müllverwertung – eingesetzt werden. Solange sich diese Organismen in geschlossenen Systemen aufhalten oder in der freien Natur nicht überleben können, unterliegen sie einer anderen Beurteilung als solche, bei denen eine Fortpflanzung unter normalen Umweltbedingungen möglich ist. Bei Mikroorganismen kann zudem auch in der natürlichen Evolution ein horizontaler Gentransfer stattfinden.[10] Daher ist ein künstlicher Gentransfer auf dieser Organismenstufe zumindest nicht grundsätzlich abzulehnen.

Das entscheidende Merkmal der Grünen Gentechnik besteht darin, dass sie durch Auskreuzung auf andere Organismen, die wiederum fortpflanzungsfähig sind, übergreifen (verwandte Wild- oder Kulturpflanzen) oder diese beeinflussen kann (zum Beispiel Bienen). Damit ist die Gefahr gegeben, dass sich bestimmte künstlich veranlagte Eigenschaften unkontrolliert ausbreiten – ein Prozess, der nicht mehr umkehrbar ist. Mit der Gentechnik werden natürliche Barrieren überwunden. Damit wird eine natürliche Instanz ausgeschaltet, die dem Menschen bei der Reproduktion von Leben im Rahmen konventioneller Züchtung Grenzen setzt. Indem der Mensch diese natürlichen Kontrollfunktionen außer Kraft setzt, fällt ihm und der Gesellschaft die alleinige Verantwortung für die Auswirkungen dieses Handelns zu; es erfordert damit höchste ethische Maßstäbe.

In einer Beziehung übersteigt das Gefahrenpotenzial der Grünen Gentechnik sogar dasjenige der Atomtechnik. Jede atomare Verseuchung unterliegt einem natürlichen Abbauprozess, obwohl dieser natürlich die spontan auftretenden Folgen einer atomaren Katastrophe nicht mildern würde. Bei einer genetischen Verseuchung tritt der gegenteilige Effekt ein, eine exponentielle Ausbreitung, die sich nicht begrenzen lässt. Insofern ist es berechtigt, in Bezug auf die Grüne Gentechnik von einer neuen Gefahrendimension zu sprechen.

Vor diesem Hintergrund scheint die Gentechnik zum «grünen Bereich», den inneren Gesetzmäßigkeiten der Pflanzenwelt, nicht so recht zu passen. Der Begriff «Grüne Gentechnik» erscheint vielen Kritikern als unangemessene Verharmlosung ihrer Risiken. Sie sprechen lieber von «Agro-Gentechnik». Allein die Tendenz zur unkontrollierten Ausbreitung gentechnisch veränderter Organismen beinhaltet nicht nur ein Umweltrisiko, sondern führt zu komplexen ethischen, sozialen, kulturellen und ökonomischen Fragen, die die Gentechnik als kaum beherrschbare Technologie erscheinen lassen. Der Widerstand gegen gentechnisch veränderte Lebensmittel in der europäischen Bevölkerung – die sich Werten wie Solidarität, Fairness und Vielfalt verpflichtet fühlt – legt Zeugnis dafür ab.

Wozu Gentechnik?

Das Argumentationsspektrum der Gentechnik-Befürworter hat sich in den ersten Jahren des neuen Jahrtausends erweitert. So sollen gentechnisch veränderte Pflanzen über die heute vorherrschenden Anbau-«Vorteile» hinaus zum Beispiel Mangelernährung ausgleichen können. Obwohl die Gentechnik-Befürworter noch immer beharrlich solche unbewiesenen Heilsversprechen verbreiten (S. 126ff.), kann die tatsächliche Bilanz allenfalls einige Anbauverbesserungen innerhalb einer industriell ausgerichteten Landwirtschaft ausweisen.

In der politischen Debatte führt man daneben den «Standortvorteil» ins Feld, den eine solche «Zukunftstechnologie» bietet, mit der angedrohten Konsequenz: Wenn *wir* es nicht machen, machen es die anderen, und wir haben das Nachsehen. Auch wenn diese Argumentation auf tönernen Füßen steht – so ist beispielsweise der Arbeitsplatzeffekt der Grünen Gentechnik äußerst gering (S. 287) –, sind gerade Politiker dafür besonders anfällig. Wahlen gewinnt man nur, wenn man «Wirtschaftskompetenz» ausstrahlt und sich dem «Fortschritt» nicht in den Weg stellt. Mittlerweile wird – wie von vielen Kritikern befürchtet und von der Industrie wohl erhofft – paradoxerweise sogar die schleichende Kontaminierung mit gentechnisch veränderten Organismen als Argument zugunsten der Gentechnik ins Feld geführt – ganz nach dem Motto: Wer sich heute noch dagegen wehrt, ist naiv.[11]

Die Hybridtechnologie und in ihrem Gefolge die Gentechnologie sind extremer Ausdruck der materialistischen und kapitalistischen Prägung heutiger Gesellschaftsformen. Der Materialismus bringt die Fixierung auf den stofflichen Aspekt des Lebendigen mit sich. Das Erbgut wird als «Baustein» des Lebens begriffen und dieses wiederum als Summe genetisch veranlagter Merkmale. Der Kapitalismus strebt nach fortwährender Aneignung und Besitz, um seine Wachstumsdynamik zu steigern.

Die Logik eines profitorientierten Handelns zeigt sich auch in der Verharmlosung von Problemen, die daraus resultieren. So wird die problematische verminderte

Nährstoffaufnahme bei Pflanzen, die mit dem Breitbandherbizid Roundup (Glyphosat) behandelt wurden, für Cliff Ramsier von der Ag Spectrum Company, die effizienzsteigernde Lösungen für die Landwirtschaft anbietet, erst dann zum Problem, wenn die Öffentlichkeit davon erfährt. Vor einer Forschergruppe stellt er unmissverständlich klar: «Unsere Branche kann sich die Erfahrung von Negativschlagzeilen ersparen, wenn wir vorausschauend handeln. Der Kapitalismus erfordert, dass aus wirtschaftlichen Interessen die akademische Gemeinschaft mit den dafür notwendigen Mitteln ausgestattet wird.»[12]

Gentechnologie steht exemplarisch für die Werte und Systeme, auf die sich unsere Gesellschaft heute stützt – eine materialistisch-intellektualistische Wissenschaft und eine einseitig profitorientierte Wirtschaft. Und beides führt wiederum notwendigerweise zur Gentechnologie. Sie abzulehnen greift zu kurz, denn sie ist nur Ausdruck des gesamten gesellschaftlichen Systems und in diesem Sinne ein Symptom, für das es tiefere Ursachen gibt. Sie kann aber als Stolperstein dienen, der uns veranlasst, die Selbstverständlichkeit dieses Systems infrage zu stellen und seine Mechanismen bloßzulegen.

Materialismus und Kapitalismus sind nicht einfach auszuschalten oder abzuschaffen. Aber ihre enorme treibende Kraft nicht wahrzunehmen wäre naiv. Monsanto als Marktführer bei gentechnisch verändertem Saatgut ist eine profitorientierte, dem *shareholder value* verpflichtete Aktiengesellschaft, die sich ganz der Logik der Märkte verbunden fühlt. Auf die Frage angesprochen, ob Monsantos Negativimage dem Unternehmen nichts ausmachen würde, antwortete eine leitende Mitarbeiterin: «Our business is not about concerns, it is about making money.» Profit hat Vorfahrt und nicht umsonst lässt die Welthandelsorganisation WTO nur ein einziges Handelshemmnis gelten: den wissenschaftlichen Nachweis, dass ein Produkt die menschliche Gesundheit oder die Umwelt schädigt.

Noch drängender als die Atomtechnik stellt uns die Gentechnik vor die Frage: Wie wollen wir leben? Wollen und müssen wir alle verfügbaren Technologien in jedem Fall einsetzen? Wollen wir uns weiter selbst mit dem Argument betrügen, dass es sonst «die anderen machen»? Machen wir den Fortschritt oder macht der Fortschritt uns? Kann die Menschheit an einen Punkt gelangen, wo sie das Machbare aus Einsicht unterlässt?

«Zivilisiert den Kapitalismus»[13] – forderte die Publizistin Marion Gräfin Dönhoff bereits lange vor der Finanzkrise von 2008. Eine Verhinderung zu großer Marktkonzentration sowie ein Verhaltens- und Wertekodex in Politik und Unternehmen kann dazu beitragen. Im Falle der Nutzung von Agro-Gentechnik wäre zu ergänzen, dass nur ein Bewusstsein für das Saatgut als Menschheitskulturerbe dieses vor der totalen Kommerzialisierung bewahren kann.

Konsequenzen daraus wären die Übertragung von Sortenschutzrechten in die Hand von Stiftungen oder Vereinen oder ein Verbot von Patenten auf Leben. In der Wissenschaft wird zudem immer sichtbarer, dass das «Lebenssystem» Landwirtschaft individuelle, transdisziplinäre, das heißt den Akteur einbeziehende Wissenschaft braucht – so wie bei der Züchtungsforschung der «Züchterblick» eine entscheidende Rolle spielt. Eine solche am Lebendigen orientierte Wissenschaft überkommt die mechanistische Wissenschaft und integriert dabei das inhärente Wertesystem der beteiligten Menschen.

Wir brauchen die «Segnungen» der Gentechnik nicht, um die Probleme unserer Welt zu lösen – vieles spricht sogar dafür, dass wir diese mit ihr noch verschlimmern. Allem Anschein nach ist die Gentechnik mit all ihren Gefahren aber notwendig, um uns bewusst für ein Leben zu entscheiden, das wir tatsächlich führen wollen. Der Gentechnik-Widerstand hat zur Demokratisierung Europas beigetragen.[14] Was die schleichend eingeführte Hybridtechnik nicht vermochte – nämlich genug Potenzial für eine Gegenbewegung zu entfalten –, die Gentechnik hat es möglich gemacht.

Irrationales Unbehagen oder berechtigte Sorge? – Die «gefühlten» Gefahren der Gentechnik

Obwohl Tierversuche gezeigt haben, dass eine gesundheitliche Beeinträchtigung durch gentechnisch veränderte Lebensmittel nicht auszuschließen ist,[15] ist es unwahrscheinlich, dass deren Verzehr sofortige gesundheitliche Probleme verursacht. In den USA, wo es im Gegensatz zu Europa keine Kennzeichnungspflicht für Gentechnik gibt, ernährt sich die Bevölkerung seit Jahren mit solchen Produkten. Die Risiken für die Umwelt erscheinen dagegen gravierender.

Gründe für die verbreitete Ablehnung der Gentechnik liegen eher in einem anderen Bereich jenseits der pragmatischen Abwägung von Chancen und Risiken. Würde man die Gentechnik auch dann ablehnen, wenn jede Gefahr auszuschließen wäre? Wer hier mit einer Antwort zögert, wird seine Vorbehalte aus einem intrinsischen Zusammenhang schöpfen – daraus, wie man sich innerlich in ein Verhältnis zu den Welterscheinungen und -entwicklungen setzt. So kann man die Artenbildung als konsistentes Prinzip empfinden, das höhere Lebensformen erst ermöglicht und damit eine nicht anzutastende geistige Entität darstellt.

Über Artgrenzen hinweg Erbgut zu verpflanzen kann als Verletzung dieses Prinzips und möglicherweise als biokultureller Rückschritt erlebt werden. Eine Technik, die das Herauslösen von Bestandteilen aus dem Lebenszusammenhang und Eingriffe in das intimste Innere der Zelle bewirkt, kann Furcht und Angst auslösen. Ein Verfahren, welches darauf beruht, dass die Nachkommen einer Spezies nicht mehr fruchtbar sind, kann misstrauisch machen. Dass eine Technologie wie die Gentechnik von der öffentlichen Hand massiv gefördert wird, ihre Gewinne dagegen privatisiert werden und ihre Risiken mit Steuermitteln etwa über einen Haftungsfonds aufgefangen werden sollen, kann man als ungerecht empfinden. Die erzwungene Einführung einer solchen Technik kann innere Abscheu erzeugen, die sogar bis zur Gewaltbereitschaft (Feldzerstörungen et cetera) gehen kann.

All diese Empfindungen bei der Auseinandersetzung mit der Gentechnik können nachdenklich stimmen:[16] Sind wir mit dieser Technik auf dem richtigen Weg? Wollen wir als Menschen mit der Natur und uns selber auf diese Weise umgehen?

Haben Pflanzen eine Würde?

Der in die schweizerische Verfassung aufgenommene Terminus der «Würde der Kreatur» – und somit auch der Pflanze – wirft Fragen auf. Gibt es Bedingungen für den Anspruch auf Würde? Muss sich eine Kreatur als empfindsam erweisen? Und wenn ja, wie verhält es sich dann bei Pflanzen?

Heute weiß man, dass Pflanzen durch Botenstoffe kommunizieren. Vor allem aber wird auch wissenschaftlich immer evidenter, dass Pflanzen umweltbezogene Wesen sind, dass spezifische Umweltbedingungen Daseinsgrundlage und damit Teil ihres Seins sind. Die Isolierung von ihrem natürlichen Lebensumfeld könnte schon eine Verletzung dieser Würde darstellen. So kommt auch die eidgenössische Ethikkommission für Biotechnologie im Außerhumanbereich zu der Schlussfolgerung, dass die Anpassungsfähigkeit und Fortpflanzungsfähigkeit von Pflanzen in jedem Fall erhalten bleiben sollte. Das lässt auch die sogenannte Terminator-Technologie (S. 250ff.) als ethisch verwerflich erscheinen. Der Mensch kann der Pflanze ihre Würde *verleihen,* wenn er zum Beispiel ihre Artgrenze *anerkennt.* Die «Integrität» der Pflanze ist so gesehen möglicherweise weniger eine intrinsische, der Pflanze selbst innewohnende Begabung als vielmehr Resultat einer menschlichen Haltung.

Genforschung unter Erfolgszwang

Gentechnik ist heute Realität. Auch in Europa gibt es Kräfte, die den Anbau gentechnisch veränderter Pflanzen immer weiter vorantreiben. Noch können wir uns fragen: In welchem *Umfang* wollen wir die *Anwendung* dieser Technologie?

Dabei offenbart sich ein weiteres bedenkliches Symptom unserer Zeit: Wenn Forschungsergebnisse nicht augenblicklich von der Industrie «aufgesaugt» werden können und kommerzielle Anwendung finden, kommt der

Forschungsimpuls offenbar ins Stocken. Grundlagenforschung, die ausschließlich und ohne kommerzielle Perspektive auf einen Erkenntniszuwachs ausgerichtet ist, oder unabhängige Risikoforschung, die einer Anwendung vorausgehen muss, ist so kaum mehr möglich. Der Interessenverbund von Wissenschaft und Wirtschaft wird durch das Fehlen öffentlicher Forschungsmittel immer enger. Gerade das Forschen im Bereich der Gentechnologie wäre ohne praktische Anwendung nicht möglich, tönt es aus einschlägigen Kreisen.[17] Wer diese durch Anbau-Moratorien oder eine restriktive Gesetzgebung einschränke, behindere zugleich den Fortschritt in einem der innovativsten Zweige der Wissenschaft. Diese Argumentation ist besorgniserregend.

Die Genforschung hat für einen enormen Wissenszuwachs gesorgt und Neuland in Bezug auf das funktionelle Innenleben von Organismen betreten. Die Kenntnis wichtiger physischer Elemente des Lebens ist erhellend – man denke nur an den Befund, dass die Genausstattung des Menschen zu 98 Prozent mit der des Schimpansen übereinstimmt. Aber auch bei der Suche nach dem geografischen Ursprung alter Haustierrassen haben Entdeckungen für Aufsehen gesorgt, wonach das heute in Europa anzutreffende Hausrind nicht vom ursprünglich hier lebenden Ur, sondern vom *bos* aus dem Gebiet des heutigen Persien abstammt.[18] Ebenso hat die Genanalyse interessante Erkenntnisse zur Herkunft unseres Apfels gebracht, der aus dem chinesischen Raum stammt.[19]

Die erbliche Ausstattung ist eines der wichtigen Kriterien für eine Entscheidung, mit welchen Sorten oder Linien bei der Pflanzenzüchtung weitergearbeitet wird. Die Nutzung dieses Wissens sollte daher nicht auf private Rechteinhaber beschränkt bleiben, sondern der Allgemeinheit zur Verfügung stehen und in einer Reform des Patentrechts seinen Niederschlag finden.

Der Einsatz von Markertechniken, bei der einzelne funktionslose Gene ausschließlich zur Kennzeichnung eingeschleust werden, erscheint auf den ersten Blick sinnvoll,20 wenn dadurch beispielsweise spezifische Krankheitsmerkmale rasch identifiziert und Pflanzen in einem Frühstadium der Entwicklung selektiert werden können. Allerdings lehrt die Erfahrung, dass sich in der Folge automatisch der Blick verengt, zum Beispiel auf die Merkmale, für die es Marker gibt. Die typischen, vom Ökolandbau gewünschten Eigenschaften von Pflanzen wie Erntestabilität, Stickstoffeffizienz, intensive Bewurzelung und Qualität sind kompliziert und kaum durch ein einzelnes genomisches Merkmal abzubilden beziehungsweise zu erfassen. Das heißt, die angewandte Systematik ist wieder eine selektive und nicht eine integrative beziehungsweise systematische. Auf solche Momente gilt es aufmerksam zu werden: Welche Techniken stärken, welche schwächen den Systemansatz Ökolandbau?

Die genomische Analyse ist offensichtlich ein hilfreiches Instrument. Eine gentechnische Manipulation von Pflanzeneigenschaften muss dagegen nicht stattfinden. Sie beruht noch dazu auf Modellannahmen, die heute schon als überholt gelten (S. 106).

Innovation muss kein Fortschritt sein

Am 6. September 2007 erklärte der Vorstandsvorsitzende der Bayer CropScience AG, Prof. Friedrich Berschauer, auf der Jahrespressekonferenz des Unternehmens, man wolle den Erfordernissen der «neuen Agrarwirtschaft»

Das Missverhältnis zwischen den Denkmustern der Gentechnik und den Erkenntnissen der Genetik

Gentechnisches Denkmuster	Wissenschaftliche Erkenntnis
Gene bestimmen die Merkmale durch lineare Kausalketten; *einem* Gen entspricht jeweils *eine* Funktion.	Genfunktionen entfalten sich innerhalb eines komplexen Netzwerks; die Verursachung ist multidimensional, nichtlinear und zirkulär.
Gene und Genome unterliegen keiner Umweltbeeinflussung.	Gene und Genome unterliegen einer Regulation durch Rückwirkungen.
Gene und Genome sind stabil und unveränderlich.	Gene und Genome bleiben dynamisch in Fluss, sie können sich in unmittelbarer Reaktion auf die Umwelt verändern und durchlaufen «adaptive» Mutationen.
Gene bleiben dort, wo man sie hinsetzt.	Gene können zwischen Spezies, die nicht verwandt sind, horizontal überspringen und Rekombinationen eingehen.

Nach Mae-Wan Ho: *Das Geschäft mit den Genen*, S. 79.

mit verstärkter Forschung im Bereich innovativer Pflanzenschutzmittel, durch die Suche nach neuen agronomischen Merkmalen zur Verbesserung der Stresstoleranz von Pflanzen und durch Ertragssteigerung begegnen. Es sei mit einer erheblichen Zunahme der Nachfrage nach Saatgut (12 Prozent Wachstum pro Jahr) zu rechnen, insgesamt mit einem Marktvolumen von über vier Milliarden Euro. Vor allem bei der Gentechnik wolle man sich in Zukunft noch aktiver engagieren. Damit demonstriere man, dass man das Bioscience-Geschäft entschlossen vorantreibe. «Nur mit Innovation und ständigem technologischem Fortschritt können wir dieser Herausforderung begegnen.»[21]

Die Gentechnik brüstet sich gerne mit ihrer Innovationskraft. Man spricht im ökonomischen Sinne von einer Innovation, wenn Ideen oder Erkenntnisse zur Entwicklung von marktrelevanten Erzeugnissen oder Anwendung führen. Insofern sind neue gentechnisch veränderte Produkte tatsächlich innovativ. Verglichen mit der Kulturleistung des Hervorbringens von Kulturpflanzen und Haustieren aus ihren wilden Vorfahren nehmen sich gentechnische Veränderungen aber geradezu lächerlich aus. Durch die verbreitete Fortschrittsgläubigkeit wird automatisch ein negatives Licht auf alles geworfen, was in diesem Sinne nicht innovativ ist. So werden «ältere» Züchtungstechniken herablassend als überkommene Relikte aus Großvaters Zeiten geschmäht.

Auf welche Neuerungen käme es heute tatsächlich an und wodurch unterscheidet sich eine zeitgemäße von einer unzeitgemäßen Innovation? Was richtig ist und was falsch, kann in heutiger Zeit nicht mehr nach absoluten Maßstäben beurteilt werden. Eine allgemeine Bewertungsskala ist uns abhanden gekommen. Entscheidend sind die jeweiligen Auswirkungen im gesellschaftlichen Kontext. Kann es überhaupt noch Leitlinien für Entscheidungen von solcher Tragweite geben, wie sie uns von den heutigen Möglichkeiten der Gentechnik abverlangt werden?

Nur die Entwicklungsperspektiven, die der Einzelne und die Gesellschaft für sich selbst definieren, können eine Grundlage für die Beantwortung solcher Fragen sein.

Da die Politik heute stark von wirtschaftlichen Kräften beeinflusst wird, kann sie nicht mehr die bestimmende normative Kraft entfalten, um Entwicklungsziele zu definieren. Daher ist eine Zusammenarbeit mit zivilgesellschaftlichen Gruppen auf der ganzen Welt nötig. Nachdem sich die Menschheit beim Weltgipfel 1992 in Rio de Janeiro auf mehr Vielfalt, 1997 in Kyoto auf Klimaziele, beim Göteborg-Protokoll und 2002 in Johannesburg auf Nachhaltigkeit geeinigt hat, müssen sich die zukünftigen Entwicklungen daran ausrichten. Die getroffenen Vereinbarungen bilden die einzige akzeptable Leitlinie für künftiges Handeln. Daran müssen sich alle gesellschaftlichen Entwicklungen messen lassen. Vielfalt, Nachhaltigkeit und gesellschaftliche Partizipation bilden auch die Kriterien für Innovation und Fortschritt: Die Grüne Gentechnik schneidet in dieser Hinsicht nicht gut ab.

Auch beim Biolandbau steht man der Entwicklung neuer Verfahren, Substanzen oder von neuem Saatgut positiv gegenüber. Und gerade dort ist der Blick in die Zukunft gerichtet. Innovation wird jedoch anders interpretiert. Im Gegensatz zur Verbesserung von Einzelfaktoren ist hier die Optimierung des Systems als Ganzem entscheidend.

Aspekte eines zukunftstauglichen Umgangs mit Saatgut

Die gesamte kommerzielle Saatgutzüchtung hat sich dem allgemeinen Trend zu Hybridisierung und gentechnische Manipulation angeschlossen. Samenfeste Sorten, deren unveränderter Nachbau durch natürliche Vermehrung möglich ist, werden sogar zunehmend vom Markt genommen. Um alte Sorten zu erhalten, haben sich Vereine wie Pro Specie Rara gegründet.[22] Andere Vereine wie Slow Food propagieren regionale Besonderheiten und helfen damit, diese zu erhalten.

«Landwirtschaft wie im Mittelalter» wird dem Bio-Landbau oft spöttisch vorgeworfen. Doch Ökolandbau, wie er heute betrieben wird, unterscheidet sich von der traditionellen Wirtschaftsweise und befindet sich in einem kontinuierlichen Entwicklungs- und Wachstumsprozess, ohne sich dabei an den üblichen kommerziellen Kategorien zu orientieren. Dabei hat er auch vom Fortschritt bei der konventionellen Pflanzenzüchtung profitiert. Während jedoch der allgemeine ökologische Landbau bei der Hybridtechnik wenig Berührungsängste hatte, wurde deren Unvereinbarkeit mit den Idealen des Betriebsorganismus und der Betriebsindividualität beim biologisch-dynamischen Landbau schon immer empfunden. Eine den eigenen Bedürfnissen angepasste und der jeweiligen Betriebsindividualität dienende Züchtung wurde von Anfang an als hilfreich angesehen. So schrieben schon die ersten Demeter-Richtlinien von 1932 biologisch-dynamisches Saatgut vor.

Eine biologisch-dynamische Pflanzenzüchtung entwickelte sich erst allmählich seit Ende der 1970er-Jahre. Dabei werden «klassische» Züchtungstechniken angewendet. Oft wird dies als Reaktion auf die Bedrohungen der Gentechnik verstanden. Greift man auf altes «Handwerk» zurück, weil einem der Fortschritt Angst macht? Ist es ein verschrecktes «Zurück zur Natur»?

Auslese beziehungsweise Selektion ist eine alte Kulturtechnik. Sie wird aber auch heute noch angewendet – selbst bei der Entwicklung und Vermehrung gentechnisch veränderter Organismen. Man arbeitet dabei mit dem Vorhandenen, man weckt versteckte Sorteneigenschaften beispielsweise durch Sortenspreizung, bei der sich eine Sorte im Nachbau auffächert. Um das Potenzial des zur Verfügung stehenden Materials auszureizen und um Eigenschaften älterer Sorten wieder in den lebendigen Erbstrom aktueller Züchtungen zu integrieren, reicht es, Kreuzungstechniken einzusetzen, wie es manche biodynamische Züchter auch tun. Sind neuartige Züchtungstechniken überhaupt notwendig?

Auch die Gentechnik schöpft nur aus dem genetischen Fundus dessen, was die Natur zur Verfügung stellt. Sie kombiniert nur vorhandene Merkmale neu. Einzig darin besteht ihre Innovation. Im Hinblick auf die Sortenvielfalt hat sie eher zu deren Erosion beigetragen. Die eigentliche Innovationskraft der Gentechnologie liegt vielmehr darin, dass sie die Möglichkeit zur Patentierung gentechnisch veränderter Pflanzen und zur Aneignung von Eigentumsrechten eröffnet. Damit wurde die Privatisierung und Kommerzialisierung des Saatguts im heutigen Ausmaß erst möglich. Auch die Forschung gerät dabei zunehmend in die Abhängigkeit kommerzieller Interessen. Auf diesem Feld versucht die biologisch-dynamische Pflanzenzüchtung andere und neue Wege im Sinne von Ernährungsqualität, Vielfalt und Nachhaltigkeit zu gehen.

Züchten ist die Summe aller Maßnahmen, die einen Einfluss auf das Genom haben, nicht nur auf den bloßen Reproduktionsvorgang. Nicht umsonst sprach man bis in jüngster Zeit von «Tierzucht auf dem Hof», wenn ein Bauer neben dem reinen Nutztierbestand einen Bock oder Stier hielt. Eine solche Landwirtschaft hat wenig mit einer Besamungsstation im heutigen Sinne zu tun. Neu sind allenfalls die Konsequenzen aus der Einsicht, dass insbesondere die Pflanze ein umweltoffenes und umweltverbundenes Wesen ist, das stark von der Umgebung geprägt wird. Standortfaktoren, aber auch intrinsische Faktoren wie die Züchterpersönlichkeit oder Klänge können zum Beispiel nach wenigen Generationen Einfluss auf die vererbten Eigenschaften einer Pflanze zeigen. Diese Umweltfaktoren als Teil der Züchtung zu verstehen ist ein neuer – und aus dem Unbewussten zur Kultur erhobener – Ansatz im Umgang mit Pflanzen.

Parallel zur praktischen Züchtungsarbeit haben sich Netzwerke und soziale Organismen gebildet, die eine nachhaltige, unabhängige Züchtung ermöglichen (S. 323f.). Die vorrangige innovative Leistung der biologisch-dynamischen Pflanzenzüchtung liegt in dieser sozialen beziehungsweise gesellschaftlichen Einbettung der Züchtungsarbeit.

Eigentlich kam die biologisch-dynamische Pflanzenzüchtung erst mit dem Jahrtausendwechsel richtig in Gang. Private Sponsoren begannen, sich zu engagieren, und die deutsche Agrarwende-Politik von Landwirtschaftsministerin Renate Künast ab 2001 brachte das Forschungsprogramm Ökologischer Landbau hervor, das ab 2002 auch Mittel für die ökologische Züchtungsforschung bereitstellte. So fallen fast alle Sortenanmeldungen aus der biologisch-dynamischen Pflanzenzüchtung in die Jahre nach 2000.

Der Keim für die Züchtung war schon vor dem Aufkommen der Gentechnik gelegt, und viele Fähigkeiten und Fertigkeiten wurden vor dieser Zeit veranlagt. Die gesellschaftliche Unterstützung – die Bauern fühlen sich bis heute hin- und hergerissen zwischen opportunisti-

Zukunftsstiftung Landwirtschaft

Mit der Gründung der Zukunftsstiftung Landwirtschaft konnte eine Organisation entwickelt werden, die heute im Rahmen des *Saatgutfonds* über 50 Prozent der Mittel für ökologische Pflanzenzüchtung in Deutschland bereitstellt und gleichzeitig mit der Kampagne *SOS – Save our Seeds* eine breite gesellschaftliche Allianz für die politische Durchsetzung eines gentechnischen Grenzwerts an der Nachweisgrenze im Saatgut bildet.

Die Zukunftsstiftung Landwirtschaft fördert die Entwicklung und die Sortenvielfalt von Saatgut, das den Zielen biologischer Landwirtschaft entspricht, den Verzicht auf Pestizide und Kunstdünger ermöglicht, Erzeugnisse mit verbessertem Geschmack hervorbringt und von Landwirten selbst fortentwickelt und regionalen Erfordernissen angepasst werden kann. Sie unterstützt die Erhaltung und Weiterentwicklung wertvoller Sorten vor Ort, die Erforschung des komplexen Zusammenspiels von Pflanzen, Tieren und Mikroorganismen, ganzheitliche Qualitätsforschung, biologische Krankheits- und Schädlingskontrolle und fördert die Vernetzung von Forschern, Züchtern und Landwirten.

Weiterführende Informationen:

www.saatgutfonds.de

www.zs-l.de

www.saveourseeds.org

www.bantam-mais.de

www.keine-gentechnik.de

scher Marktanpassung und der Einsicht in die besonderen Anforderungen biologisch-dynamischer Wirtschaftsweise – setzte jedoch erst mit dem Aufkommen der Gentechnik richtig ein.

Koexistenz und Grenzwerte – Gentechnik am Scheideweg

Seit dem Auftreten der Gentechnik und dem damit verbundenen Bewusstseinsprozess innerhalb der Gesellschaft hat sich die Verschränkung von kritischer Auseinandersetzung und der Förderung von Alternativen immer deutlicher gezeigt. Bis zum Jahr 2000 wurde beides von unterschiedlichen gesellschaftlichen Gruppierungen betrieben, doch es wurde immer deutlicher, dass es sich um zwei Seiten derselben Medaille handelt.

Die Frage der Koexistenz konventioneller und ökologischer Landbauverfahren mit gentechnisch veränderten Kulturen beschäftigt seit dem Jahrtausendwechsel den Gesetzgeber. Neben der Frage des Mindestabstands zwischen konventionell bebauten Feldern und solchen mit gentechnisch veränderten Organismen ist die *Haftungsfrage* der heikelste Punkt des Gesetzeswerks. Wer haftet im Falle einer genetischen Kontamination? Es ist den zivilgesellschaftlichen Gruppen gelungen, diese Problematik in die öffentliche Wahrnehmung und Diskussion zu bringen – ein bedeutungsvoller Moment in der Entwicklung demokratischen Bewusstseins.

Gerade die Haftungsfrage ist wie keine andere dazu angetan, die heute wirksamen gesellschaftlichen Verhältnisse zu offenbaren. Selbstverständlich wollten Industrie und Anwender gentechnisch veränderter Produkte alle Haftungsrisiken so weit wie möglich von sich weisen. Nach «altem» Rechtsgebrauch, wie ihn das Bürgerliche

Gesetzbuch vorsieht, hätte der Geschädigte den Verursacher ausfindig machen und den Schaden nachweisen müssen. Erst die damalige grüne Bundeslandwirtschaftsministerin, Renate Künast, trat für eine gesamtschuldnerische, verschuldensunabhängige Haftung ein.[23] Wenn eine Kontamination nachweislich vorliegt und der direkte Verursacher nicht ausfindig gemacht werden kann – was wahrscheinlich ist, da die gleichen genetisch veränderten Pflanzen von mehreren Anwendern angebaut werden –, haftet die Gemeinschaft der im Umkreis anbauenden Gentechnik-Landwirte.

Diese konsequente Berücksichtigung des Verursacherprinzips hat die Ausbreitung der Agro-Gentechnik in Deutschland bis heute verhindert, nicht zuletzt weil auch die Versicherungsgesellschaften die Risiken der Gentechnik für grundsätzlich nicht versicherbar halten. An der fehlenden Bereitschaft, gentechnisch veränderte Organismen unter diesen Umständen freizusetzen, zeigt sich am deutlichsten, das es nicht möglich ist, diese Technik verantwortungsvoll und mit einem kalkulierbaren Risiko zu praktizieren. Erst wenn es der Gentechnik-Industrie gelänge, die Lasten zum Beispiel durch steuerfinanzierte Haftungsfonds zu sozialisieren,[24] wäre der Anbau wirtschaftlich tragfähig.

Die gesetzliche Neuregelung im Sinne einer gesamtschuldnerischen, verschuldensunabhängigen Haftung hat eine historische Relevanz. Selbst Horst Seehofer (CSU) ist als Bundeslandwirtschaftsminister, obwohl durch das Wahlprogramm seiner Partei und den Koalitionsvertrag zu einer Besserstellung der Gentechnik angehalten, auch bei einer Novelle des Gentechnikrechts davon nicht grundsätzlich abgewichen.[25] Es ist der Industrie und ihrer Lobby nicht gelungen, plausible Argumente für ein Abweichen von diesem Prinzip vorzulegen. Der damalige mutige Vorstoß von Renate Künast erfährt damit eine unausgesprochene Würdigung.

Lässt sich Gentechnik «gesundlieben»?

Es ist wahrscheinlich, dass sich die Grüne Gentechnik auch in Europa weiter ausbreiten wird. Die komplette Verhinderung wird kaum gelingen. Aber einen Dammbruch muss es nicht geben. Schon mit der Beschränkung der Gentechnik auf überschaubare und kontrollierbare Regionen (ähnlich den Raucherzonen auf Bahnhöfen) wäre viel gewonnen, um eine Entscheidungsfreiheit zu wahren. Gentechnikfreie Regionen sind hingegen eine Verinselung derer, von denen gar keine Gefahr ausgeht. Das ist besser als nichts, aber das eigentliche Prinzip, dass der Verunreiniger eingehegt werden muss, wird umgekehrt. Es ist nicht undenkbar, dass es in Zukunft auch bei der Gentechnik wie bei der Kernenergie eine Ausstiegsdiskussion geben wird. Bei allen Entscheidungen sollte daher bedacht werden, dass die Realisierbarkeit eines Ausstiegs nicht verbaut werden darf.

Es gibt Stimmen, wonach das unkontrollierte Ausbreiten der Gentechnik nicht aufzuhalten sei und ihre Gegner alle Kräfte darauf konzentrieren sollten, mit Liebe den biologisch-dynamischen Gartenbau zu pflegen und damit die negativen Auswirkungen der Gentechnik auszugleichen. Auch das muss getan werden. Aber auch die gesellschaftliche Auseinandersetzung über das Für- und Wider der Gentechnik muss als wesentliche Zeitforderung gesehen werden, der man sich mit vollem Bewusstsein stellen sollte.

Die Saatgutthematik erlaubt es wie kaum eine zweite, die heute wirksamen Interessen und Triebkräfte hinter den bestehenden gesellschaftlichen Verhältnissen aufzuzeigen. Welche Rolle die Wirtschaft, politische Entscheidungen und nicht zuletzt zivilgesellschaftliches Engagement und individuelles Handeln der Betroffenen – und das sind wir alle! – spielen, wird beim Umgang mit dem Saatgut beispielhaft sichtbar. Saatgut ist neben Wasser und Boden die Basis für die zukünftige Erden- und Menschheitsentwicklung. Bei ihm kommt es deshalb besonders darauf an, einen zeit- und sachgemäßen Umgang zu finden.

Der Autor

Nikolai Fuchs, geb. 1963, ist gelernter und studierter Landwirt (Dipl. Ing. agr.). Nach der Fachbereichsleitung des Naturschutzzentrums Eifel Landesgeschäftsführer von Demeter Nordrhein-Westfalen, danach Geschäftsführer und später Vorstand vom Forschungsring für Biologisch-Dynamische Wirtschaftsweise e. V. in Darmstadt. Ab 2001 Leitung der Sektion für Landwirtschaft am Goetheanum in Dornach. Daneben leitet er seit 2002 das Brüsseler Büro von Demeter International.

www.sektion-landwirtschaft.org

www.demeter.net

LEERE VERSPRECHEN, VOLLE KASSEN

Gentechnologie in der Landwirtschaft und das Geschäft mit dem Hunger

Tina Goethe

Glaubt man den Darstellungen der Saatgutmultis, handelt es sich bei der Agro-Gentechnik um eine Erfolgsstory. Doch deren einzige Nutznießer sind die Konzerne selbst. Auch groß angelegte Werbekampagnen, die immense Ertragssteigerungen und Produktionsvorteile verheißen, können nicht länger darüber hinwegtäuschen, dass die bisherige Leistungsbilanz gentechnisch veränderter Pflanzen ausgesprochen mager ausfällt und dass diese vor allem für die Landwirtschaft in ärmeren Regionen gravierende Nachteile bringen.
Tina Goethe, Mitarbeiterin von SWISSAID im Bereich Entwicklungspolitik, beleuchtet den wirtschaftlichen und sozialen Hintergrund des Themas und berichtet aus ihrer Erfahrung in der Entwicklungsarbeit über die leeren Versprechen der Saatgutkonzerne, deren Strategien zur Kontrolle des Agrarsektors und über die ausweglose Situation betrogener Kleinbauern.

Im Frühjahr 2008 erlebte die Welt eine Hungerkrise. Dramatische Preisanstiege bei nahezu allen Grundnahrungsmitteln führten in zahlreichen Ländern zu wütenden Protesten und Aufständen. Der stille Hunger, der seit Jahrzehnten vor allem für die ländliche Bevölkerung in Entwicklungsländern Alltag ist, war für kurze Zeit laut geworden. Laut, weil die Preisanstiege vor allem die Armen und die Mittelschicht in den Städten betrafen, die ihre Proteste auf die Straße trugen und damit für die Regierungen zu einem ernsten Problem wurden. Landwirtschaft und Ernährung ist seitdem wieder auf der internationalen Agenda, denn – so viel war durch die Krise klar geworden – das dominierende System der Nahrungsmittelproduktion und -versorgung hat versagt. Die Zahl der Hungernden ist mittlerweile auf über eine Milliarde Menschen gestiegen. Konkret heißt das, jeder sechste Mensch erhält nicht genug zu essen.

Der Weltmarktpreis für Weizen war seit Anfang 2006 um mehr als das Dreifache gestiegen, Milchprodukte kosteten plötzlich fast das Doppelte, Reis verteuerte sich um über 90 Prozent. Die Gründe für die drastischen Preisanstiege sind vielfältig und komplex. Spekulationen mit Agrar-Rohstoffen, ein hoher Ölpreis, die politisch geförderte Nachfrage nach Agrotreibstoffen und klimatische Veränderungen gehören zu den wichtigsten Ursachen für die heftigen Preisschwankungen. Die Finanzkrise hat die Preise wieder sinken lassen, sie liegen jedoch immer noch höher als zu Beginn der Krise 2007. Und die langfristigen Ursachen bleiben nach wie vor bestehen. Denn die internationalen Programme der Weltbank und der FAO, die zur Unterstützung der armen, besonders betroffenen Länder vor allem in Afrika beschlossen wurden, beschränkten sich auf die Verteilung von Saatgut und Dünger. Die strukturellen Ursachen für die fehlende Ernährungssicherheit bleiben von diesen Programmen unberührt.

Das Geschäft mit dem Hunger

Als bisherige Gewinner der Krise gehen die großen Agrokonzerne hervor. Sie haben nicht nur massiv von den Preissteigerungen profitieren können. Auf dem Höhepunkt der Nahrungsmittelkrise im April 2008 präsentierten Cargill, Monsanto und Mosaic Rekordgewinne. Auch Syngenta bezeichnete das Jahr 2008 als «hervorragendes Jahr für die Landwirtschaft» und für den eigenen Geschäftsverlauf.[1] Allein die Umsätze im Bereich Saatgut stiegen um 16 Prozent auf 2,4 Milliarden US-Dollar. «Für Syngenta war 2008 in jeder Hinsicht ein Spitzenjahr», meldete die *Neue Zürcher Zeitung* am 7. Februar 2009. In den Führungsetagen der Agrokonzerne lässt man es nicht an Deutlichkeit mangeln, so zynisch es auch klingen mag. Der Hunger ist für sie ein gutes Geschäft. In einem Interview zur Hungerkrise brachte es Hugh Grant, Chief Executive Officer von Monsanto, auf den Punkt: «Die Befriedigung der steigenden Nachfrage ist ein großes Geschäft.»[2]

Die Agrokonzerne sind auch diejenigen, die allzu bereitwillig ihre Produkte mit den internationalen Hilfsprogrammen in alle Welt liefern. Insbesondere in Afrika, wo die Märkte noch weitgehend unerschlossen sind, sehen sie vielversprechendes Potenzial. An einer Sitzung des Privatsektors während des Welternährungsgipfels der FAO im Juni 2008 gaben die Konzerne die Bedingungen für eine neue «grüne Revolution in Afrika» bekannt. Sie seien bereit, hochwertiges Saatgut, chemischen Dünger und Pestizide zu liefern. Doch bräuchten sie dafür mehr Rechtssicherheit und verlässliche Regulierungen, sprich: die Garantie der von ihnen beanspruchten geistigen Eigentumsrechte für Saatgut und eine funktionierende Marktwirtschaft.[3]

Und schließlich sind es auch die Agrokonzerne, die die Krise als willkommenen Anlass nehmen, ihr gentechnisch verändertes Saatgut als unausweichliche Technologie zu bewerben, ohne die die Ernährung weltweit nicht sichergestellt werden könne. Rechtzeitig zum Welternährungsgipfel in Rom kündigte Monsanto, der weltweit größte Saatguthersteller, an, Saatgut zu entwickeln, das im Vergleich zum Niveau des Jahres 2000 den doppelten Ertrag erzielen könne: «Erträge für Mais, Soja und Baumwolle werden bis 2030 auf das Doppelte steigen.»[4]

Auch Nestlé-Verwaltungsratspräsident Peter Brabeck meldete sich im Juni 2008 gegenüber der *Financial Times* zu Wort und forderte von der EU großzügigere Gentechnik-Vorschriften zur Bekämpfung der steigenden Lebensmittelpreise: «Ohne gentechnisch veränderte Organismen lässt sich dieser Planet nicht ernähren.» Die Gentechnik-kritische Haltung der EU sei vor allem für afrikanische Staaten von großem Nachteil, so Brabeck.[5]

«Mehr mit weniger produzieren»

«Grow more from less» lautet der Werbeslogan von Syngenta für das Jahr 2009. Nur mit industriellen Pflanzentechnologien, von gentechnisch verändertem Saatgut über Pestizide bis hin zu chemischer Saatgutbehandlung, sind laut Syngenta die großen Herausforderungen der Zukunft zu bewältigen. Mit den begrenzten Ressourcen Land und Wasser müssen höhere Erträge erzielt werden: «Die Welt braucht mehr Nahrung. Bis 2050 wird die Weltbevölkerung um zwei Milliarden Menschen wachsen. Wie sichern wir die Versorgung mit hochwertigen Nahrungsmitteln – und erhalten gleichzeitig unsere Umwelt? Bei Syngenta sind wir überzeugt: Die Antwort auf diese Frage liegt im unbegrenzten Potenzial von Pflanzen.»[6]

Monsanto bläst mit seiner Werbekampagne ins gleiche Horn: «Wie können wir mehr Nahrungsmittel aus einem Wassertropfen herausquetschen?»[7] Dabei argumentieren die Konzerne mit Fakten aus der Nachhaltigkeitsdebatte und verschweigen geflissentlich, dass genau das von ihnen geförderte und dominierte industrielle Landwirtschaftsmodell mit seinem hohen Verbrauch an Wasser, Boden und Energie einer der wesentlichen Faktoren für den Klimawandel, für Erosion und Umweltverschmutzung ist. Das Bestreben, sich als Garanten für die Welternährung und Befürworter einer nachhaltigen Landwirtschaft zu positionieren, ist denn auch mehr als Marketingstrategie zu interpretieren, die sich dem Zeitgeist anpasst. Die Nahrungsmittelkrise wird als medienwirksames Argument für Lobbyarbeit missbraucht, um Gentechnik-Pflanzen zum Durchbruch zu verhelfen. «Die Landwirtschaft kann dabei helfen, weltweit mit weniger mehr zu produzieren, aber dafür braucht es noch mehr Investitionen in Innovationen, sowohl wissenschaftlich begründete als auch weltweit kohärente Gesetzgebungen», führte der Chief Executive Officer von Syngenta, Michael Mack, am World Economic Forum Anfang 2009 aus und kritisierte damit einmal mehr die vorsichtige Haltung einiger europäischer Länder hinsichtlich der Gentechnologie in der Landwirtschaft.

Das Versprechen, die Gentechnologie würde den Mangel an Ernährungssicherheit vor allem in den Entwicklungsländern beheben, sind nicht neu. Im Gegenteil, es ist Bestandteil der Verbreitung und Vermarktung gentechnisch veränderter Produkte seit Beginn ihrer Entwicklung. Dies zeigt eine Analyse der Strategien und Jahresberichte von Monsanto seit den 1980er-

Jahren, die das britische Forschungszentrum STEPS 2008 veröffentlichte.[8] Um sowohl Mitarbeiterinnen und Mitarbeiter wie Investoren von einer sehr unsicheren Technologie zu überzeugen, feierte Monsanto die Gentechnologie schon in den 80er-Jahren als Errungenschaft für eine nachhaltige Landwirtschaft, die Ernährungssicherheit erreiche und ländliche Entwicklung fördere. Kurz: Gentechnisch veränderte Pflanzen werden als Technologie gegen Armut präsentiert. Und obwohl die reale Entwicklung der Produkte sowie ihre Leistung nichts mit dieser sozialen Konstruktion zu tun hat, wird der Mythos einer Technologie gegen Hunger als Marketinginstrument immer wieder neu kreiert.

Unabhängige Studien ziehen negative Bilanz

Es erstaunt, wie sich Agrokonzerne mit ihren vollmundigen Versprechen kontinuierlich in Szene setzen, ohne konkrete Erfolge vorweisen zu können. Denn die Bilanz der letzten dreizehn Jahre, in denen gentechnisch veränderte Pflanzen großflächig kommerziell angebaut wurden, fällt mehr als ernüchternd aus. Zu diesem Schluss kommen gleich drei aktuelle Studien vor einem ganz unterschiedlichen Hintergrund. Während eine sich direkt mit den Erfahrungen in Entwicklungsländern befasst, um das Potenzial der Gentechnologie für die Hungerbekämpfung auszuloten, fokussieren die beiden anderen Studien auf die Hauptanbaugebiete in Nord- und Südamerika und geben einen allgemeinen Überblick.

Das Büro für Technikfolgen-Abschätzung beim Deutschen Bundestag (TAB) stellte im April 2009 einen Bericht über die Auswirkungen des Einsatzes der Gentechnik auf die wirtschaftlichen, gesellschaftlichen und politischen Strukturen in Entwicklungsländern vor.[9] Vier Fallstudien aus Brasilien, Chile, China und Costa Rica bilden den Kern des TAB-Projekts, das unter anderen zu den folgenden Resultaten kommt:

- Der bisherige Nutzen des Einsatzes transgenen Saatguts in Entwicklungs- und Schwellenländern erscheint in Bezug auf das Spektrum der Pflanzenarten, Sorten und Eigenschaften begrenzt.
- Die Datenlage zu den sozio-ökonomischen Effekten ist nach wie vor schwach und lässt noch nicht einmal auf nationaler Ebene eine abschließende Bewertung der bisherigen betriebs- und volkswirtschaftlichen Effekte (Erträge, Gewinne und Gewinnverteilung, Sektoreinkommen) zu.[10]
- Ein sich zunehmend konzentrierender Saatgutmarkt sowie sich verändernde Betriebsgrößen und Eigentumsverhältnisse sind als Folge einer verbreiteten Nutzung von transgenen Pflanzen zu beobachten.

Zum selben Zeitpunkt veröffentlichte die amerikanische Forschervereinigung Union of Concerned Scientists ihren Bericht *Failure to yield. Evaluating the performance of genetically engineered crops.*[11] Diese erste umfassende Analyse der gesammelten Daten aus über 20 Jahren Forschung und dreizehn Jahren Kommerzialisierung von Gentechnik-Pflanzen in den USA kommt zu dem Schluss, dass «die Gentechnik wenig zur Ertragssteigerung beigetragen hat». Auch für die Zukunft überwiegt die Skepsis: «Eine nüchterne Beurteilung der Errungenschaften dieser teuren Technologie gibt wenig Anlass zur Hoffnung, dass sie eine gewichtige Rolle bei der Ernährung der Welt spielen wird.»

Die USA ist bis heute der weltweit größte Produzent gentechnisch veränderter Pflanzen, vor allem von Soja und Mais. 90 Prozent der amerikanischen Sojaproduktion sind gentechnisch verändert, beim Mais sind es 63 Prozent. Insgesamt stammen rund die Hälfte der weltweit angebauten Gentechnik-Pflanzen aus den USA. Und auch im Bereich der Forschung kann die USA seit den 80er-Jahren tausende Freisetzungsversuche vorweisen. Die US-amerikanischen Erfahrungen können also zurecht als Indikator für das globale Potenzial der Gentechnologie gewertet werden. Während Gentechnik-Mais den US-Bauern eine geringe Ertragssteigerung von 3,3 Prozent brachte, lieferte die gentechnisch veränderte Soja gar keine Ertragssteigerung. Die Zunahme der Maiserträge um bis zu 25 Prozent innerhalb der letzten fünfzehn Jahre waren dem Bericht zufolge auf andere Ursachen zurückzuführen. Die US-amerikanischen Daten belegen darüber hinaus, dass die Gentechnologie nicht zu einer Reduktion des Pestizideinsatzes geführt hat.

Aus den seit 1987 durchgeführten 600 Feldversuchen mit dem erklärten Ziel einer Ertragssteigerung sind keine kommerziell genutzten Pflanzen hervorgegangen. Um jedoch dem weltweiten Hunger angesichts seiner drohenden Verschärfung durch den Klimawandel und einer wachsenden Weltbevölkerung tatsächlich etwas entgegenzusetzen, ist Saatgut erforderlich, das nachhaltige Produktionssteigerungen erlaubt. Die Union of Concerned Scientists plädiert dafür, vermehrt in traditionelle und biotechnologische Züchtungsmethoden zu investieren, die der Gentechnologie überlegen seien.

Dass die Gentechnologie bisher keinen Beitrag zur weltweiten Ernährungssicherheit und damit zur Reduzierung des Hungers geleistet hat, erstaunt nicht. Denn entgegen der Marketingkampagnen der Konzerne wurden die Gentechnik-Pflanzen nicht zu diesem Zweck entwickelt. Die Eigenschaften der derzeit angebauten gentechnisch veränderten Kulturpflanzen beschränken sich auf eine Toleranz gegen Unkrautgifte und auf Resistenzen gegen Schädlinge – Eigenschaften, die vor allem in den industriellen Monokulturen von Nutzen sind. Die herbizidtoleranten Pflanzen – der Löwenanteil der weltweiten Gentechnik-Produktion – wurden von den Agrokonzernen entwickelt, um sich den Absatzmarkt für ihre chemischen Pflanzenschutzmittel zu sichern. Roundup, ein Bestseller-Herbizid aus dem Hause Monsanto, bekam 1996 mit der gentechnisch veränderten Roundup-Ready-Sojapflanze sein passendes Gegenstück. Nur sie und mittlerweile auch andere mit diesem Gen versehene Pflanzen überleben die Behandlung mit dem Gift – alles andere, was auf den Feldern wächst, wird vernichtet. Die herbizidtoleranten Pflanzen der anderen großen Saatgutfirmen funktionieren nach dem gleichen Prinzip.

Mit diesen Kombiprodukten bestehend aus Pflanzengiften und resistentem Saatgut wurden Technologiepakete auf den Markt gebracht, die es industriell produzierenden Landwirten erlauben, ihre Monokulturen mit nur einem Herbizid großflächig – meist vom Flugzeug aus – zu behandeln. Etwas anderes als Monokulturen ist nach diesem Anbaumodell ausgeschlossen. Für (klein-)bäuerliche Produzenten in ärmeren Ländern wurde diese Pflanze nicht entwickelt. Lediglich die schädlingsresistenten Bt-Pflanzen Mais und vor allem Baumwolle spielen für Bäuerinnen und Bauern in Entwicklungsländern eine Rolle.

Ein dritter Bericht der internationalen Nichtregierungsorganisation Friends of the Earth vom Februar 2009 fragt, wer eigentlich vom Einsatz gentechnisch veränderter Pflanzen tatsächlich profitiere.[12] Der Bericht zieht eine schonungslose Bilanz: Seit der Einführung der Gentechnologie in der Landwirtschaft vor dreizehn Jahren ist der Anbau im Wesentlichen auf fünf Länder in Nord- und Südamerika und auf vier Pflanzen beschränkt. 90 Prozent der Produktion finden in den USA, Kanada, Brasilien, Argentinien und Paraguay statt – Länder, die sich voll und ganz einer hoch industrialisierten, exportorientierten Landwirtschaft verschrieben haben. Global entspricht der Anbau von Gentechnik-Pflanzen 2,4 Prozent der landwirtschaftlichen Fläche. Soja, Mais, Baumwolle und Raps wurden – wie bereits erwähnt – lediglich zwei Eigenschaften angezüchtet. 63 Prozent aller Gentechnik-Pflanzen besitzen eine Toleranz gegen das Totalherbizid Glyphosat (vor allem Soja und Raps), 18 Prozent sind resistent gegen spezifische Schädlinge (vor allem Baumwolle und Mais). 19 Prozent besitzen beide Eigenschaften.

Diese magere Leistungsbilanz steht in krassem Widerspruch zu der konstruierten Erfolgsstory, Gentechnologie in der Landwirtschaft sei so unaufhaltsam wie unverzichtbar. Jedes Jahr veröffentlicht der International Service for the Acquisition of Agri-biotech Applications (ISAAA), in erster Linie eine Lobbyorganisation der großen Agrokonzerne, neue Zahlen zur Ausbreitung der Gentechnologie weltweit. Mangels Alternativen an unabhängigen Berechnungen auf globaler Ebene werden die ISAAA-Grafiken und Statistiken unhinterfragt von Medien und Politik übernommen. Doch bei näherer

Analyse erweisen sich die Zahlen als aufgebauscht. So präsentierte der ISAAA für 2008 eine Verdopplung der Produktion von Gentechnik-Pflanzen, indem sie die reale Anbaufläche mit der Anzahl der gentechnisch veränderten Eigenschaften *(traits)* multiplizierte. So wurden aus einem Hektar, bepflanzt mit einer Maissorte, die drei gentechnisch erzeugte *traits* besitzt, auf wundersame Weise drei Hektar Gentechnik-Anbaufläche.

Ein anderes Beispiel für die Rechentricks im ISAAA-Bericht sind die Zahlen für Europa. Der ISAAA berichtet von einer Zunahme der Gentechnik-Anbauflächen um 21 Prozent gegenüber 2007. Real ist der Anbau jedoch um zwei Prozent gesunken. Der ISAAA hatte kurzerhand Frankreich aus der Berechnung herausgenommen, da dort der Anbau von gentechnisch veränderten Pflanzen seit 2008 verboten ist. Die Industrie treibt die Zahlen absichtlich in die Höhe, um einerseits eine globale Erfolgsgeschichte präsentieren zu können, andererseits die Verbreitung der Gentechnologie als unaufhaltsam darzustellen. Die bisherigen Erfahrungen in den Hauptanbauländern USA, Brasilien und Argentinien werden in der Friends-of-the-Earth-Studie folgendermaßen zusammengefasst:

- Verteuerung der Produktion durch steigende Preise für Saatgut und Pestizide.
- Negative Auswirkungen auf Umwelt und Gesundheit durch den vermehrten Einsatz von Pestiziden.

In den USA sind die Preise für das Gentechnik-Saatgut in den letzten zwei Jahren um 50 Prozent gestiegen. Das Herbizid Roundup ist in dieser Zeit sogar um 134 Prozent teurer geworden. Um die eigenen Produkte immer teurer verkaufen zu können, setzt Monsanto vermehrt auf sogenannte *multi-stacked traits,* Pflanzen mit mehreren gentechnisch veränderten Eigenschaften. Von diesen *multi-stacked traits* benötigen die Landwirte jedoch häufig nur einen Teil. Hochwertiges Gentechnik-freies Saatgut für Soja ist auf dem US-amerikanischen Markt kaum noch erhältlich. Darüber hinaus hat der massive Anbau von Gentechnik-Soja, -Mais und -Baumwolle maßgeblich zu einem erhöhten Pestizideinsatz sowie dem vermehrten Aufkommen herbizidresistenter Unkräuter beigetragen – die wiederum den Pestizidverbrauch erhöhen. Das führte einerseits zu höheren Produktionskosten und Mehrausgaben der Produzenten und zieht andererseits bedenkliche Auswirkungen auf die Gesundheit, Umwelt und Biodiversität nach sich. Auch der Friends-of-the-Earth-Bericht zeigt, dass derzeit weder auf dem Markt noch auf der Zulassungsliste des US-Landwirtschaftsministeriums Gentechnik-Pflanzensorten zu finden sind, die eine Steigerung des Ertragspotenzials aufweisen. Eine Studie der Universität von Nebraska berichtet sogar von einem sechsprozentigen Ertragsverlust bei Gentechnik-Soja.[13]

Die zitierten Studien lassen keinen Zweifel offen: Zwischen der Marketing-Maschinerie der Agrokonzerne und der landwirtschaftlichen Realität herrscht ein krasser Widerspruch. Mit Pflanzen, die zur industriellen Weiterverarbeitung zu Futtermitteln, Textilien, Pflanzenölen und neuerdings zu Agrotreibstoffen produziert werden, kann die Ernährungssicherheit weltweit nicht verbessert werden. Im Gegenteil, das mit der Gentechnologie geförderte Modell einer kapital- und energieintensiven monokulturellen Landwirtschaft verschärft die Hungerproblematik sogar.

Indische Baumwollbauern in der Schuldenfalle

Die einzige Gentechnik-Pflanze, die bisher in größeren Mengen von Kleinbauern in Entwicklungsländern angebaut wird, ist Baumwolle. In Indien wird seit der Einführung der Gentechnik-Baumwolle im Jahr 2003 kontrovers über deren Vor- und Nachteile diskutiert. Mehrere Studien wurden veröffentlicht, die wenigsten jedoch über einen längeren Zeitraum und von unabhängigen Wissenschaftlern. Eine Studie von Abdul Qayum und Kiran Sakkhari bildet hier die Ausnahme. Bevor im Folgenden auf deren Ergebnisse eingegangen wird, soll ein konkretes Beispiel aus der Arbeitserfahrung von SWISSAID[14] einen kurzen Einblick in die Realität der kleinbäuerlichen Baumwollproduzenten in Indien geben.

Im indischen Bundesstaat Maharashtra arbeitet SWISSAID mit Organisationen von Baumwollbäuerinnen und -bauern zusammen. Einige der Bauern[15] experimentieren auch mit der gentechnisch veränderten Bt-Baumwolle,[16] die gegen den Baumwollkapselwurm resistent gemacht wurde. Narayan Tale ist einer von ihnen. 2004 hat er auf circa eineinhalb Hektar gentechnisch veränderte Baumwolle angepflanzt, nachdem ihn die attraktive Werbung für die schädlingsresistente Baumwolle der Firma Mahyco Monsanto überzeugt hatte. Darin war von drei- bis vierfachen Ernteerträgen die Rede.

Obwohl der Preis für das Bt-Saatgut mehr als doppelt so hoch war wie für das konventionelle, entsprach die Erntemenge nicht im Geringsten den Versprechen aus der Werbung. Er verglich seine Ernte mit der seines Nachbarn Prakash Lokhande, ebenfalls Baumwollbauer, der mit dem weitaus billigeren konventionellen Saatgut den gleichen Ertrag erzielen konnte.[17] Um den Schwierigkeiten im konventionellen Baumwollanbau wie dem hohen Pestizid- und Wasserverbrauch, aber auch den niedrigen Preisen etwas entgegensetzen zu können, sind mittlerweile beide Bauern erfolgreich auf den biologischen Baumwollanbau umgestiegen. Dass der Anbau von Biobaumwolle ökonomisch, aber auch sozial und ökologisch eine Erfolg versprechende Option für kleinbäuerliche Produzenten der Region ist, belegt neben den Erfahrungen zahlreicher Hilfswerke auch eine Studie von 2007.[18]

Rund sieben Millionen Bauernfamilien leben in Indien direkt vom Baumwollanbau, insgesamt sind 60 Millionen Menschen von der Baumwolle abhängig. Doch der konventionelle Baumwollanbau steckt in einer tiefen Krise. Der jahrelange, steigende Einsatz von Pestiziden und Kunstdünger hat die Böden ausgelaugt. Mit immer mehr chemischen Mitteln versuchen die Bauern, die Ernten einigermaßen konstant zu halten. Dadurch wird die Produktion teurer, während der Preis für die Baumwolle sinkt. Seit Indien der WTO beigetreten ist und seine Agrarmärkte mehr und mehr liberalisiert, sind die indischen Baumwollbauern der Konkurrenz hochsubventionierter US-amerikanischer Farmer ausgesetzt, die jährlich drei Milliarden Dollar von ihrer Regierung erhalten. Ohne diese Exportsubventionen wäre der Weltmarktpreis für Baumwolle rund 70 Prozent höher.

Um teure Pestizide und Saatgut kaufen zu können, müssen viele indische Kleinbäuerinnen und -bauern einen Kredit aufnehmen. Doch die Einnahmen aus der Ernte decken die Produktionskosten kaum. Die Bauern bleiben auf ihren Schulden sitzen, müssen aber für die nächste Aussaat wieder neue Kredite aufnehmen. Diese

Mit einer speziellen Mischung aus Kuhdung wird Saatgut im Südwesten Indiens vor Schädlingen geschützt.

Schuldenspirale treibt immer mehr Bäuerinnen und Bauern in den Ruin. Viele verlieren ihr Land. Tausende von ihnen haben sich aus Verzweiflung das Leben genommen. 2006 begingen allein in der Region Vidarbha, einem der Hauptanbau-Gebiete, 500 meist junge Baumwollbauern Selbstmord. In den letzten fünf Jahren waren es rund 1400 gemeldete Selbstmorde, in ganz Indien 6000. Seit 2003, dem Jahr der Einführung von Gentechnik-Baumwolle, ist die Zahl der Suizide deutlich gestiegen.[19]

Das Werbeversprechen der internationalen Saatgutfirmen wie Monsanto und Syngenta, ihre Bt-Baumwolle würde mit wenig Pestizideinsatz die Erträge um ein Vielfaches steigern, fiel angesichts dieser Existenznöte auf fruchtbaren Boden. Immer mehr Bauern erscheint das «Wundersaatgut» als letzter, erlösender Ausweg. Raju Barwale, Vertreter der indischen Firma Mahyco Monsanto, versprach eine 30- bis 40-prozentige Ertragssteigerung.[20] Doch diese Zusage konnte nicht eingehalten werden. Im Gegenteil: Die Agrarwissenschaftler Abdul Qayum und Kiran Sakkhari führten im Auftrag der indischen Deccan Development Society über drei Jahre hinweg eine Studie durch, deren Ergebnisse eine deutliche Sprache sprechen.[21] Die Bt-Baumwolle hat den Pestizideinsatz im Durchschnitt um vernachlässigbare zwei Prozent reduziert. Raju Barwale hatte von einer Reduktion bis zu 70 Prozent gesprochen. In Bezug auf den Ertrag waren die Ergebnisse noch ernüchternder: Statt der angekündigten 30 bis 40 Prozent Mehrertrag brachte die Bt-Baumwolle im Durchschnitt der drei Jahre acht Prozent weniger Ernte als die konventionellen Sorten. Dabei hatten die Gentechnik-Bauern rund zwölf Prozent höhere Produktionskosten. Das durchschnittliche Einkommen derjenigen, die auf die gentechnisch veränderte Saat gesetzt hatten, lag 57 Prozent unter dem Einkommen aus konventioneller Baumwolle.

Im Bundesstaat Andhra Pradesh verlangten die verzweifelten Baumwollbauern nach einer Missernte 2005, dass Mahyco Monsanto sie für ihre Verluste entschädige.

Die Firma weigerte sich jedoch, die Haftung für die nicht eingehaltenen Versprechen zu übernehmen. Die wütenden Proteste der Bauern führten schließlich dazu, dass die Regierung den Verkauf von drei Sorten der Monsanto-Baumwolle verbot.

Doch die Kontrolle über den Anbau gentechnisch veränderter Baumwolle ist in Indien vollkommen aus dem Ruder gelaufen. Bereits im Herbst 2004 sprach der indische Landwirtschaftsminister Sharad Pawar vor dem Parlament von einer drohenden Umweltkatastrophe. Schon damals wurde nur noch circa ein Drittel des Bt-Saatguts von lizenzierten Händlern verkauft. Der Rest wird unter der Hand weitergegeben, getauscht, verkauft, aber auch in Eigenproduktion hergestellt und weiterentwickelt – immer in Begleitung großer Versprechen und hoher Erwartungen auf eine reiche Ernte. Schutzmaßnahmen, um eine Resistenzbildung der Schädlinge sowie die Auskreuzung der Bt-Pflanzen mit anderen Sorten zu vermeiden, werden nicht ergriffen – teils weil die Bauern von den Händlern nicht über die Maßnahmen und ihre Bedeutung informiert werden, teils weil ihnen diese nicht einleuchten. Für die Umwelt und die Vielfalt traditioneller Baumwollsorten hat dies verheerende Folgen. Gentechnologie ist eine lebendige Technologie, die sich, einmal in die Umwelt gebracht, unkontrolliert verbreitet und nicht mehr zurückzuholen ist.

Patente auf Saatgut – Bäuerinnen und Bauern sind die Verlierer

Auch die Saatgutindustrie ist über diese unkontrollierte Verbreitung besorgt – auch wenn sie diese immer wieder als Beweis für die Überlegenheit der Gentechnik-Sorten anführt. Allerdings gelten ihre Sorgen weniger den negativen Umweltauswirkungen als vielmehr den ihnen entgehenden Einnahmen aus dem Verkauf des Saatguts. Denn Gentechnik-Saatgut ist – im Gegensatz zu konventionell gezüchteten Pflanzen – durch Patente geschützt.[22]

Die Möglichkeit, Pflanzen, Saatgut, Gene und die daraus entstehenden Produkte patentieren zu lassen, stellt einen Paradigmenwechsel in der Patentgesetzgebung dar. Damit wurde die Möglichkeit geschaffen, sich selbst reproduzierendes Leben zu patentieren. Ein Patent gewährt für 20 Jahre ein Monopol für Herstellung, Verkauf, Import oder Export des Produkts. Das bedeutet, dass die Bäuerinnen und Bauern für die Aussaat von patentiertem Saatgut eine Lizenzgebühr an die patenthaltenden Saatgutfirmen entrichten müssen. Entweder kaufen sie das Saatgut jährlich neu vom Händler für einen Preis, der eine sogenannte Technologie-Gebühr enthält, wie im Fall der Bt-Baumwolle in Indien. Oder aber sie sind vertraglich verpflichtet, der jeweiligen Firma eine jährliche Gebühr für die Wiederverwendung des Saatguts aus der eigenen Ernte zu bezahlen, wie es in Nordamerika vielfach gehandhabt wird.

Die Möglichkeit zur Patentierung kann dabei als eigentlicher Motor für die Entwicklung gentechnisch veränderter Pflanzen gesehen werden. Gentechnik-Pflanzen sind dadurch für die Agroindustrie weitaus

Stolz präsentiert ein indischer Saatguthändler sein reichhaltiges Sortiment. Doch konventionelles Saatgut ohne Gentechnologie wird in Indien seit 2007 nicht mehr produziert und ist auf dem Markt nicht mehr erhältlich.

lukrativer als konventionelles Saatgut. Kann ein Problem (zum Beispiel die Entwicklung resistenter Pflanzen) mit oder ohne Gentechnologie gelöst werden, so werden die Saatgutfirmen den Weg der gentechnischen Veränderung wählen, da sie dank der Monopolstellung durch Patente auf größere Gewinne hoffen können. Damit werden Gentechnik-Pflanzen gegenüber herkömmlichen Sorten klar bevorteilt: eine Art indirekter Subvention für diese Branche.

Auch wegen dieser Patente auf Gentechnik-Pflanzen hat in den letzten Jahren eine massive Marktkonzentration stattgefunden: 88 Prozent des angebauten Gentechnik-Saatguts wird vom US-Konzern Monsanto kontrolliert. Bei Gentechnik-Soja sind es 91 Prozent, bei Gentechnik-Mais gar 97 Prozent.[23] Das hat auch insgesamt zu einem Konzentrationsprozess innerhalb der Saatgutbranche sowie des Agrobusiness allgemein beigetragen. So werden mittlerweile zwei Drittel (67 Prozent) des weltweiten Saatgutmarktes von nur zehn Firmen dominiert, während die größten zehn Agrokonzerne gar

89 Prozent des globalen Pestizidmarktes kontrollieren.[24] Interessant sind diesbezüglich die Ergebnisse einer Studie des United States Department of Agriculture, in welcher die negativen Auswirkungen der Konzentration in der Saatgutbranche auf die Forschungstätigkeit untersucht wurden: «Die Unternehmen, welche die Konsolidierung der (Saatgut-)Industrie überlebt haben, scheinen in Relation zu ihrer Größe weniger für die Forschung auszugeben, als wenn mehr Unternehmen im Markt sind. [...] wenn weniger Firmen Saatgut entwickeln und verkaufen, kann sich dies in einer Verringerung der Sortenvielfalt auswirken.»[25] Die Gentechnik-Landwirtschaft wird den Landwirten also nicht mehr Auswahl bringen, sondern weniger.

Rangliste der zehn umsatzstärksten Saatgut-Unternehmen weltweit (Umsatz mit Saatgut in Millionen US-Dollar) und ihr Marktanteil im Jahr 2007

Unternehmen	Umsatz	Anteil
1. Monsanto (USA)	$ 4 964	23 %
2. DuPont (USA)	$ 3 300	15 %
3. Syngenta (Schweiz)	$ 2 018	9 %
4. Groupe Limagrain (Frankreich)	$ 1 226	6 %
5. Land O' Lakes (USA)	$ 917	4 %
6. KWS AG (Deutschland)	$ 702	3 %
7. Bayer Crop Science (Deutschland)	$ 524	2 %
8. Sakata (Japan)	$ 396	< 2 %
9. DLF-Trifolium (Denmark)	$ 391	< 2 %
10. Takii (Japan)	$ 347	< 2 %
Top 10 total	**$ 14 785**	**67%**

Quelle: ETC Group

Die extreme Konzentration innerhalb des Agrobusiness hat jedoch vor allem Auswirkungen auf die Ernährungssicherheit. Wenn sich die Kontrolle über die wichtigsten Nutzpflanzen in der Hand weniger Firmen konzentriert, wird Ernährungssicherheit zum Spielball kurzfristiger kommerzieller Interessen. Die Bedürfnisse der armen Bevölkerung und der Bäuerinnen und Bauern in Entwicklungsländern haben demgegenüber kein Gewicht.

Bisher war – und ist in den meisten Ländern der Erde noch immer – das Saatgut in der Hand der Bäuerinnen und Bauern. Die heutige Vielfalt der Nutzpflanzen ist ein Resultat einer jahrtausendealten bäuerlichen Landwirtschaft, in der das Aufbewahren, die Selektion, der Tausch und die Wiederaussaat des eigenen Saatguts zur täglichen Praxis gehören. So werden die verschiedenen Sorten immer wieder an die sich verändernden lokalen Bedingungen angepasst – an die klimatischen Verhältnisse sowie an die Bodenqualität. Auch heute noch sind diese Bauernrechte am Saatgut selbstverständlich. Schätzungen zufolge sind weltweit circa 1,4 Milliarden Bäuerinnen und Bauern von der Wiederverwendung des eigenen Saatguts abhängig.

Dabei geht es nicht nur um den finanziellen Aspekt, dass sie nämlich kein Geld haben, jedes Jahr neues Saatgut zu kaufen. Saatgut nimmt in den meisten bäuerlichen Kulturen auch einen zentralen spirituellen Stellenwert ein. Patente auf Saatgut führen zu einer Machtverschiebung auf Kosten der Bäuerinnen und Bauern. Sie ermöglichen den Saatgutkonzernen zunehmend die Kontrolle darüber, was produziert wird und was nicht. Das bedeutet einen drastischen Einschnitt für die bäuerliche Landwirtschaft. Waren bisher die Bäuerinnen und Bauern diejenigen, die darüber bestimmen, was und wie viel sie von der eigenen Ernte für die nächste Aussaat zurückbehalten, liegen diese Rechte nun bei den Saatgutfirmen. Die Bauernfamilien verlieren damit langfristig ihre Unabhängigkeit.

Ein Beispiel dafür, was dies für die Bauern bedeutet, findet sich in den Gentechnik-Stammländern USA und Kanada. Zusätzlich zum Patentrecht, welches den Bauern den Nachbau verbietet, werden sie von Monsanto mit Verträgen eingeschränkt, die dem Konzern das Recht geben, auf dem Feld des Bauern Kontrollen durchzuführen und Proben zu entnehmen. Der Bauer muss sich darüber hinaus verpflichten, nur das Herbizid von Monsanto zu verwenden.[26] Dass Monsanto willens ist, seine Rechte durchzusetzen, belegen die zahlreichen Prozesse, die der Konzern gegen die Bauern führt. Bis Januar 2005 hatte der Konzern bereits 90 Klagen wegen Patentrechtsverletzungen in den USA eingereicht, die 372 Bauern und 49 kleinere Firmen betreffen.[27] Insgesamt erhielt die Firma über 21,5 Millionen Dollar «Schadensersatz».

Die beklagten Bauern sind gegenüber dem Konzern klar im Nachteil. Monsanto setzt jährlich 10 Millionen Dollar und 75 Angestellte ausschließlich für die Ausforschung und juristische Verfolgung der Bauern ein. Die teuerste dokumentierte Entscheidung, die bisher zugunsten von Monsanto infolge einer Klage gegen einen Bauern ausgesprochen wurde, umfasst einen Zahlungsanspruch von 3 052 800 Dollar.

Die Erfahrungen aus Nord- und Südamerika sowie Indien zeigen, dass gentechnisch veränderte Pflanzen nicht für die Bedürfnisse und im Interesse der kleinbäuerlichen Produzenten entwickelt und eingesetzt werden. Sie sind Teil einer kapitalintensiven, industrialisierten Produktionsweise und fördern somit eine Landwirtschaft, die menschliche Arbeitskraft zunehmend überflüssig macht. In Argentinien werden bis zu 500 Hektar Sojaanbaufläche von nur einer Person bewirtschaftet. Die Zahlen für Nordamerika dürften ähnlich sein.

Für ein derartiges Landwirtschaftsmodell mögen Gentechnik-Pflanzen tatsächlich zu einer Verbilligung der Produktion führen, da Arbeitskraft in Industrieländern teuer ist. Die Nahrungsmittelpreise könnten so dank Gentechnik sinken. Allerdings nicht weil sie eine billige Technologie wäre, sondern weil sie auf eine Wasser und Boden verbrauchende Massenproduktion ausgerichtet ist, auf große Ernten, die auf dem Weltmarkt die Preise drücken. Für die Armen in den Städten kann das ein Vorteil sein; allerdings nur dann, wenn die Preissenkungen effektiv weitergegeben und nicht vom Zwischenhandel geschluckt werden, wie das sehr oft der Fall ist. Für die armen Kleinbauernfamilien auf dem Land sind sinkende Preise jedoch fatal, weil damit auch ihr Einkommen sinkt.

Das industrielle Gentechnik-Modell ersetzt jenes Kapital, über das die armen Bäuerinnen und Bauern in Entwicklungsländern verfügen: ihre Arbeitskraft, ihr traditionelles Wissen und ihre lokalen Pflanzensorten. Um aber Armut und Hunger wirksam bekämpfen zu können, gilt es, mit diesem Kapital zu arbeiten, es zu stärken und weiterzuentwickeln. Eine ökologisch ausgerichtete Landwirtschaft bietet dazu den besten Weg. Sie zielt dahin, mit möglichst wenig Kosten für Input wie Dünger, Chemikalien oder künstliche Bewässerung den bestmöglichen Ertrag zu erzielen. Während die industrielle Landwirtschaft die Maximierung der Erntemenge im Blick hat, zielt der Ökolandbau auf die Input-Optimierung, das heißt, das Beste aus den zur Verfügung stehenden Ressourcen an Boden, Wasser, biologischer Vielfalt, Arbeitskraft und Wissen herauszuholen.

Der nachhaltige Umgang mit diesen Ressourcen ist Grundlage für die zukünftige Existenz der Menschheit und versteht sich daher allein schon aus ökonomischen Gesichtspunkten von selbst. Bei der Hungerbekämpfung geht es darum, marginale Standorte wie beispielsweise Berg- oder Trockengebiete nachhaltig für die Produktion von Nahrungsmitteln in Wert zu setzen. Die dafür angewandten Technologien müssen nicht nur an die ökologischen Bedingungen (Boden, Klima) angepasst sein, sondern auch die jeweiligen sozialen und kulturellen Gefüge stärken. Das bedeutet vor allem, Kleinbauernfamilien darin zu unterstützen, mit einem Minimum verfügbarer Produktionsmittel – Nährstoffe, Wasser, Saatgut – ausreichend Erträge zu erzielen, damit sie ihre Ernährung sichern und Überschüsse vermarkten können. Gerade im Hinblick auf die sich stetig verschlechternden *terms of trade* – überproportional steigende Kosten für Produktionsmittel bei stagnierenden oder gar sinkenden Erzeugerpreisen – sind angepasste ökologische Anbaumethoden ein wichtiger Baustein für Kleinbauernfamilien, um sich auch langfristig eine Existenz sichern zu können.

Weltagrarbericht: Gentechnologie ist überflüssig

Zu dem Resultat, dass Gentechnik verzichtbar sei, kam auch der im Frühjahr 2008 veröffentlichte Weltagrarbericht IAASTD.[28] Der von 400 Wissenschaftlern und Experten über vier Jahre erarbeitete Bericht ist Resultat eines bisher einzigartigen Prozesses, der 2002 begann und an dem neben Regierungen auch die Wirtschaft und die Zivilgesellschaft beteiligt waren. Vier Forschungsfragen standen im Zentrum der Arbeit: Wie können Hunger und Armut am besten reduziert werden? Was ist nötig, um die Lebensgrundlagen auf dem Land zu sichern? Wie können Ernährung und Gesundheit verbessert werden und wie kann dies alles auf ökologisch, sozial und wirtschaftlich nachhaltige und gerechte Art und Weise geschehen?

Dabei fordert der Bericht nichts weniger als eine radikale Umkehr in der herrschenden Agrarpolitik. Das beinhaltet die Abkehr von einer nur auf Massenproduktion ausgerichteten Anbauweise hin zu einer multifunktionalen Landwirtschaft. Statt mit High-Tech-Saatgut, Kunstdünger und Pestiziden technische Standardbausätze für den Einsatz in aller Welt zu liefern, muss die Agrarforschung ganz unterschiedliche Lösungen auf lokaler Ebene mit und für die Bäuerinnen und Bauern finden. Zentral ist dabei eine Rückbesinnung auf natürliche und nachhaltige Produktionsweisen. Die Rolle der Agro-Gentechnik wird dabei nur sehr kurz behandelt, was hauptsächlich darin begründet ist, dass diese Technologie auf die vier Grundfragen des Berichts schlicht und ergreifend keine relevanten Antworten bietet. Im Gegenteil, es werden zum Beispiel durch Patente auf Gentechnik-Pflanzen und Tiere in der Hand von

Agrokonzernen die Kosten der Produktion in die Höhe getrieben. Bei dieser deutlichen Absage an teure Technologiepakete erstaunt es nicht, dass die Konzerne, darunter auch Syngenta, kurz vor der Veröffentlichung der Ergebnisse den Arbeitsprozess verlassen haben.

Die Behauptung, Gentechnologie sei ein zentrales Instrument im Kampf gegen Hunger, ist daher so falsch wie unverschämt. Gemeinsam mit Bauernorganisationen vor Ort setzt sich SWISSAID dafür ein, einer ungewollten Verbreitung von Gentechnik-Pflanzen entgegenzutreten und Bäuerinnen und Bauern in ihrer Unabhängigkeit zu stärken. Eine in lateinamerikanischen und westafrikanischen Ländern und in Indien geführte Kampagne *Unser Saatgut – unser Leben* informiert über die zentrale Bedeutung des lokalen und traditionellen Saatguts als Grundlage einer ökologischen, bäuerlichen Landwirtschaft und einer langfristig gesicherten Ernährung.

Unser Saatgut, unser Leben

SWISSAID-Kampagne zur Stärkung des einheimischen Saatguts

Auf dem Platz neben der gelb und weiß gestrichenen Kirche in der kleinen Stadt Lorica an der Atlantikküste Kolumbiens ist schon am frühen Samstagmorgen viel los. Die Bäuerinnen und Bauern der lokalen Organisation ASPROCIG präsentieren ihren jährlich stattfindenden Markt mit lokalen Bio-

«Wofür brauchen wir Gentechnik-Produkte?» – Unübersehbar spannt sich das Transparent quer über den Marktplatz von Lorica im Norden Kolumbiens.

produkten. Auf einem gut 30 Meter langen Banner steht: «Wofür brauchen wir Gentechnik-Produkte?» Eine Antwort ist nicht nötig, denn die breite Vielfalt der lokalen Produkte an den zahlreichen Ständen ist eindrücklich und spricht für sich. Alles ist aus eigenem Saatgut und biologisch hergestellt. «Wir brauchen und wollen keine Gentechnik-Pflanzen, wir arbeiten mit unseren eigenen Sorten», erklärt Betty Quadrado, Bäuerin und Mitglied bei ASPROCIG.

Die lokale Bauernorganisation hat sich daher sofort der Kampagne «Unser Saatgut, unser Leben» angeschlossen, die SWISSAID in Kolumbien, Nicaragua, Ecuador, Guinea-Bissau, Niger, Myanmar und Indien gemeinsam mit Partnerorganisationen,

Bauern-, Indigenen-, Umwelt- und Konsumentenorganisationen lanciert hat. Mit der Kampagne soll die Erhaltung und Nutzung des einheimischen Saatguts gestärkt und über die Folgen des Anbaus von gentechnisch veränderten Pflanzen informiert werden. Ziel der Kampagnen in allen sieben Ländern, die zunehmend untereinander vernetzt sind, ist die Förderung der biologischen Vielfalt und die Ernährungssouveränität.

Farbenfroh und vielfältig präsentiert sich das Angebot regionaler Sorten auf dem Marktplatz von Lorica.

Die Aktiven fordern die Verantwortlichen in Behörden und Parlamenten auf, die Verbreitung des einheimischen Saatguts zu fördern. Gleichzeitig informieren sie über die Auswirkungen des Anbaus von gentechnisch veränderten Pflanzen, denn über deren Einfuhr und Anbau wird oft ohne die notwendigen Informationen entschieden. Als ein wichtiges Instrument der Kampagne entwickelt sich das Engagement für gentechnikfreie Gebiete, seien es Dörfer – wie zum Beispiel die mittlerweile 1000 gentechnikfreien Gemeinden in Indien – oder das gentechnikfreie Territorium der indigenen Zenúes an der Atlantikküste Kolumbiens.

Bereits 2005 haben diese ihr Gebiet zum «gentechnikfreien Territorium» erklärt und dies mittlerweile auch von den lokalen Behörden anerkennen lassen.[29] Heute arbeitet ein Team des Netzwerks indigener Organisationen der Region Caribe an Verordnungen, um die Gentechnik-Freiheit auch langfristig garantieren zu können.

Die Zenúes verteidigen so ihre biologischen Ressourcen. 26 lokale Maissorten haben sie allein auf ihrem Gebiet gesammelt, beschrieben und für alle zugänglich gemacht. Seit 2007 wird in der Karibikregion Kolumbiens auch Gentechnik-Mais kommerziell angebaut. Die Zenúes sind froh, dass sie gerade noch rechtzeitig mit ihrer Arbeit begonnen haben, denn Mais ist ihr wichtigstes Grundnahrungsmittel.

Für Luis Hernandez, einem jungen Bauer, der auf rund drei Hektar Land über 50 Nutzpflanzen anbaut, ist die Vielfalt auf seinem Hof eine Selbstverständlichkeit – aber auch eine gefährdete Lebensgrundlage. Er kultiviert allein sieben verschiedene Maissorten: «Die habe ich von meinem Vater geerbt. Mit Asche bestreut können wir sie zwischen einem halben und einem Jahr lagern. So haben wir immer zu essen und Saatgut für die nächste Ernte.»

Die Autorin

Tina Goethe, geboren 1967, Soziologin mit Diplom in Entwicklungszusammenarbeit. Mitarbeit in der Redaktion der Zeitschrift *iz3w* des Informationszentrums Dritte Welt in Freiburg sowie in der politischen Öffentlichkeitsarbeit zum Thema Tourismus in Entwicklungsländern. Seit 2003 bei der Schweizerischen Stiftung für Entwicklungszusammenarbeit SWISSAID verantwortlich für Entwicklungspolitik mit den Schwerpunktthemen Ernährungssouveränität, Landwirtschaft und Globalisierung, Biodiversität und Gentechnologie.

SWISSAID setzt sich in neun Ländern Asiens, Lateinamerikas und Afrikas für die Ernährungssouveränität durch ökologische Landwirtschaft, die Rechte lokaler und indigener Gemeinschaften sowie die Stärkung von Bauernorganisationen und Frauengruppen ein.
www.swissaid.ch

GETREIDEZÜCHTUNG AM BODENSEE

Beispiel für eine biologisch-dynamische Initiative

Bertold Heyden

Im Schatten der Saatgutriesen konnten in den letzten Jahrzehnten trotz schwieriger Existenzbedingungen mehrere kleinere Saatgutinitiativen gedeihen, die sich um die Entwicklung regional angepasster Sorten verdient machen. Eine davon ist das Regionalsortenprojekt von Bertold Heyden, das dem biologisch-dynamischen Landbau am Bodensee eine Alternative zu konventionellem Saatgut bietet. Doch nicht nur in der Getreidezüchtung schlägt er neue Wege ein, indem er neben herkömmlichen Sorteneigenschaften auch Wesens- und Gestaltmerkmale der Pflanze berücksichtigt. In einem Pilotprojekt wird ein neuartiges Finanzierungsmodell erprobt, das die Arbeit des Züchters dauerhaft unterstützen soll. Was heute in einem Nischenmarkt erfolgreich ist, könnte zum Vorbild für eine zukunftsorientierte Saatgutpflege werden, die sich an Qualität und Sortenvielfalt orientiert.
Der folgende Einblick, den Bertold Heyden in seine Arbeit gibt, vermittelt die Praxis heutiger Saatgutforschung und -vermehrung aus der Perspektive des Züchters.

«Das ist ja Betrug!» – Dies ist häufig die Reaktion, wenn ich über das im biologisch-dynamischen Landbau verwendete Saatgut berichte. Viele Menschen, die Demeter-Qualität[1] schätzen, gehen selbstverständlich davon aus, dass auch das verwendete Saatgut aus der biologisch-dynamischen Arbeit stammt. Leider muss ich dann reinen Wein einschenken und gestehen, dass zum überwiegenden Teil konventionell gezüchtete Sorten angebaut werden, beim Gemüse häufig auch Hybridsorten. In der Landwirtschaft – zum Beispiel beim Getreideanbau – muss das Saatgut aus konventioneller Züchtung allerdings auf Bio-Betrieben vermehrt worden sein, bevor es als Demeter-Getreide angebaut werden darf.

Erfreulicherweise gibt es inzwischen einige Gemüse- und Getreidesorten aus biologisch-dynamischer Züchtung. In guten Naturkostläden werden zum Beispiel samenfeste Möhrensorten wie Rodelika oder Milan aus biologisch-dynamischer Züchtung angeboten. Beim Getreide ist es schwieriger, ein Bewusstsein für einzelne Sorten zu wecken, zumal nur selten ein Brot aus einer einzigen Weizensorte gebacken wird. Meist kennt selbst der Bäcker die einzelnen Sorten nicht, sondern erwartet vom Müller, dass er ihm die richtige backfähige Mischung liefert.

Züchtung bleibt hier etwas für Spezialisten. Aber wer aufmerksam durch das Land fährt, bemerkt vielleicht, wie sich das Landschaftsbild verändert, weil das Getreide immer kürzer wird. Und seit die Gentechnik im Vormarsch ist, tritt Züchtung etwas mehr ins allgemeine Bewusstsein.

Wie wird man Pflanzenzüchter?

Ein häufiger Beruf ist der des Pflanzenzüchters nicht. Und es gibt dafür keine eigene Ausbildung. Wenn ich mich unter meinen biologisch-dynamischen Züchterkollegen umschaue, entsteht der Eindruck, dass sehr individuelle Entscheidungen für diesen Berufsweg ausschlaggebend waren. Auch die methodischen Ansätze sind sehr verschieden, sodass es schwierig ist, verallgemeinernd über biologisch-dynamische Züchtungspraxis zu sprechen. Deshalb möchte ich hier meinen ganz persönlichen Weg skizzieren, der mich zur Pflanzenzüchtung geführt hat.

1943 wurde ich in Aschersleben geboren – Ort und Jahr sind mit der Züchtung und der molekularbiologischen Forschung eng verbunden.

In Gatersleben im Kreis Aschersleben ist die gut ausgestattete deutsche Genbank[2] und das dazugehörige Institut für Pflanzengenetik und Kulturpflanzenforschung (IPK) ansässig. Gentechnik-Firmen haben sich dort angesiedelt und es entstand ein mit öffentlichen Mitteln gefördertes Biotech-Gründerzentrum.

Im Jahr 1943 gelang eigentlich schon der erste gentechnische Versuch. Damals machte Oswald T. Avery Versuche mit Pneumokokken – Bakterien, die Lungenentzündung hervorrufen. Im Experiment mit Mäusen konnte er nachweisen, dass die DNA *(deoxyribonucleic acid,* oder DNS – Desoxyribonukleinsäure) und nicht – wie damals vermutet – Proteine (Eiweiß) Träger von Erbinformationen ist. Es zeigte sich, dass eine abgetötete Kultur eines virulenten (krankmachenden) Bakterienstamms einen nah verwandten nicht virulenten Stamm virulent machen konnte. Dies gelang auch mit der isolierten und gereinigten DNA, nicht aber mit dem Eiweiß dieser Zellen.

Im Unterschied dazu werden bei der heute praktizierten Gentechnik nur einzelne Gene, also definierte Abschnitte aus der Gesamt-DNA, übertragen – auch auf artfremde Pflanzen oder Tiere. Ein menschliches

Gen wird beispielsweise in Bakterien eingebaut, um mithilfe dieser modifizierten Bakterien «menschliches» Insulin zu erzeugen, oder es wird ein Gen eines Bodenbakteriums in Soja, Mais oder Baumwolle integriert, um diese Pflanzen resistent zu machen gegen das Herbizid Roundup des amerikanischen Agrokonzerns Monsanto, ein Gift, das alle anderen Pflanzen abtötet.

Der Versuch von Avery hat die biochemische Forschung grundlegend revolutioniert. 1953 entwarfen James D. Watson und Francis Crick das Doppelhelix-Modell der DNA. Zehn Jahre später war man bereits dabei, den genetischen Code zu entschlüsseln – damit konnte erklärt werden, wie die «Schrift» der DNA in jeder lebenden Zelle in Eiweißstrukturen übersetzt wird. Dies ist kurz gesagt das «Dogma der Molekularbiologie»: Eine Veränderung in der DNA-Struktur, eine Mutation, bewirkt eine Veränderung im Eiweiß der Zellen und dies äußert sich dann in irgendeiner veränderten Eigenschaft des betreffenden Organismus. – Weitere zehn Jahre später war das biochemische Handwerkszeug für die Gentechnik fertig. Deren Bedeutung war mir damals noch nicht wirklich bewusst.

Ich war gerade mit meinem Biochemie-Studium in Tübingen fertig, hatte schon etwas Anthroposophie und goetheanistische Pflanzenbetrachtung[3] kennengelernt und bekam immer mehr Zweifel an Darwins Evolutionslehre. So konnten mich die gut bezahlten Angebote in der molekularbiologischen Forschung nicht mehr locken. Ich fand eine Stelle am Carl Gustav Carus-Institut in Pforzheim beziehungsweise Öschelbronn und hatte dort drei Lehrjahre in goetheanistischer Botanik und Methodik des Anthroposophie-Studiums. Dann wagte das Kollegium der jungen Waldorfschule in Überlingen-Rengoldshausen, mich als pädagogisch unerfahrenen Wissenschaftler als Oberstufenlehrer für Biologie, Chemie und landwirtschaftliche Praktika einzustellen. – Anders als ich es mir erhofft hatte, war im Schulalltag kaum Zeit für eigene Forschung.

In den 80er-Jahren wurden die «Grenzen des Wachstums» offenbar. Das Baumsterben rüttelte die Menschen wach. Während ich im Wald des Hofguts Rimpertsweiler Versuche mit Hornmist- und Kieselspritzungen[4] machte, wurde ich erneut mit den Entwicklungen auf dem Gebiet der Biochemie konfrontiert. Schon 1978 wurde als erstes gentechnisches Produkt menschliches Insulin in E.coli-Bakterien produziert. 1980 ging die erste Gentechnikfirma an die Börse (Genentech Inc. in San Francisco). Zwanzig Minuten nach Börsenstart waren bereits alle insgesamt eine Million Aktien verkauft. Dreißig Minuten später war der Kurs von 35 auf 89 Dollar gestiegen. Aus der Kreuzung von Biologie und Wall Street war ein neuer Industriezweig entstanden. Es wurde deutlich, dass die Gentechnik auch vor der Tier- und Pflanzenzüchtung nicht Halt machen würde.

Bei mir war das Vertrauen in die biologisch-dynamische Landwirtschaft so weit gewachsen, dass ich es für möglich hielt, auf dieser Grundlage andere Wege der Pflanzenzüchtung einzuschlagen. Und ich war mir sicher, dass die goetheanistische Botanik ein Handwerkszeug liefern konnte, um neue Kriterien in der Züchtung zu entwickeln. So reifte der Entschluss, noch einmal den Beruf zu wechseln. Unterstützung fand ich bei den biologisch-dynamischen Landwirten der Bodenseeregion, wo ich die Getreide-Hofsorten studierte und erste Versuche machen konnte, und besonders bei meiner Frau, die mit ihrem Organisationstalent half, einen gemeinnützigen Verein und das Keyserlingk-Institut zu gründen.

Arttypische Gestalt statt willkürlicher Kombination der Merkmale

Warum scheiden sich die Geister an der Frage der Gentechnik? Kann denn nicht im Abwägen des Für und Wider ein sachliches Urteil gefunden werden?

Bei der Diskussion über die Gentechnik stehen sich zwei Lager gegenüber, die sich schwer verständigen können. Als Biochemiker oder Molekularbiologe kann man sich für die gedankliche Klarheit auf dem Gebiet der Vererbungslehre und molekularen Genetik begeistern. Vieles, was anhand molekularer Modellvorstellungen ausgedacht wird, lässt sich schließlich verwirklichen. Mit der technischen Realisierung gewinnt man die Sicherheit, dass man die Fäden in der Hand hält.

Wer es gewohnt ist, die belebte Natur ausschließlich als komplexen molekularen Mechanismus anzusehen, muss die Gentechnik als Weg des Fortschritts empfinden. Und wer den darwinistischen Gedanken verinnerlicht hat, dass die heute lebenden Arten Genkombinationen darstellen, die sich im Kampf ums Dasein bewährt haben, muss es als Fortschritt empfinden, neue Genkombinationen herzustellen, die sich unter den gegenwärtigen «Umweltbedingungen» bewähren, zu denen auch die bestehenden wirtschaftlichen Anforderungen gehören.

Um konkurrenzfähig zu bleiben, ist es notwendig, Nahrungsmittel so billig wie möglich zu produzieren.

Wenn es also rentabel ist, Unkraut mit dem Breitbandherbizid Roundup zu vernichten, so kann die gentechnisch hergestellte Roundup-Resistenz für Soja, Mais oder Baumwolle als berechtigter Fortschritt in der Evolution gesehen werden.

Diesem Denken kann man nur entgegenhalten, dass in der Welt des Lebendigen sinnvolle Zusammenhänge zu entdecken sind und dass Tiere und Pflanzen nicht beliebige Genkombinationen sind. In Goethes Gedicht *Die Metamorphose der Tiere* findet man den Satz:

Denn so hat kein Tier, dem sämtliche Zähne den obern
Kiefer umzäunen, ein Horn auf seiner Stirne getragen,
Und daher ist den Löwen gehörnt der ewigen Mutter
Ganz unmöglich zu bilden, und böte sie alle Gewalt auf;
Denn sie hat nicht Masse genug, die Reihen der Zähne
Völlig zu pflanzen und auch Geweih und Hörner zu treiben.

Wenn man diesen Gedanken weiterführt, findet man einen gesetzmäßigen Zusammenhang zwischen Verdauung, Zahnbildung und «Kopfschmuck» wie Hörner oder Geweih.[5] Das bedeutet, die Kuh hat ihre Hörner nicht deshalb, weil sie nützlich sind im Kampf ums Dasein, sondern weil sich dieses Merkmal notwendigerweise ergibt aus allen übrigen Eigenschaften ihrer Gestalt, ihrer Lebensweise und dem Stoffwechsel.[6]

Auch ein einfaches Beispiel aus der Botanik zeigt, dass es einen inneren Zusammenhang der Einzelmerkmale gibt. Bei Birke, Hainbuche und Hasel erkennt man eine Metamorphosenreihe der Blattformen und parallel dazu eine Metamorphose der Fruchtbildung (siehe

Abbildung). Die Geste der Blattform weist bei der Birke nach außen – entsprechend die Samen, die vom Wind weit durch die Luft getragen werden, und die lichtoffene Baumgestalt mit elastischen Zweigen, die dem Wind hingegeben sind.

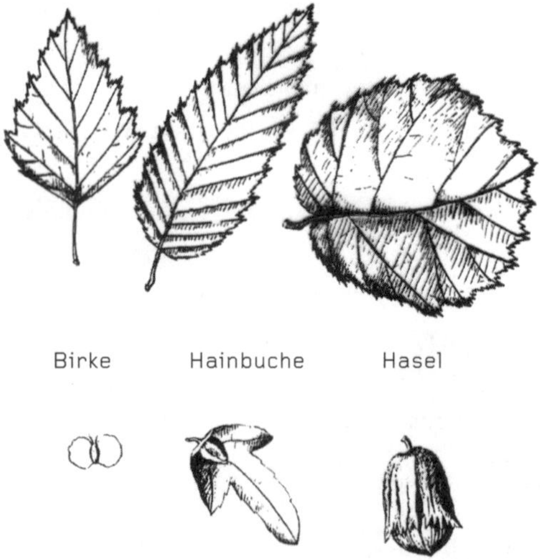

Blatt-und Samenform von Birke, Hainbuche und Hasel (nach Wolfgang Schad).[7]

Deshalb ist es Unsinn, Birkensamen an eine Hasel oder eine Eiche zu hängen, auch wenn es noch so «nützlich» wäre und helfen würde, die Art zu verbreiten. Goethe hat den Weg zu einer solchen Pflanzenbetrachtung gewiesen, deshalb sprechen wir von goetheanistischer Botanik oder goetheanistischer Naturanschauung. Und wenn man solche Gesetzmäßigkeiten im Pflanzenwachstum entdeckt, wird immer deutlicher, dass jede

Pflanzenart trotz aller möglichen Spielarten einen individuellen Charakter hat. Ein arttypisches Gestaltungsprinzip drückt sich in allen Einzelheiten der Pflanzenbildung aus und ein sinnvolles Ganzes wird erkennbar. Mittels Gentechnik einzelne Merkmale auszutauschen oder zusätzlich einzubauen, widerspricht einer solchen Anschauung. Das sinnvolle Ganze wird zerstört.

Als biologisch-dynamischer Züchter stelle ich mir die Aufgabe, solche Gestaltungsprinzipien zu erkennen und die Harmonie der Gestalt zu wahren. So wie ich nicht hornlose Kühe züchten würde, weil das Fehlen von Hörnern im Stall vielleicht praktisch wäre, werde ich auch nicht kurzhalmiges Getreide züchten, obwohl dies mit entsprechender Düngung ertragreicher wäre. In der konventionellen Züchtung wurden solche kurzhalmigen Getreidesorten als wesentlicher züchterischer

Halme, die bis zur Brust reichen, machen den Charakter des Getreides zum unmittelbaren Erlebnis.

Fortschritt betrachtet. Sie vertragen mehr Dünger, ohne umzuknicken. Die Halmlänge ist aber kein beliebiges Merkmal. Im Schossen – dem Streckungswachstum des Halmes – wirkt eine Kraft, die wesentlich zum Charakter des Getreides dazugehört. Ich bin der Überzeugung, dass auch dies zur Nahrungsqualität beiträgt.[8]

In der Regel haben die langhalmigen Sorten eine schöne Reifefärbung mit leuchtendem, goldenem Stroh. Getreide ist eine Sonnenpflanze und will in Licht und Wärme ausreifen. Wenn wir unsere Gäste im Sommer fragen, welche Sorte sie für ihr Brot bevorzugen würden, fällt die Wahl immer auf solche hochwüchsigen Sorten mit ausgeprägter Färbung. Vielleicht ist der hochwüchsige Dinkel deshalb so beliebt, weil die Züchtung der letzten hundert Jahre weitgehend daran vorübergegangen ist. Alte Weizensorten (etwa Landsorten aus der Zeit um 1900) dagegen sind heute nicht mehr brauchbar, auch nicht im ökologischen Landbau. Ihre Standfestigkeit ist zu gering. Für mich ist es bei der Getreidezüchtung immer eine Gratwanderung zwischen Ertrag und Standfestigkeit einerseits und Reifequalität andererseits.

Ein weiteres Kriterium, das mit den Gestaltungskräften in der Pflanze zusammenhängt, ist die Grannenbildung.[9] In West- und Mitteleuropa haben sich – anders als in wärmeren, südlichen Ländern und im kontinentalen Klima – die unbegrannten Weizensorten durchgesetzt. Wenn es nicht nur um Ertrag und Backqualität geht, stellt sich eine ähnliche Frage wie bei der Länge der Halme: Ist die Begrannung nur ein beliebiges Merkmal oder sagt sie etwas aus über das Kräfteverhältnis im Wachstum der Pflanze? Und welche Bedeutung hat sie für die Nahrungsqualität?

Grannen beim Weizen. – Nur ein beliebiges Merkmal oder «Sinnesorgan» der Pflanze?

Die Beziehung der Grannen zum Licht kann unmittelbar erlebt werden, wenn sie gegen Abend im Gegenlicht leuchten. Interessant ist, dass sie dicht mit Kieselzellen besetzt sind. Viele Fragen schließen sich daran an, gerade wenn man bedenkt, welche Bedeutung Rudolf Steiner, der Begründer des biologisch-dynamischen Landbaus, dem Kiesel im Naturhaushalt beimisst: Dieser öffnet den «Sinn» der Pflanzen für Kräfte, die vom Kosmos einstrahlen und gerade für die Bildung der Nahrungsqualität von Bedeutung sind. – So gibt es auf unseren Versuchsfeldern viele begrannte Weizensorten, ein Bild, das sich in unserer Kulturlandschaft nur noch selten findet.

Grundlage und Methoden der biologisch-dynamischen Züchtung

Es ist viel gestritten worden, was unter biologisch-dynamischer Züchtung zu verstehen sei. Ich hoffe, meine Kollegen sind damit einverstanden, wenn ich sage, es ist der Versuch jedes einzelnen Züchters, die Anregungen aus der biologisch-dynamischen Landwirtschaft beziehungsweise aus der Anthroposophie fruchtbar zu machen und in züchterische Praxis umzusetzen.

Dennoch ist die Arbeitsweise unterschiedlich. Bei den Getreidezüchtern integriert Eckart Irion die Züchtungsarbeit in den selbst bewirtschafteten biologisch-dynamischen Betrieb. Peter Kunz hat in der Schweiz einen Züchtungsbetrieb mit klassischer Kreuzungszüchtung aufgebaut. Auch bei Karl-Josef Müller und Hartmut Spieß steht die Kreuzungszüchtung im Vordergrund (siehe Adressenverzeichnis S. 323f.).

Meine ersten Versuche fanden in der Vegetationsperiode 1987/88 statt. Von Anfang an hatte ich die Unterstützung von mehreren biologisch-dynamischen Höfen am Bodensee. Nur so war die Arbeit überhaupt möglich, äußerlich dadurch, dass wir Versuchsflächen bekamen, gepflügt und geeggt für die Aussaat fertig vorbereitet, inhaltlich durch die gemeinsame Arbeit an den Hofsorten. Diese zu erhalten und weiterzuentwickeln war anfangs das Hauptthema meiner Saatgutarbeit.

Ein wesentlicher Grundgedanke für die biologisch-dynamische Landwirtschaft wird von Rudolf Steiner so formuliert: «Eine Landwirtschaft erfüllt eigentlich ihr Wesen im besten Sinne des Wortes, wenn sie aufgefasst werden kann als eine Art Individualität für sich, eine wirklich in sich geschlossene Individualität. Und jede

Landwirtschaft müsste eigentlich sich nähern – ganz kann das nicht erreicht werden, aber sie müsste sich nähern – diesem Zustand, eine in sich geschlossene Individualität zu sein. Das heißt, es sollte die Möglichkeit herbeigeführt werden, alles dasjenige, was man braucht zur Hervorbringung, innerhalb der Landwirtschaft selbst zu haben, wobei zur Landwirtschaft der entsprechende Viehstand selbstverständlich hinzugerechnet werden

Das Leuchten der Grannen in der Abendsonne lässt ihre Beziehung zum Licht erahnen.

muss. Im Grunde genommen müsste eigentlich dasjenige, was in die Landwirtschaft hereingebracht wird an Düngemitteln und Ähnlichem von auswärts, das müsste in einer ideal gestalteten Landwirtschaft angesehen werden schon als ein Heilmittel für eine erkrankte Landwirtschaft. Eine gesunde Landwirtschaft müsste dasjenige, was sie selber braucht, in sich selber eben auch hervorbringen können.»[10]

Dieser Gedanke, die Landwirtschaft als Organismus und sogar als eine Art Individualität zu betrachten, durchzieht den gesamten *Landwirtschaftlichen Kurs* – acht Vorträge, die Steiner 1924 auf die Bitte von Landwirten in Koberwitz hielt. Der Vergleich zwischen menschlichem und landwirtschaftlichem Organismus geht sogar so weit, dass Steiner von einer «Ich-Anlage» spricht.[11] Die praktische Konsequenz dieser Überlegungen besteht darin, dass der benötigte Dünger möglichst im eigenen Betrieb erzeugt wird und auch dass man das Saatgut aus der eigenen Ernte nimmt.

Evolution und Züchtung

An dieser Stelle ist es notwendig, Züchtung in einen größeren Zusammenhang zu stellen. Schließlich geht es nicht nur darum, dass – um beim Weizen zu bleiben – Sorten entwickelt werden und Saatgut bereitgestellt wird, das Bauern und Bäcker zufriedenstellt. Züchtung ist die vom Menschen gelenkte Evolution der Kulturpflanzen. Und gerade mit dem Blick auf die Gentechnik wird deutlich: Der Mensch ist voll verantwortlich geworden für ihre weitere Entwicklung. Zumindest die Kulturpflanzenevolution ist kein Prozess, der nach Naturgesetzen aus der Vergangenheit determiniert wird, sondern er ist abhängig von den Willensimpulsen der Menschen. Die Richtung der Evolution und zugleich die Art und Zielsetzung der Züchtung werden davon abhängen, welchem Gedankenmodell der Evolution wir folgen.

Das heute dominierende darwinistische Denken, das in den Lebewesen nur ein Zufallsprodukt von Mutation und Selektion sehen kann und folgerichtig in der Gentechnik mündet, bietet nur einen Erklärungsansatz zur Entstehung der Arten, der zu keiner Zeit unumstritten war. Schon Karl Snell (1806–1886), ein Zeitgenosse Darwins, entwickelte einen Evolutionsgedanken, der den Menschen von Anfang an in das gesamte Evolutionsgeschehen einbezieht und nicht, wie Darwin und Haeckel, als ein Zufallsprodukt an das Ende eines weit verzweigten Stammbaums stellt.[12]

Karl Snell unterscheidet Höherentwicklung und Spezialisierung beziehungsweise Anpassung an eine gegebene Umwelt. Die Entwicklungslinien der Spezialisierung sind relativ gut nachzuvollziehen, zum Beispiel im Tertiär die Entwicklung des Pferdes von einem mehrzehigen, hundegroßen Waldbewohner zu einem einhufigen Steppentier. Kaum bekannt sind aber die großen Entwicklungsschritte vom Fisch zum Landbewohner oder vom Reptil zum Säugetier. Diese Höherentwicklung ist umso weniger möglich, je weiter die Spezialisierung fortgeschritten ist: Aus einem Karpfen wird sich kein Lurch mehr entwickeln. Aus einem Flugsaurier oder einer Schlange kann kein Säugetier mehr entstehen und ein Pferd kann nicht Mensch werden. Bedingung für die Höherentwicklung ist ein «Verzicht» auf Anpassung und Spezialisierung. Nach Snell muss es solche unspezialisierten oder typusnahen Formen gegeben haben, die diese Fähigkeit zur Höherentwicklung bewahren konnten.

Das Tier ist in seiner jeweiligen Gestalt und Lebensweise vollkommen. Der Mensch dagegen strebt danach, das Unvollkommene zu überwinden, eine Sache beim nächsten Mal besser zu machen und sich selber dabei zu entwickeln. Dieser Drang zur Höherentwicklung durchzieht, beginnend mit den einfachsten Lebensformen, die gesamte Evolution und führt bis zum Menschen. Karl Snell nennt dies den Grundstamm der Evolution. Als Tier ist alles zu betrachten, was sich davon abzweigt, sich spezialisiert und es sich «bequem einrichtet» in der Welt.

Demnach sind es nicht zufällige Mutationen und äußere Selektionsbedingungen, die den Antrieb der Evolution bilden, es ist ein geistiges Prinzip, das schließlich im «Ich» jedes einzelnen Menschen als Entwicklungswille zum Vorschein kommt. Ein menschlicher Embryo ist noch unentwickelt, aber schon «Mensch» und zur Menschwerdung bestimmt. Genauso ist es berechtigt, die einfachsten Lebensformen im Grundstamm «Mensch» zu nennen, auch wenn sie noch ganz unentwickelt sind, aber doch in sich die Kraft tragen, zum heutigen Menschen hinzuführen.

Diese Sichtweise auf den Gang der Evolution bleibt nicht ohne Auswirkungen für die eigene Arbeit und die Suche nach Entwicklungsimpulsen in der Züchtung. Denn wenn ich mit diesem Blick auf die Evolution den *Landwirtschaftlichen Kurs* lese, bekommt der Gedanke Rudolf Steiners, die Landwirtschaft als eine Art Individualität zu betrachten, eine besondere Note. Der Vergleich mit dem Menschen bedeutet für mein

Verständnis, dass die Entwicklungsimpulse in der Landwirtschaft selber gesucht werden müssen, wobei die einzelnen Organe des landwirtschaftlichen Organismus, die Kuhherde oder das Weizenfeld, in diese Entwicklung eingebunden sind.

Der Begriff der landwirtschaftlichen Individualität legt nahe, dass – so wie in der Menschheit im Laufe der Geschichte das Individuelle des Einzelmenschen immer mehr hervortritt – auch für die Erde eine Individualisierung in einzelne Landwirtschaften beginnt. Und die Entwicklungsschritte in jeder einzelnen Landwirtschaft können für die Erdentwicklung neue Impulse liefern, so wie einzelne Menschen die Entwicklung der Menschheit vorantreiben. In diesem Sinne hat biologisch-dynamische Landwirtschaft eine Bedeutung, die erst anfänglich geahnt wird.

Kontinuität der Entwicklung durch Hofsorten

Auch das Ideal der Hofsorten leitet sich von diesem Bild einer landwirtschaftlichen Individualität ab. Denn die Entwicklung des Hoforganismus kann nicht stattfinden, wenn alle zwei Jahre durch Saatgut von außen ein neues Organ eingepflanzt wird. Wie stark die Eigenart des Hofes die Entwicklung einer Sorte beeinflusst, konnte ich bei der Weizensorte «Diplomat» beobachten, die am Bodensee auf drei Höfen als Hofsorte viele Jahre angebaut wurde. Im Vergleich mit der Originalsorte zeigen sich deutliche Unterschiede, wie auf der Abbildung zu erkennen ist.

Nun ist es aber nicht leicht, eine Hofsorte wirklich auf Dauer zu erhalten. Oft sind über Jahre hinweg positive Entwicklungen zu beobachten, häufig wird aber auch nach 10, 15 oder 20 Jahren ein Punkt erreicht, wo Mängel sichtbar werden und die Bauern dann wieder zu einer moderneren Sorte greifen. Deshalb habe ich mich in den ersten Jahren bemüht, Methoden zu entwickeln, die es erlauben, diese Hofsorten beständiger in den Betrieb zu integrieren. Es ging dabei hauptsächlich um

Hofsorte Diplomat von drei Höfen – links die Originalsorte.

Der Vergleich zeigt die Auswirkungen der winternahen Saat auf den Sortencharakter.

die «winternahe Saat», ein Ratschlag Rudolf Steiners im *Landwirtschaftlichen Kurs,* wie Saatgut für das nächste Jahr zu gewinnen sei. Unsere Versuche zeigten, dass solche späten Saattermine erstaunliche Wirkungen auf den Charakter der Hofsorten hatten, wobei dieser neue Sortencharakter dann über viele Jahre stabil war (siehe Abbildung).

Schließlich wurden solche Versuche aber nicht weitergeführt, einerseits weil es kaum noch Höfe gab, auf denen Hofsorten gepflegt wurden, andererseits weil es immer wichtiger wurde, gut geeignete neue Sorten für den biologischen Landbau zu entwickeln. Denn es war abzusehen, dass die neuen Sorten aus der konventionellen Züchtung immer weniger den Anforderungen des ökologischen Landbaus entsprechen – erst recht wenn die Gentechnik in der konventionellen Züchtung Einzug hält.

Hofsorten als Grundlage für die Züchtung

Ein Ergebnis aus der Arbeit mit Hofsorten war die Erkenntnis, dass sich durch den jahrelangen Anbau eine neue Vielfalt von Formen bildet, auch wenn sich nicht rekonstruieren lässt, wie diese Vielfalt im Einzelnen entsteht. Nach den üblichen Vorstellungen von Vererbung sind zwei Prozesse wahrscheinlich: entweder die Aufspaltung der ursprünglichen Sorte – denn auch eine fertig gezüchtete, reinerbige Weizensorte ist in der Regel nicht völlig stabil – oder die Einmischung anderer Sorten über den Mähdrescher und nachträgliche spontane Kreuzungen im Feld mit der heimischen Sorte.

Es bleibt allerdings die Frage, ob dies zum Verständnis der Hofsortenentwicklung ausreicht und ob nicht doch übergeordnete Entwicklungsimpulse aus dem Gesamtorganismus der Landwirtschaft mit einfließen.

Die Methode meiner Züchtung ist also ganz einfach: Entwicklungsimpulse, die in den Hofsorten liegen, beziehungsweise die Vorarbeit der Bauern, wenn diese ihre Hofsorten über viele Jahre biologisch-dynamisch gepflegt haben, sollen genutzt werden. Entsprechend gehe ich mit «Züchterblick» durch das reife Feld, sammle einen großen Strauß von Ähren und säe diese in einzelnen Reihen wieder aus. Schon im ersten Jahr sind Unterschiede zwischen den Reihen erkennbar. Manches kann ausgesondert werden, was deutliche Mängel zeigt (Pilzbefall, mangelnde Standfestigkeit, ungenügende Füllung der Ähren, schrumpelige Körner).

Von der Ernte können im zweiten Jahr Parzellen von jeweils zwei Quadratmeter gesät werden. Dann ist es schon möglich, grob den Ertrag zu schätzen und eine erste Analyse zur Beurteilung der Backqualität zu machen. So kann die Zahl der Zuchtlinien weiter eingeschränkt werden. Oft zeigt sich dabei schon, ob die neuen Zuchtstämme einigermaßen stabil sind. Wenn ein Stamm stark aufspaltet, muss man sich entscheiden, ob man ihn verwirft oder noch einmal einzelne Ähren herausgreift.

Was übrig bleibt, wird gewöhnlich im dritten Jahr für jeden Zuchtstamm mit drei Parzellen à fünf Quadratmeter in die «Sortenprüfung» gestellt, sodass die Varianten miteinander verglichen und auch an den heute noch üblichen, im ökologischen Landbau verwendeten konventionellen Sorten und an den Sorten der Züchterkollegen gemessen werden können. In der Sortenprüfung werden nun während des Wachstums viele Bonituren[13] durchgeführt, um die Eigenschaften der Zuchtstämme kennenzulernen. Nach der Ernte wird der Ertrag bestimmt und es werden wieder Backqualitätsanalysen durchgeführt.

Jedes Jahr ist es ein Erlebnis, die Formenfülle zu sehen, die der Weizen haben kann, wenn circa 150 verschiedene Sorten und Zuchtstämme nebeneinander stehen. Und ich gestehe, es ist nicht leicht, sich von Zuchtstämmen zu trennen, die im Wuchs und in der Reifefärbung sehr ansprechend sind, deren Standfestigkeit oder Backqualität aber vielleicht nicht ausreicht, um daraus eine Sorte zu machen, die man den Bauern empfehlen kann.

Manche Mängel zeigen sich nicht jedes Jahr, sondern nur unter bestimmten Bedingungen. Aus einem Zuchtstamm eine Sorte zu machen, bedeutet deshalb, diesen über mehrere Jahre in der Sortenprüfung zu testen, möglichst auch an Standorten außerhalb der Region.

Parallel zu dieser Sortenprüfung müssen die Zuchtstämme zu einer möglichst einheitlichen Sorte weiterentwickelt werden. Dies ist unabdingbar, wenn die Sorte beim Bundessortenamt geprüft und angemeldet werden soll, unabhängig davon, ob sie durch Kreuzungszüchtung oder durch reine Auslesezüchtung entstanden ist. Prinzipiell ist diese Einheitlichkeit möglich, weil der Weizen selbstbestäubend ist und eine Sorte immer eine reinerbige Inzuchtlinie darstellt.

In der Praxis ist die geforderte Homogenität nur zu erreichen, wenn über viele aufeinander folgende Jahre eine Stammbaumzüchtung über Einzelähren stattfindet. In der sonst üblichen Kreuzungszüchtung werden im vierten oder fünften Jahr nach der Kreuzung aus der inzwischen entstandenen Vielfalt von Formen die besten Ähren herausgegriffen und als Ährenreihen gesät. Weil die Aufspaltung nach der Kreuzung aber weiter fortschreitet, muss die Ährenselektion aus diesen Reihen über mehrere Jahre fortgesetzt werden, bis sich relativ stabile, reinerbige Zuchtstämme herauskristallisieren.

Bei der Hofsortenselektion am Bodensee bevorzugen wir in der Regel eine einfachere Auslese-Methode. Sie führt zu Regionalsorten, die für die Praxis ausreichend einheitlich sind, aber nicht den Anforderungen einer regulären Sortenanmeldung genügen. Im Zuchtgarten werden die Zuchtstämme und die schon «fertigen» Sorten auf 30 Quadratmetern ausgesät – eine überschaubare Fläche, auf der nun die Möglichkeit besteht, durch Bereinigen der Parzellen (Negativ-Auslese) den Sortencharakter zu erhalten oder einen Strauß auszulesen, der dem gewünschten Charakter am meisten entspricht (Positiv-Auslese). Diese Arbeit ist jedes Jahr notwendig, denn es ist eben doch eine «Beweglichkeit» der Sorte zu bemerken, die im Zaum gehalten werden muss.

Der nächste Schritt ist dann die Vermehrung als Basissaatgut auf 200 bis 300 Quadratmetern, eine Fläche, auf der noch eine grobe Bereinigung der Sorte möglich ist. Für die weitere Vermehrung wird das Saatgut nun an einen Landwirt abgegeben und schließlich werden unsere Sorten im Regionalsortenprojekt am Bodensee angebaut.

Das Regionalsortenprojekt

Nachdem durch eine Auslesezüchtung aus Hofsorten die ersten neuen anbauwürdigen Sorten entstanden waren, stellte sich die Frage der Saatgutvermarktung und -weitergabe. Denn nach dem Saatgutverkehrsgesetz darf Saatgut nur als sogenanntes Z-Saatgut in den Handel gebracht werden, das beim Bundessortenamt geprüft und registriert ist. Eine Ausnahme ist möglich, wenn innerhalb einer Erzeugergemeinschaft vertraglich geregelt wurde, wie die Ernte verwendet wird.

Vier Bäckereien am Bodensee haben sich bereiterklärt, die Ernte der neuen Sorten zu verarbeiten. Im Herbst 2003 konnte der erste Anbauversuch auf den biologisch-dynamischen Höfen am Bodensee starten. Ein Logo wurde als Markenzeichen für diese Sorten aus biologisch-dynamischer Züchtung entworfen und es wurde vereinbart, dass 10 Cent je Kilo Brot an das Keyserlingk-Institut zurückfließen, um die Erhaltungszüchtung dieser Sorten zu finanzieren.

Anfang des Jahres 2005 wurden die ersten *SaatGut*-Brote gebacken. 15 Höfe, die inzwischen etwa 60 Hektar Weizen und 15 Hektar Roggen anbauen, haben sich dem Projekt angeschlossen. Auch beim Roggen gibt es eine neue Sorte, die am Keyserlingk-Institut aus einer Hofsorte ausgelesen wurde. Außerdem wurde bei einer älteren Hofsorte, die noch in gutem Zustand ist, mit einer Erhaltungszüchtung begonnen. Beim Dinkel hat sich die alte Sorte «Oberkulmer Rotkorn» bewährt, die von einigen der angeschlossenen Höfen als Hofsorte erhalten wird. Die Bäckereien können somit Getreide aus der Region beziehen, das nicht nur in Demeter-Qualität angebaut wird, sondern bei dem diese Qualität schon von der Züchtung her veranlagt ist. Mehr oder weniger gilt dieses Qualitätskriterium auch für Hofsorten, bei denen durch langjährige biologisch-dynamische Pflege neue Entwicklungsimpulse wirksam sind.

Für die Bauern garantiert das Projekt (hoffentlich auf Dauer) faire Preise und die regionale Saatguterzeugung bedeutet Unabhängigkeit von der konventionellen Züchtung. Das Ideal einer eigenen Hofsorte ist unter den heutigen Arbeitsbedingungen auf den meisten Höfen nur schwer zu verwirklichen und insofern sind die Regionalsorten, die speziell für die Verhältnisse am Bodensee gezüchtet wurden, ein willkommener Kompromiss. Es ist möglich, dieses Saatgut zu tauschen, und auf einigen Höfen wird auch wieder versucht, die Regionalsorten im eigenen Nachbau zu erhalten und eventuell zu einer Hofsorte zu entwickeln. Ob dies auf Dauer gelingt, wird die Erfahrung zeigen. Denn die noch vorhandene Variationsbreite dieser Sorten kann Vor- und Nachteile haben. Einerseits ist die Anpassungsfähigkeit an die Hofbedingungen größer als bei einer völlig homogenen Sorte, andererseits besteht die Gefahr, dass die Sorte zu schnell «auseinanderfällt» und ihren Charakter verliert.

Der Handel ist vertraglich nicht in das Projekt eingebunden, hat aber für einen dauerhaften Erfolg dennoch eine große Bedeutung. Denn im Laden muss es gelingen, den Kunden das Besondere an diesem *SaatGut*-Brot zu vermitteln. Das ist nicht nur nötig, um den Mehrwert von zehn Cent zu rechtfertigen (denn das Brot wird nur gekauft, wenn es gut schmeckt), sondern auch, um die Bedeutung biologisch-dynamischer Züchtung ins Bewusstsein zu heben.

Erfreulich ist, dass das Projekt schon Nachahmung gefunden hat. Eine große Bäckerei auf der Schwäbischen Alb hat jetzt ein «Albweizen-Brot» im Angebot. Zwei von unseren Sorten haben sich dort bewährt und werden bisher von drei Landwirten für diese Bäckerei angebaut. Der Bäcker lobt den Geschmack und den Geruch in der Backstube.

Saatguthandel und Finanzierung – Bedingungen für Vielfalt und Qualität

Der Saatguthandel wird in Deutschland durch das Saatgutverkehrsgesetz geregelt. Entsprechendes gilt auch für andere europäische Länder. Der Züchter muss jede neue Sorte beim Bundessortenamt prüfen lassen. Sie muss einheitlich, beständig, unterscheidbar und selbstverständlich neu sein, um zugelassen zu werden. Landwirtschaftliche Sorten müssen außerdem einen «landeskulturellen Wert» besitzen, das heißt, sie müssen «in der Gesamtheit ihrer wertbestimmenden Eigenschaften»[14] besser sein als vergleichbare Sorten. Geprüft werden viele Einzelmerkmale, die dann in der «Beschreibenden Sortenliste» veröffentlicht werden.

Beim Weizen sind es 18 Merkmale, die das Wachstum charakterisieren, zum Beispiel Reifetermin, Neigung zur Auswinterung,[15] Standfestigkeit, Anfälligkeit für verschiedene Pilzkrankheiten und natürlich der Kornertrag beziehungsweise Eigenschaften, die damit zusammenhängen, wie Bestandesdichte und das Tausendkorngewicht.[16] Außerdem werden Eigenschaften geprüft, die den Bäcker interessieren und Hinweise auf die Backqualität geben, zum Beispiel Proteingehalt, Sedimentationswert,[17] Mehleigenschaften, Backvolumen oder Teigelastizität. Entsprechend gibt es verschiedene Qualitätsstufen. Wenn diese dreijährige Prüfung erfolgreich verläuft und auch die Vermehrungsflächen begutachtet und anerkannt worden sind, darf Saatgut als zertifiziertes Saatgut (Z-Saatgut) verkauft werden.

Honoriert wird die Leistung des Züchters – für eine neue Weizensorte sind das circa 15 Jahre im Voraus geleistete Arbeit – durch einen Anteil vom Saatgutpreis und durch Lizenzgebühren, wenn der Bauer die eigene Ernte wieder aussät – eine Regelung, die allerdings nur unter großem Widerstand durchzusetzen ist. Eine Finanzierung der Züchtung einer Sorte über den Saatgutverkauf kann nur gelingen, wenn sie möglichst weiträumig angebaut wird. Nach kommerziellen Gesichtspunkten lohnt es sich nicht, für eine bestimmte Region eine eigene Sorte zu züchten. Es ist erstaunlich, dass in Deutschland trotzdem mehr als hundert Weizensorten angemeldet sind. Zum Teil ist dies sicher durch die klimatischen Unterschiede zu erklären. Für den Laien ist es allerdings sehr schwer, diese Sorten zu unterscheiden, denn die auf hohes Ertragsniveau ausgerichtete Züchtung hat unter konventionellen Anbaubedingungen zu sehr ähnlichen kurzhalmigen und standfesten Sorten geführt.

17 Weizensorten sind im deutschen Anbau besonders erfolgreich. Sie haben Vermehrungsflächen über 1000 Hektar und decken etwa drei Viertel der gesamten Anbaufläche ab. Andere Sorten haben nur noch geringe Bedeutung und werden deshalb vom Züchter wieder zurückgezogen. Im ökologischen Landbau werden in Deutschland etwa 44 000 Hektar Weizen angebaut, davon weniger als 4000 Hektar auf biologisch-dynamisch bewirtschafteten Flächen. Wenn man damit rechnet, dass nur alle zwei Jahre neues Saatgut gekauft wird, würden dafür nur 100 Hektar für Saatgutvermehrung benötigt. Für den biologisch-dynamischen Landbau allein wäre also nicht einmal eine Sorte rentabel, wenn die Züchtung über den Saatgutverkauf finanziert werden sollte.

Vielfalt ist auf diesem Wege also nicht zu erreichen. Aber sie ist nötig, wenn die unterschiedlichen Klima- und Bodenbedingungen berücksichtigt werden sollen und um den verschiedenen Qualitätsanforderungen zwischen Futterweizen und bestem Backweizen gerecht zu werden. Und erst recht ist Vielfalt nötig, wenn wir uns mitverantwortlich fühlen für die weitere Evolution der Kulturpflanze Weizen.

Beim Weizen, der sich durch Selbstbestäubung vermehrt, ist jede einzelne Sorte immer eine reinerbige Inzuchtlinie, entsprechend aber auch nur ein winzig kleiner Ausschnitt aus der Vielfalt der gesamten Art. Wenn wir den Anspruch haben, diese Kulturpflanze auf biologisch-dynamischem Qualitätsniveau in die Zukunft weiterzuentwickeln, brauchen wir eine möglichst große Zahl von Sorten, damit die Züchtung nicht in Sackgassen endet. Erfreulicherweise sind aus biologisch-dynamischen Züchtungsbemühungen inzwischen mehr als 20 Weizensorten entstanden (neben Sorten von Dinkel, Roggen, Gerste, Einkorn und Emmer). Möglich war dies nur durch private Spenden und hauptsächlich durch die langjährige Förderung von Stiftungen.

Warum aber haben diese Sorten noch nicht den Acker erobert? Warum werden auch auf biologisch-dynamischen Feldern immer noch überwiegend konventionelle Sorten angebaut? Zum Teil handelt es sich – wie in unserem Fall – um regionale Sorten, deren Saatgut nicht frei verfügbar ist, mit einer bisher nur begrenzten Anbaufläche. Aber auch Sorten, die beim Bundessortenamt registriert sind und prinzipiell überall gehandelt werden können, haben es schwer, sich durchzusetzen. Denn nicht nur die Züchtung selbst muss finanziert werden. Auch anschließend ist viel Arbeit zu leisten, bis die Sorte auf dem Acker steht: die weitere Erhaltungszüchtung, die sortenreine Vermehrung über mehrere Schritte, die Saatgutaufbereitung und Lagerung und schließlich auch der Vertrieb. Dies ist bei geringer Anbaufläche allein durch Saatgutverkauf nur schwer zu finanzieren und eine Saatgutfirma, die nach wirtschaftlichen Gesichtspunkten handelt, wird sich auf wenige erfolgreiche Sorten beschränken müssen.

Für die Erhaltung von Vielfalt und Qualität ist es nicht ohne Bedeutung, an welcher Stelle im Wertschöpfungsprozess der Preis für die Züchtung bezahlt wird. Letzten Endes muss immer der Verbraucher, der das Brot im Laden kauft, auch diese Kosten tragen. Es ist daher wenig sinnvoll, sie über den Saatgutpreis dem Bauern aufzubürden. Mehr Spielraum besteht dort, wo das Korn zu Brot geworden ist. Wenn Erzeugergemeinschaften, verarbeitende Betriebe oder Großhändler sich auf der Basis eines solchen Finanzierungsmodells für biologisch-dynamisch gezüchtetes Getreide entscheiden, wäre es möglich, eine effektive Saatgutarbeit aufzubauen und auszuweiten. Leider gibt es dafür bisher nur wenige Beispiele, darunter die Saatgutkampagne der Firma ErdmannHAUSER, das Projekt der Getreidezüchtung von Peter Kunz mit Coop in der Schweiz und das Regionalsortenprojekt am Bodensee. Bäckereien zu finden, die zur Unterstützung der biologisch-dynamischen Züchtung das Brot um einige Cent teurer verkaufen, ist jedoch sehr schwierig.

Schwierig ist es auch, dem Kunden diesen Mehrwert «Qualität aus biologisch-dynamischer Züchtung» zu vermitteln. Nur beim Gemüse ist es – allerdings auch nur mit hohem Werbeaufwand – ansatzweise gelungen, weil sich hier deutliche Geschmacksunterschiede wahrnehmen lassen. Deshalb ist es wichtig, dass immer mehr Menschen für das Thema Züchtung sensibilisiert werden, damit es in Zukunft selbstverständlich ist, dass alles, was biologisch-dynamisch angebaut wird, auch aus biologisch-dynamischer Züchtung stammt.

Generell muss bei einer Kulturpflanze Weiterentwicklung und Nutzung Hand in Hand gehen. In der konventionellen Züchtung herrscht das Diktat der Wirtschaftlichkeit. Einseitigkeiten, Hybridzüchtung und Patente auf Gentechnik-Sorten sind die Folge. Ziel der biologisch-dynamischen Züchtung ist es dagegen, bei der «Weiterentwicklung» dem Wesen der Pflanze im Gang der Evolution gerecht zu werden und bei der «Nutzung» vorrangig auf die menschliche Ernährung zu schauen.

Auch der Mensch entwickelt sich weiter. Die veränderte Nahrungsqualität der Pflanze muss dem entsprechen. Das Ziel der biologisch-dynamischen Züchtung lässt sich deshalb auch so formulieren: Es gilt, die Evolution des Menschen mit der Evolution der Pflanze zu verbinden. Dazu muss eine *freie* Züchtung gewährleistet sein, die nicht in wirtschaftliche Zwänge geraten kann. Für einen anderen Teil im Arbeitsablauf der Saatgutbereitstellung – Sortenerhaltung, Vermehrung, Lagerung und Logistik – ist es berechtigt, ökonomische Maßstäbe anzulegen. Dies bedeutet aber, der Kunde im Laden entscheidet, ob dieser Teil der Saatgutarbeit stattfinden kann, und er muss eventuell durch ein entsprechendes Warenzeichen auf die Herkunft des Saatguts aus biologisch-dynamischer Züchtung hingewiesen werden.

Saatgutrecht

Zwei Gesetze sind für Züchtung und Handel mit Saatgut entscheidend. Mit dem *Sortenschutzgesetz* wird geregelt, unter welchen Bedingungen eine Sorte anerkannt wird, die daraufhin als geistiges Eigentum des Züchters gilt. Darüber hinaus regelt das *Saatgutverkehrsgesetz,* ob eine Sorte gehandelt werden darf (S. 205ff.). Für landwirtschaftliche Sorten muss dabei der «landeskulturelle Wert» staatlich geprüft worden sein. In den Dreißigerjahren, als dieses Gesetz erlassen wurde, sollte es den

Bauern vor mangelhaftem Saatgut schützen – damit der Reichsnährstand[18] seine «Pflicht» gegenüber dem deutschen Volk erfüllen konnte.

Heute gibt es andere Instanzen der Warenkontrolle und des Verbraucherschutzes, die solche Funktionen wahrnehmen könnten. Und kein Züchter würde sich mit minderwertigem Saatgut seinen Ruf ruinieren. Trotzdem existiert das Gesetz noch immer, nicht nur in Deutschland. Es verhindert den freien Austausch von Saatgut. Selbst der Bauer, der sich Saatgut aus der Ernte seines Nachbarn holt, handelt illegal. Die eigene Ernte auszusäen ist zwar erlaubt, es werden jedoch Lizenzgebühren fällig, wenn es sich um eine noch angemeldete Sorte handelt. Die Leistung des Züchters noch im zweiten, dritten oder vierten Anbaujahr zu honorieren ist nicht grundsätzlich abzulehnen, aber eine langjährige Hofsortenpflege wird durch diese Regelung nicht gefördert. Und wenn eine Hofsorte entstanden ist, hindert das Saatgutverkehrsgesetz seine Verbreitung. Durch Missernten, Pilzkrankheiten oder durch einen Generationenwechsel auf dem Hof ist solch eine Sorte dann schnell wieder verschwunden.

Das Problem ist lange bekannt. 1996 wurde in Leipzig auf der Konferenz der Welternährungsorganisation FAO zur Erhaltung der pflanzengenetischen Ressourcen nach Lösungen gegen den zunehmenden Verlust an biologischer Vielfalt gesucht. Es wurde ein Weltaktionsplan beschlossen mit dem Ziel, sogenanntes Bauernsaatgut zum Verkauf zuzulassen und die In-situ-Erhaltung – die Erhaltung am natürlichen Standort – zu fördern, damit eine natürliche Anpassung an veränderte Umweltbedingungen erfolgen kann (S. 196f.). Eine solche On-farm-

Erhaltung für Kulturpflanzen ist nur sinnvoll, wenn zugleich die Saatgutabgabe legalisiert wird.

Manche Länder wie Russland haben sofort auf die Beschlüsse der FAO reagiert und sie in nationales Recht umgesetzt. Die Mühlen der EU mahlen langsamer. Nach 13 Jahren ist das Gesetz über die sogenannten Erhaltungssorten nun endlich verabschiedet worden. Im Detail wird sich zeigen, ob der Geist von Leipzig noch lebendig ist oder ob er ihm durch Überreglementierung ausgetrieben wurde.

Regionalsorten, die als Erhaltungssorten anerkannt werden, könnten sich nach dieser Neuregelung zumindest einen kleinen Markt erobern, ohne dass eine aufwändige und kostspielige Prüfung erforderlich wäre. Ein weiterer Vorteil dürfte darin bestehen, dass eine Sorte nur so weit homogen sein muss, dass sie unterscheidbar ist. Dies würde die Erhaltungszüchtung erleichtern und wäre im Sinne der In-situ-Erhaltung eine Grundbedingung für die Weiterentwicklung. So könnte zumindest eine kleine Nische entstehen für bewährte Hof- und Regionalsorten. Allerdings begrenzt das Gesetz die handelbare Saatgutmenge. Deshalb muss der normale Weg der Sortenzulassung weiter beschritten werden, damit großflächig biologisch-dynamisch gezüchtetes Saatgut auf die Felder kommt.

Biologisch-dynamische Züchtung

Auf die oft gestellte Frage, worin sich biologisch-dynamische von konventioneller Züchtung unterscheidet, lässt sich am einfachsten antworten, indem man darauf hinweist, was sie *nicht* ist – zum Beispiel gentechnische Veränderung oder Hybridzüchtung. In diesem Sinne wurde eine ausführliche Charakterisierung und Bewertung verschiedener Zuchtmethoden im Verhältnis zum biologisch-dynamischen Landbau durchgeführt.[19] Ein Versuch, Ziele biologisch-dynamischer Züchtung positiv zu formulieren, findet sich im Leitbild der Assoziation biologisch-dynamischer Pflanzenzüchter.

Leitbild der Assoziation biologisch-dynamischer Pflanzenzüchter abdp

Ziele

Wir wollen Sorten für eine menschengemäße Ernährung züchten.
Wir streben eine standortbezogene Züchtung an. Damit fördern wir regionale Vielfalt.
Wir wollen nach biologisch-dynamischen Gesichtspunkten Sorten für die Bedingungen des ökologischen Landbaus züchten.
Unter «züchterischem Eingriff in die Pflanze» verstehen wir jede Selektionsentscheidung und Schaffung von Variation durch Kreuzung und Umweltgestaltung.
Wir wollen einer gemeinschaftlichen Entwicklung von Mensch, Erde und Pflanze Raum geben. [...]

Züchtungsmethodik

Ziel der angewandten Züchtungsmethoden ist die Erhaltung und Stärkung des Lebenskräfte-Organismus der Pflanze durch Diversifizierung und regionale Anpassung.
Methoden, welche die Kräfteorganisation der Pflanze nachhaltig schwächen oder schädigen, werden abgelehnt.

Als Züchtungsmethoden nutzen wir die Selektion aus der sich bildenden Vielfalt, die klassische Kreuzungszüchtung und Methoden, die aus den Grundlagen der biologisch-dynamischen Landwirtschaft entwickelt wurden.
Grundlagen für diese Züchtungsmethoden bilden substanzielle Vergleiche, morphologische Analysen auf der Basis phänomenologisch-vergleichender Betrachtung und imaginatives Anschauen der Pflanze. [...]
Quelle: www.abdp.org

Ein Idealbild biologisch-dynamischer Pflanzenzüchtung – besser gesagt biologisch-dynamischer Kulturpflanzen-Entwicklung – wird von Manfred Klett skizziert (S. 49ff.). Er spricht von dem nach innen gerichteten Bemühen, den Typus einer Pflanzenart beziehungsweise ihre übersinnliche ätherische Gestalt zu erkennen, und dem Weg nach außen, prägende Umweltbedingungen durch die Gestaltung der Landwirtschaft zu schaffen.

Der Weg nach innen führt zum Typus, zur Gestalt schaffenden Kraft, die in jedem pflanzlichen Wachstum wirkt. Die konkrete Gestalt erscheint immer als Einschränkung dieses universellen Kräftespiels. Ihre Einseitigkeiten werden bedingt durch äußere Wachstumsbedingungen wie Boden, Saattermin, Witterungsverlauf, vielleicht bis hin zu kosmischen Konstellationen, die einen Einfluss auf ätherische Kräfteverhältnisse haben. Genauso stark wirkt die Vererbung als begrenzender Faktor in der möglichen Fülle der Gestalten. Eine pflanzliche Art, zum Beispiel Weizen, ist als gestaltschaffendes Prinzip – als Typus – immer mehr als eine bestimmte Sorte, die durch die Möglichkeiten ihrer Vererbung nur einen speziellen Aspekt dieser Art repräsentiert.

Gegenüber diesem Bemühen, die Züchtung an den übergeordneten gestaltbildenden Prinzipien der Pflanzenart zu orientieren, besteht auch für den biologisch-dynamischen Züchter eine Gefahr darin, sich an ein materialistisches Denken anzupassen, das die Pflanze nur nach einzelnen «positiven» Merkmalen beurteilt. Dies entspricht dem vorherrschenden Weltbild, wonach die Pflanze als Summe von Genen gedacht wird, die in ihrer Wechselwirkung das Erscheinungsbild bis hin zu den Inhaltsstoffen (zum Beispiel dem Klebergehalt bei Weizen) bewirken. Natürlich muss man als Züchter solche Merkmale im Auge behalten, den Ertrag, um den Bauern zu befriedigen, den Klebergehalt und den Sedimentationswert (als Messgrößen für die Backqualität) um den Bäcker zu befriedigen.

Die konventionelle Züchtung, die beim Weizen 80 bis 100 Dezitonnen pro Hektar bei entsprechendem Düngerniveau erreichen will, endet bei kniehohen, standfesten Weizenpflanzen, deren Halme so sehr gestaucht sind, dass die Ähren kaum noch über die Blätter hinausragen. Wenn man die *Art* Weizen (den Weizentypus) als geistige Wirklichkeit ernst nimmt, erlebt man die Zwangsjacke, die einem solchen Pflanzenwesen angelegt wird, wenn es in diese Formen gepresst wird. Ich meine, es ist eine gesunde Reaktion, wenn man an einem niedrigen, konventionellen Weizenfeld Mitleid gegenüber den Pflanzen erlebt.

Selbstverständlich darf man als Züchter nicht bei solch einem Empfindungsurteil stehen bleiben. Im

Landwirtschaftlichen Kurs werden wir aufgefordert, die irdischen und kosmischen Kräfte im Pflanzenwachstum zu erkennen und zu unterscheiden. Diese Polarität spiegelt sich im Wachstum jeder einzelnen Pflanze wider. Das Irdische kommt stark zur Geltung, wenn sich nach der Keimung das vegetative Wachstum entfaltet. Kosmische Qualitäten, Licht, Wärme, Tages- und Jahresrhythmus, machen sich besonders deutlich bemerkbar, wenn die Pflanze zur Blüte strebt. Ein schönes Bild für die sich in Wachstum wandelnden Kräfteverhältnisse ist die Blattmetamorphose schnellwüchsiger, einjähriger Pflanzen (siehe Abbildung). In den rundlichen Formen drückt sich das irdische Prinzip aus, das Anfüllen mit irdischer Substanz. Zur Blüte hin überwiegen die Formkräfte, das Blatt erscheint fein gegliedert und wird spitz.

Aus der qualitativen Betrachtung der Pflanzengestalt, wie sie sich in dieser Metamorphose darstellt, kann man versuchen, zu den wirksamen Kräften vorzudringen, wobei sich der Typus einer Pflanzenart immer mehr mit Leben erfüllt.

Der Weg nach außen ist dadurch charakterisiert, dass man durch die Gestaltung der Landwirtschaft prägend auf die Kulturpflanzen einzuwirken versucht. Im Idealfall ist die Individualität eines biologisch-dynamischen Hofes die Quelle für neue Entwicklungsimpulse. Das Konzept, Hofsorten als Grundlage für die Züchtung zu nutzen, entspricht diesem Gedanken.

Überwiegend sind in der biologisch-dynamischen Züchtung neue Getreidesorten aber auf dem Wege der klassischen Kreuzungszüchtung entstanden. Demgegenüber ist immer wieder die Frage zu hören: Entspricht Kreuzungszüchtung (auch wenn sie auf biologisch-

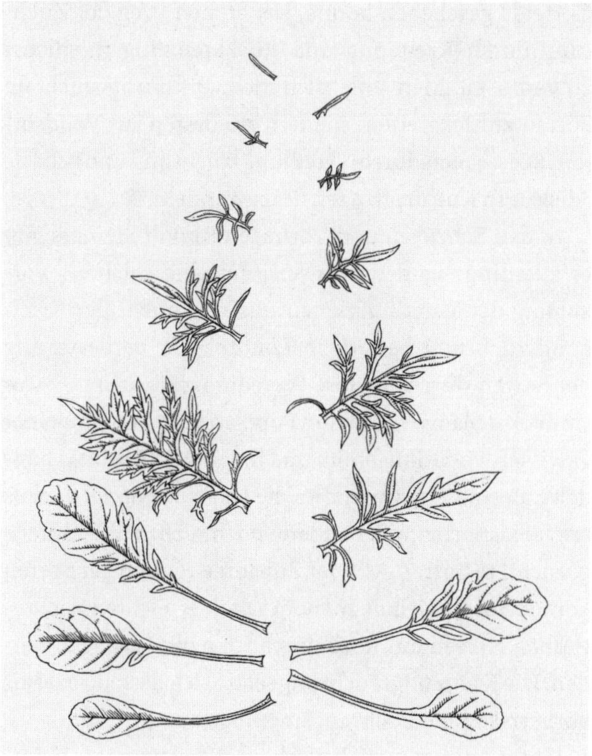

Blattmetamorphose schnellwüchsiger, einjähriger Pflanzen.

dynamischen Feldern stattfindet) dem, was Rudolf Steiner im landwirtschaftlichen Kurs im Hinblick auf die Züchtung angeregt hat?

Hierzu sind zwei ähnlich lautende Aussagen überliefert, die auf eine ablehnende Haltung gegenüber der Kreuzungszüchtung hinweisen: «Als Rudolf Steiner gefragt wurde, was gegen den – hauptsächlich durch Züchtung verursachten – katastrophalen Abbau der

Getreide geschehen könne, riet er, den Weg der Züchtung durch Kreuzung und Rückkreuzung möglichst zu verlassen. Man solle auch nicht auf hochgezüchtete Sorten zurückgreifen, sondern am besten auf Wildsorten. Diese seien durch Veredlungszüchtung und scharfe Auslese in Kulturpflanzen umzuwandeln.»[20]

In den Schriften und Vorträgen Rudolf Steiners gibt es allerdings keinen Hinweis, der eine solche Bevorzugung der Veredlungszüchtung gegenüber der Kreuzungszüchtung bestätigen könnte. Die Verbesserung der Sorten durch Auslese (Veredlungszüchtung)[21] war sinnvoll, solange es sich um Populationssorten mit einer gewissen Variationsbreite und inneren Variabilität handelte. Besonders waren dies die Landsorten, die damals noch existierten, oder andere, noch nicht völlig durchgezüchtete Sorten. Mit der Zunahme reinerbiger Sorten konnte Sortenvielfalt auf dem schon erreichten züchterischen Niveau nur noch durch Kreuzung erreicht werden. Die Kreuzungszüchtung setzte sich deshalb bald als vorherrschende Züchtungsmethode durch.

Gegen die materialistische Auffassung im Vererbungsgeschehen – die in der Hypothesenbildung bei der Kreuzungszüchtung allerdings stärker hervortritt als bei der einfachen Auslese, die sich am äußeren Phänomen orientiert – hat sich Steiner allerdings mehrfach ungewöhnlich deutlich ausgesprochen.[22] Nach seiner These wird der neu entstehende Organismus nicht aus dem mütterlichen Organismus über komplizierte Molekularstrukturen geprägt, sondern aus einem Keimpunkt gebildet, in dem sich das Leben neu mit der Materie verbindet. Dafür verwendet Steiner den Begriff «Chaos». Darin müssen wir die Ursache für das neue Leben in einem keimfähigen Samen suchen, bei dessen Bildung sich das geistige Urbild der jeweiligen Pflanzenart in der irdischen Welt manifestiert.

Demgegenüber wird naturwissenschaftlich versucht, alle Lebensvorgänge, also auch die der Vererbung, aus den Gesetzen der physischen Welt zu erklären. Von der geistigen Seite her angeschaut, wo die Lebenssphäre mit ihren eigenen Gesetzen sichtbar wird, erscheint die Vererbung in einem ganz anderen Licht. Eine Methode der Züchtung lässt sich aus der Darstellung vom «Samenchaos» allerdings nicht unmittelbar ableiten. Diese ist nur beispielhaft dafür, «dass man weiß, unter welchen Bedingungen der Weltenraum mit seinen Kräften auf das Irdische wirken kann».[23] So werden wir hingewiesen auf die kosmischen Kräfte, die das Leben auf der Erde ermöglichen, Kräfte und Wirkungen in der lebendigen Welt, die in der Praxis der biologisch-dynamischen Landwirtschaft bewusst genutzt werden können.

Auch für die Züchtung ist dieser Bereich der Lebenskräfte noch ein offenes Feld weiterer Forschung. Viele Anregungen aus dem *Landwirtschaftlichen Kurs* warten noch darauf, in die Praxis umgesetzt zu werden. Deshalb habe ich das Vertrauen, dass die biologisch-dynamische Züchtung noch Zukunftsperspektiven hat, besonders wenn sie weiterhin die Zusammenarbeit mit der praktischen Landwirtschaft sucht und aus diesen Kräften schöpfen kann.

Der Autor

Dr. Bertold Heyden, geboren 1943. Studium der Biochemie, Promotion zur Grundlagenforschung in der Molekularbiologie. 1974 Mitarbeit am C. G. Carus Institut, Niefern-Öschelbronn, 1977 Lehrer für Biologie und Chemie an der Freien Waldorfschule Überlingen-Rengoldshausen. Gründung des Vereins zur Förderung der Saatgutforschung im biologisch-dynamischen Landbau e. V. (1987) und des Keyserlingk-Instituts (1988). Seitdem Saatgutforschung und Getreidezüchtung (Weizen und Roggen) am Bodensee. Ab Herbst 2003 Anbau der neu selektierten Regionalsorten in Kooperation mit vier Bäckereien am Bodensee.

www.saatgut-forschung.de

GENETISCHE VIELFALT, GEISTIGES EIGENTUM UND SAATGUTVERKEHR

Der Rechtsrahmen

Ursula Prall

Das 20. Jahrhundert markiert einen Wendepunkt in der Geschichte der Landwirtschaft. Während über einen Zeitraum von etwa zehntausend Jahren die Tendenz zur Vielfalt und Differenzierung der Kulturpflanzen vorherrschte, schwindet mit der zunehmenden Kommerzialisierung des Saatguts der genetische Reichtum in einer Weise, die zu einer Gefahr für die landwirtschaftliche Produktivität und damit für die Ernährungssicherheit werden könnte. Rechtliche Rahmenbedingungen können diese genetische Erosion aufhalten oder weiter forcieren. Die bestehenden Regelungen haben zu einer Situation beigetragen, in der die freie Verfügbarkeit von Saatgut so weit eingeschränkt ist, dass zahlreiche Sorten gar nicht erst für den allgemeinen Anbau zur Verfügung stehen. Vor dem Hintergrund der Entstehung genetischer Vielfalt und der Problematik ihrer Erhaltung bewertet Ursula Prall die rechtliche Situation und ihre Folgen, die in vieler Hinsicht das völkerrechtliche Gebot des Schutzes und der nachhaltigen Nutzung der Biodiversität untergraben.

Biodiversität und genetische Vielfalt

«Biodiversität» ist ein im alltäglichen Sprachgebrauch recht neuer Begriff. Vielfach wird noch von «Artenvielfalt» gesprochen, wenn es etwa um Fragen des Naturschutzes geht oder auch vom «Artensterben» die Rede ist. Dieser Begriff hat bis vor etwa fünfzehn Jahren die Diskussion geprägt. Doch umfasst Biodiversität weit mehr als dieser «klassische» Begriff der Artenvielfalt. Denn Biodiversität bezeichnet «die Variabilität unter lebenden Organismen jeglicher Herkunft, darunter Land-, Meeres- und sonstige aquatische Ökosysteme und die ökologischen Komplexe, zu denen sie gehören; dies umfasst die Vielfalt innerhalb der Arten und zwischen den Arten und die Vielfalt der Ökosysteme».[1]

Einer der bemerkenswerten Aspekte dieser Definition ist die Unterscheidung in drei Ebenen der Biodiversität: Sie setzt sich zusammen aus der *Vielfalt der Ökosysteme,* der *Vielfalt zwischen den Arten* (nur diese Ebene ist das, was unter Artenvielfalt zu verstehen ist) und der *Vielfalt innerhalb der Arten.* Letzteres – die innerartliche Vielfalt – ist die genetische Vielfalt. Genetische Vielfalt ist also ein Teil der Biodiversität. Ein weiterer bemerkenswerter Punkt ist der Begriff der *Variabilität.* Er umfasst sowohl die Formenmannigfaltigkeit natürlichen Lebens als auch die Fähigkeit zur Anpassung. Biodiversität ist also nicht nur die Summe alles Vorhandenen, sondern auch die Fähigkeit zur Evolution, zur dynamischen Weiterentwicklung – also gewissermaßen das Lebenskonzept der Natur.

Biodiversitätskonvention
(Convention on Biological Diversity, CBD)

Heute sterben jährlich etwa 27 000 Arten aus – überwiegend durch menschliche Einflüsse. Der dadurch entstandene Schaden ist nicht nur auf die betroffene Art begrenzt. In einem komplexen ökologischen System kommt selbst den kleinsten Mikroorganismen eine oft bedeutende und vor allem kaum vorhersehbare Rolle bei ökologischen Prozessen zu. Jede Art, die ausgerottet wird, kann die Vernichtung weiterer Pflanzen- und Tierarten nach sich ziehen, die von ihr abhängig sind.[2]

In der Biodiversitätskonvention, die 1992 in Rio de Janeiro ausgehandelt wurde, haben sich über 180 Staaten sowie die Europäische Union zum Schutz der biologischen Vielfalt und ihrer nachhaltigen Nutzung völkerrechtlich verpflichtet. Zu den Zielen dieses Übereinkommens gehören «die nachhaltige Nutzung ihrer Bestandteile und die ausgewogene und gerechte Aufteilung der sich aus der Nutzung der genetischen Ressourcen ergebenden Vorteile, insbesondere durch angemessenen Zugang zu genetischen Ressourcen und angemessene Weitergabe der einschlägigen Technologien unter Berücksichtigung aller Rechte an diesen Ressourcen und Technologien sowie durch angemessene Finanzierung».[3] Danach sind alle lebenden Organismen vor Ausrottung oder Manipulation durch den Menschen zu schützen. Jedem Lebewesen wird ein Existenzrecht unabhängig von menschlichen Interessen zuerkannt, die sie häufig auf ihren ökonomischen Wert als biologischen oder genetischen Rohstoff reduzieren. Zugleich soll der «Biopiraterie» Einhalt geboten werden, also der Aneignung von Eigentumsrechten an genetischen Ressourcen und deren gewerblicher Nutzung zum Nachteil insbesondere der Völker des Südens, die über den größten genetischen Reichtum verfügen und diesen über Generationen hinweg gepflegt und vermehrt haben.

Die vorhandene genetische Vielfalt, die sich im Sortenreichtum ausdrückt, hat ihren Ursprung in natürlichen Ursachen und in gezielter Züchtung. Die maßgebliche natürliche Ursache ist das Rekombinationssystem von Pflanzenpopulationen: Vorhandenes genetisches Material wird durch Fortpflanzung, Mutation und natürliche Selektion neu kombiniert. Dies ist das Grundprinzip der Evolution, also der Anpassung an unterschiedliche und sich ändernde äußere Umstände. Es kann nur dann «erfolgreich» sein, wenn eine Population einen möglichst großen Genpool hat, denn für immer andere Umweltbedingungen müssen auch immer andere Eigenschaften zur Verfügung stehen.

Bei der züchterischen Bearbeitung wurden und werden diese natürlichen Prozesse durch Kreuzung und Selektion gesteuert. Ziele der Pflanzenzucht sind – und waren schon immer – eine Steigerung des Ertrags, zum Beispiel durch Herauszüchten möglichst großer Früchte (oder welcher Teil auch immer vom Menschen genutzt wird), die Sicherung des Ertrags (Resistenzen gegen Krankheiten oder Toleranzen gegen äußere Einflüsse) und Qualitätsmerkmale (Geschmack, Haltbarkeit, Nährwertkombinationen, Anbaueigenschaften und Ähnliches).

Pflanzenzucht gibt es seit etwa zehntausend Jahren, seit dem Neolithikum. Sie war bis zum Anfang des 20. Jahrhunderts theoretisch nicht untermauert; die großen Erfolge wurden durch Erfahrung und Intuition erzielt. Der große Durchbruch der modernen Pflanzenzüchtung kam erst um 1900: Zu diesem Zeitpunkt setzte sich Darwins Selektionstheorie durch, die von Mendel erkannten Vererbungsgesetze wurden wiederentdeckt und zwei weitere Theorien, nämlich die Mutationstheorie und die Theorie der reinen Linie, wurden entwickelt. Nach einem regelrechten Glaubenskrieg in der Wissenschaft wurden diese Theorien akzeptiert, und fortan bildeten sie die Grundlage einer nach wissenschaftlichen Kriterien betriebenen Pflanzenzüchtung. Gezielt und systematisch wurde nun die Verschiedenheit der Sorten genutzt; durch Einkreuzungen wurden die gewünschten Eigenschaften kombiniert und die genetische Basis der Pflanzen wurde gezielt verbreitert. Zu den klassischen Methoden von Kreuzung und Selektion treten seit etwa dreißig Jahren die gentechnologischen Methoden hinzu. Mittels Gentechnik ist es möglich, Eigenschaften unabhängig von der natürlichen Artgrenze in andere Organismen zu übertragen.

Bemerkenswert ist, dass alle Nahrungspflanzen, die heute auf unseren Einkaufszetteln stehen, bereits vor vielen tausend Jahren kultiviert wurden, entweder in der Alten oder in der Neuen Welt. Eigentlich sind keine neuen hinzugetreten – doch haben zahlreiche Arten an Bedeutung verloren oder sind ganz aus der Nutzung herausgefallen. Das Ergebnis der Jahrtausende währenden Pflanzenzüchtung ist ein immenser Sortenreichtum und ein großer Genpool, der die Entwicklung immer neuer Sorten gestattet.

Funktionelle und latente Bedeutung genetischer Vielfalt bei Kulturpflanzen

Die Bedeutung der genetischen Vielfalt ergibt sich aus zwei Komponenten, nämlich ihrer funktionellen und ihrer latenten Bedeutung.

Genetische Vielfalt hat zum einen eine ganz konkrete *funktionelle* Bedeutung am Standort Agrarökosystem. Am greifbarsten sind die Wirkungen gegen Pflanzenkrankheiten. Mit der genetischen Einförmigkeit (Uniformität) eines Feldbestandes wächst die Wahrscheinlichkeit, dass sich eine Pflanzenkrankheit auf den gesamten Bestand ausbreitet. Ist der Bestand hingegen genetisch divers, wirken diejenigen Pflanzen, die aufgrund ihrer Konstitution nicht anfällig sind, als natürliche Barrieren.

Ein eindrucksvolles Beispiel hierfür ist die Ursache der irischen Hungersnot Mitte des 19. Jahrhunderts. Sie ist darauf zurückzuführen, dass fast die gesamte Kartoffelernte von einem einzigen Erreger befallen und so zunichte gemacht wurde, mit der Konsequenz, dass circa eine Million Menschen ums Leben kam oder gezwungen war, auszuwandern. Der Erreger konnte sich in diesem Ausmaß verbreiten, weil alle angebauten Kartoffeln von maximal vier aus Südamerika eingeführten Sorten abstammten. Es gibt vergleichbare Beispiele aus jüngerer Zeit. In der heutigen industrialisierten Landwirtschaft werden fehlende Abwehrkräfte, die sich aus der genetischen Uniformität der Bestände ergeben, durch externe Einträge aufgefangen, also durch Pflanzenschutzmittel, Dünger, Bewässerung und mechanische Bodenbearbeitung. Ein nicht ausreichender Nährwert- und Vitamingehalt wird durch Zusatzstoffe kompensiert.

Die *latente* Bedeutung ergibt sich aus dem Vorsorgewert der genetischen Vielfalt. Die domestizierten Pflanzen stellen einen bedeutenden Teil des gesamten Genpools dar. Durch die Züchtung während der vergangenen Jahrtausende wurden zahlreiche sehr spezifische Eigenschaften herausgebildet, die sich nur bei den domestizierten Pflanzen finden. Wenn diese Eigenschaften verloren gehen, fehlen sie, um auf künftige Bedürfnisse reagieren zu können. Ein weiteres Beispiel mag dies illustrieren: In den 1970er-Jahren wurde die Reisernte in Indien und anderen asiatischen Ländern auf über 116 000 Hektar Ackerfläche durch einen Virus vernichtet. 17 000 Reissorten wurden untersucht, bevor man eine entsprechende Resistenz gefunden hatte und durch Einkreuzung die Verbreitung des Virus eindämmen konnte. Wäre diese eine Sorte nicht mehr vorhanden gewesen, hätte es kaum eine Möglichkeit gegeben, der Epidemie Einhalt zu gebieten. Denn auch moderne Gentechnologie ist darauf angewiesen, das von der Natur zur Verfügung gestellte genetische Material einsetzen zu können.

Gerade in einer Zeit, in der die Welt von Klimawandel, Wasserknappheit und Desertifikation bedroht ist, gleichzeitig aber der Nahrungsmittelbedarf weiterhin erheblich steigen wird, ist dieses Potenzial unverzichtbar. Es ist nicht vorhersehbar, welche genetischen Eigenschaften künftig gebraucht werden. Die Pflanzenzüchtung und die Zuverlässigkeit und Produktivität der Landwirtschaft und mit ihr die Ernährungssicherheit sind unmittelbar von der Größe des Genpools und der Verschiedenartigkeit genetischer Ressourcen als Grundlage der Züchtung neuer Sorten abhängig.

Verdrängung genetischer Vielfalt durch moderne Anbaumethoden

Nach Schätzungen der Welternährungsorganisation FAO ist die genetische Vielfalt in den letzten hundert Jahren weltweit um etwa 75 Prozent zurückgegangen.

Für Deutschland wird sogar ein noch höherer Verlust geschätzt, nämlich ein Rückgang der Diversität um circa 90 Prozent. Es besteht also bundesweit ein sehr hohes Maß an Monokulturen. Zwar werden durchaus viele verschiedene Sorten angebaut, doch sind die meisten eng verwandt, sodass es sich nur um eine Scheinvielfalt handelt – die genetische Basis insgesamt ist schmal.

Die Hauptursache für diesen dramatischen Rückgang an genetischer Vielfalt ist nach den Erhebungen der FAO darin zu sehen, dass Hochleistungssorten mit zunehmender Geschwindigkeit die althergebrachten, an spezielle Standorte angepassten und weiterhin anpassungsfähigen Landsorten aus dem Anbau verdrängen. Dieser Verdrängungsprozess begann Mitte der 1940er Jahre mit dem Beginn der Forschung an den drei Hauptenährungsfruchtarten Weizen, Mais und Reis, die auf die grüne Revolution hinauslief. Forschung und Anwendung der Ergebnisse stellten sich zunächst als Erfolgsgeschichte dar – sie wurden als eindrucksvolle Leistung moderner Agrarforschung gefeiert und Norman Borlaug, einer ihrer Hauptinitiatoren, erhielt 1970 den Friedensnobelpreis. Zum Verdienst der grünen Revolution gehört, dass in den Jahren von 1960 bis 1990 in einigen Entwicklungsländern die Weizenerträge drastisch gesteigert werden konnten. Die Anbauflächen für widerstandsfähige Sorten wurden erweitert und durch neue Sorten mit kürzerer Vegetationsdauer wurde in den Tropen oft sogar der Anbau von zwei Hauptkulturen jährlich möglich.

Die Getreideproduktion wurde dadurch zwar erheblich gesteigert. Wie sich mittlerweile zeigt, wurde jedoch das Ziel verfehlt, die Lebensbedingungen der ärmsten Menschen langfristig zu verbessern. In vielen Teilen der

Welt – vor allem in den am wenigsten entwickelten Ländern – hat sich die Ernährungssituation wegen fehlender Möglichkeiten, die erforderlichen Einträge – wie Dünger und Schädlingsbekämpfungsmittel – aufzubringen, nicht geändert. Die Uniformität der neuen Hochleistungssorten, die Standardisierung der landwirtschaftlichen Betriebssysteme und Technologien und der höhere Energie- und Chemikalieneinsatz prägen seitdem die Landwirtschaft. Lange Zeit wurde diese Form der Bewirtschaftung durch nationale Politiken, durch die FAO, durch Stiftungen, vom privaten Sektor und durch Spenden gefördert – und nicht alle Akteure haben ihre Politik geändert.

Die Standardisierungen in der Landwirtschaft haben eine Anpassung der Sorten an die regionalen Umweltbedingungen unmöglich gemacht. Hochleistungssorten werden in eine Umgebung gesetzt, die künstlich geschaffen wird. Ihnen wird keine Anpassungsleistung mehr abverlangt, diese ist sogar unerwünscht. Lieber werden die Standorte durch Einträge an die Pflanze angepasst statt umgekehrt die Pflanzen an den Standort. Ergebnis ist eine fehlende Anpassungsfähigkeit, wodurch sich keine neuen Eigenschaften herausbilden können – bei gleichzeitiger Vernichtung bereits vorhandener Eigenschaften durch Verdrängen der Sorten, die standortgerechte Eigenschaften besitzen oder sie entwickeln könnten. Damit zerstört die moderne Landwirtschaft und Pflanzenzüchtung, die zunächst als lebensrettend gefeiert wurden, ihre eigene Existenzgrundlage, ohne dass eine dauerhafte Ernährungssicherheit gewährleistet wäre. Umso drängender ist das Problem eines effektiven Schutzes der genetischen Vielfalt der Kulturpflanzen.

Methoden zur Erhaltung der Biodiversität

Für die Erhaltung der Biodiversität stehen drei Methoden zur Verfügung, nämlich Ex-situ-Erhaltung, In-situ-Erhaltung und speziell für Kulturpflanzen das sogenannte On-farm-Management.

Bei der Ex-situ-Erhaltung werden die einzelnen Bestandteile biologischer Vielfalt außerhalb des natürlichen Lebensraums konserviert, etwa in Gen- oder Samenbanken. Ihr Ziel ist die Erhaltung des ursprünglichen Zustands einer Pflanze. Nachkommen, die abweichende Merkmale zeigen, werden eliminiert. Der Vorteil dieser Methode besteht darin, dass die Bestände leicht zugänglich und in geringen Mengen jederzeit verfügbar sind; die Eigenschaften der Akzessionen (Pflanzenmuster) werden regelmäßig dokumentiert. Züchter finden hier daher vergleichsweise leicht die gewünschten Merkmale, ohne über Jahre hinweg experimentieren zu müssen. Der Nachteil ist aber, dass keine Interaktion mit der Umwelt und damit keine Anpassung an sich verändernde Bedingungen stattfindet: Ex-situ-Erhaltung ist *per definitionem* statisch.

In-situ-Erhaltung findet dagegen im natürlichen Lebensraum statt, beispielsweise in einem Naturschutzgebiet. Für Kulturpflanzen ist diese Erhaltungsform wegen des Pflege- und Bewirtschaftungsbedarfs kaum relevant; der natürliche Lebensraum domestizierter Arten ist der Acker, nicht die unberührte Natur.

Für Kulturpflanzen wurde deshalb der Begriff des On-farm-Managements geprägt. Die Erhaltung wird auf einer bewirtschafteten Fläche, im Anbau, durch Landwirte durchgeführt. Die Sorten werden dabei gepflegt und auch weiterentwickelt. Ziel des On-farm-Managements ist insbesondere die Erhaltung der natürlichen Dynamik – der Anpassungsfähigkeit – und der Anpassung an bestimmte Standorte. Der Vorteil des On-farm-Managements besteht in der Erhaltung der natürlichen Dynamik. Es wird zugelassen, dass die evolutionären Prozesse sich fortsetzen und eine Sorte sich so an regionale Standortbedingungen anpasst. Die dadurch hervorgebrachten Eigenschaften können irgendwann auch für einen breiten Anbau relevant werden. Allerdings lassen sich genetische Ressourcen aus praktischen Gründen *on-farm* nicht in jener Menge und Vielfalt erhalten, wie es *ex-situ* möglich ist. – Zusätzlich wird beim On-farm-Management in den Blick genommen, was mit den – oft etwas ungewöhnlichen – Produkten gemacht werden kann und welche Nischenmärkte sich für solche «Spezialitäten» finden lassen.

Für die Erhaltung domestizierter genetischer Vielfalt ist keine Methode der anderen überlegen, sondern es müssen sowohl Ex-situ-Methoden als auch On-farm-Management zum Einsatz kommen und sich ergänzen. Der Trend ist allerdings, dass man in erster Linie auf das «Archivieren» in Genbanken setzt und die Erhaltung am natürlichen (bewirtschafteten) Standort vernachlässigt.

Die genetische Vielfalt der Kulturpflanzen ist trotz ihrer hohen Bedeutung massiv bedroht. Hauptursache ist deren Verdrängung. Um dem entgegenzuwirken, muss die Nutzung gestärkt werden. Das Erhaltungsziel besteht nicht darin, einen *status quo* zu bewahren. Vielmehr geht es darum, Dynamik auch in der Zukunft zu ermöglichen. Ein Rechtssystem, das die genetische Vielfalt der Kulturpflanzen schützt, muss daher Anreize zur Nutzung setzen.

Schutzvorgaben des Völkerrechts

Was die völkerrechtlichen Vorgaben betrifft, sind zum einen die *Biodiversitätskonvention (CBD)* und der *Internationale Vertrag über pflanzengenetische Ressourcen für Ernährung und Landwirtschaft (ITPGR)* zu berücksichtigen. Beide Verträge sind geltendes Völkerrecht und im Einklang miteinander umzusetzen. Dies ist auch das erklärte Ziel beider Verträge. Zum anderen spielen auch die Abkommen über geistige Eigentumsrechte eine Rolle, nämlich das *Internationale Übereinkommen zum Schutz von Pflanzenzüchtungen (UPOV)* und das *TRIPS*-Übereinkommen der WTO *(Übereinkommen über handelsbezogene Aspekte der Rechte des geistigen Eigentums)*.

Biodiversitätskonvention und Internationaler Vertrag über pflanzengenetische Ressourcen

Die *Biodiversitätskonvention (CBD)*, die neben der Klimarahmenkonvention auf der Weltumweltkonferenz in Rio de Janeiro 1992 angenommen wurde, trat schon im Dezember 1993 in Kraft. Sie hat etwa 180 Vertragsparteien und ist damit eine der «erfolgreichsten» Umweltkonventionen überhaupt. Ihre Zielsetzung und ihr Instrumentarium sind umfassend. Ziele sind die Erhaltung der Biodiversität, die nachhaltige Nutzung ihrer Bestandteile und der gerechte und ausgewogene Ausgleich der sich aus der Nutzung ergebenden Vorteile.

Im Unterschied zu anderen internationalen Naturschutzinstrumenten zielt die Biodiversitätskonvention somit nicht auf den Schutz einzelner Arten oder Lebensräume, sondern hat einen umfassenden, das gesamte «System Biodiversität» schützenden Ansatz. Zur Zielerfüllung enthält sie ein ganzes Pflichtenbündel –

die Vertragsparteien sind dazu aufgefordert, alle nur denkbaren Maßnahmen zu ergreifen: Neben Planungsgeboten, Ordnungsrecht und Anreizinstrumenten werden etwa die Öffentlichkeitsarbeit, die Forschung und Ausbildung und der Erfahrungsaustausch berücksichtigt. Zwei Punkte sollen hier hervorgehoben werden:

- Alle Pflichten müssen in ein stimmiges Gesamtsystem gebracht werden. Mit vereinzelten Maßnahmen oder mit Ausnahmen ist die Querschnittsaufgabe «Schutz der Biodiversität» nicht zu bewältigen.
- Das Pflichtenpaket umfasst auch die Aufgabe, die bestehende Rechtslage auf ihre Vereinbarkeit mit den Zielen der Konvention zu überprüfen und sie gegebenenfalls anzupassen. Die Bedeutung gerade dieses Punktes wird sich in der folgenden Betrachtung noch zeigen.

Die Erfüllung der Pflichten erfolgt im Spannungsfeld von Erhaltung und Nutzung – denn dass Biodiversität genutzt werden muss, ist selbstverständlich, steht aber in einem gewissen Widerspruch zum Erhaltungsgebot. Durch das qualifizierende Gebot der «nachhaltigen» Nutzung soll ein Ausgleich geschaffen und dieser Widerspruch überwunden werden – also eine Erhaltung trotz (nachhaltiger) Nutzung. In Hinblick auf Kulturpflanzen besteht, wie dargelegt, ohnehin kein Widerspruch, da hier eine Erhaltung gerade *durch* Pflege und Weiterentwicklung (Nutzung) erreicht wird.

Der *Internationale Vertrag über pflanzengenetische Ressourcen (ITPGR)* mit zurzeit etwa siebzig Vertragsparteien wurde Ende 2001 im Rahmen der FAO beschlossen und trat 2004 in Kraft. Seine Ziele entsprechen denen der Biodiversitätskonvention, beziehen sich aber nur auf pflanzengenetische Ressourcen für Ernährung und Landwirtschaft, also nur auf einen Ausschnitt dessen, was Biodiversität ausmacht und was von der CBD abgedeckt wird. Der Pflichtenkatalog des ITPGR ist um einiges konkreter, was sich aus dem spezifischeren Regelungsgegenstand ergibt, und auf diesen bezogen auch umfassend. Er enthält etwa die Entwicklung angemessener Politiken und Gesetzgebung, Monitoring (Überwachung), Inventarisierung, Verbreiterung der genetischen Basis, Förderung des Gebrauchs genetischer Vielfalt und lokaler Arten und Sorten und die Förderung der On-farm-Nutzung.

Sowohl Deutschland als auch die EU sind Vertragsstaaten beider völkerrechtlicher Verträge. Durch die EU abgeschlossene völkerrechtliche Verträge sind Bestandteil der Gemeinschaftsrechtsordnung; sie sind für die Organe der Gemeinschaft und für die Mitgliedstaaten verbindlich. In Deutschland haben beide Verträge den Rang einfacher Bundesgesetze.

Für die Ziele der Erhaltung und nachhaltigen Nutzung enthalten aber weder die Biodiversitätskonvention noch der ITPGR Vorschriften, die Einzelpersonen verpflichten. Daher müssen die Vorgaben in entsprechende Vorschriften – Gesetze, Rechtsverordnungen et cetera – umgesetzt werden. Unabhängig von der bindenden Wirkung der völkerrechtlichen Abkommen besteht aber auch durch das Gemeinschaftsprimärrecht (dem EG-Vertrag) und für Deutschland aus dem Grundgesetz eine Schutzpflicht. Denn auch domestizierte Pflanzen fallen eindeutig in den Schutzbereich von Artikel 20a GG, der zum Schutz der Umwelt eingeführt wurde.[4]

Internationales Übereinkommen zum Schutz von Pflanzenzüchtungen

Das *Internationale Übereinkommen zum Schutz von Pflanzenzüchtungen (UPOV)* bezieht sich ausschließlich auf den Schutz von Pflanzensorten. Die Verhandlungen zu diesem Übereinkommen wurden 1961 abgeschlossen. 1968 trat es in Kraft und wurde 1972, 1978 und 1991 revidiert. Es hat 59 Mitgliedstaaten und bildet die völkerrechtliche Grundlage der Sortenschutzgesetze der Vertragsparteien. Kernstück ist die Verpflichtung der Vertragsparteien, unter den im Vertrag festgelegten Voraussetzungen dem Züchter einer Pflanzensorte ein Schutzrecht einzuräumen und hieran einen bestimmten Schutzumfang zu knüpfen.

TRIPS-Abkommen

Das TRIPS-Abkommen,[5] das im Rahmen der WTO das Recht des geistigen Eigentums umfassend regelt, trat 1994 in Kraft. Sein Ziel ist, ein international anerkanntes Minimum an starken Standards für das Recht am geistigen Eigentum zu schaffen. TRIPS verlangt, dass Patente für Erfindungen auf allen Gebieten der Technik erhältlich sein müssen. Dabei besteht die Möglichkeit, Pflanzensorten, Pflanzen, Tiere und im Wesentlichen biologische Züchtungsverfahren vom Patentschutz auszuschließen. Mikroorganismen und mikro- beziehungsweise nicht biologische Züchtungsverfahren dürfen aber nicht ausgenommen werden. Wenn Pflanzensorten keinem Patentschutz unterliegen sollen, müssen sie durch ein wirksames anderes Sui-generis-System schützbar sein – ein solches System «eigener Art» ist etwa das Sortenschutzrecht nach dem UPOV. EU und Deutschland sind Vertragsparteien beider Abkommen und damit zur Erfüllung der Vorgaben verpflichtet.

Das Verhältnis zwischen den völkerrechtlichen Verträgen

Das Verhältnis zwischen völkerrechtlichen Verträgen ist strittig; in der Normenhierarchie sind sie gleichrangig. Was also, wenn ihre Ziele und ihr Instrumentarium nicht zu vereinbaren sind und die Grundsätze über die Anwendbarkeit (Spezialitätsgrundsatz, Vorrang des späteren Rechts und Ähnliches) zu unsinnigen Ergebnissen führen?

Ein solcher Konflikt ist aufzulösen, indem praktische Konkordanz hergestellt wird. Die Abkommen sind in miteinander harmonisierender Weise auszulegen, sodass weder Widersprüche noch akute Konflikte entstehen. Das Spannungsverhältnis muss von Fall zu Fall unter Beachtung der in beiden Instrumenten enthaltenen Wertentscheidungen aufgelöst werden. Mit anderen Worten: Wenn ein Schutz geistiger Eigentumsrechte nur auf Kosten der Biodiversität möglich ist, muss hier ein Mittelweg (etwa über Ausnahmeregeln) gefunden werden, der das Erreichen beider Ziele erlaubt – und auch umgekehrt.

Nachhaltige Nutzung als Zielsetzung

Die maßgebliche Schutzvorgabe der Biodiversitätskonvention und des ITPGR ist die «nachhaltige Nutzung» der genetischen Vielfalt der Kulturpflanzen. In der Biodiversitätskonvention, die eine Legaldefinition[6] enthält, entspricht nachhaltige Nutzung in Anlehnung an die berühmte Brundtland-Definition[7] der «Nutzung von Bestandteilen in einer Weise und in einem Ausmaß, die nicht zum langfristigen Rückgang der biologischen

Vielfalt führt, wodurch ihr Potenzial erhalten bleibt, die Bedürfnisse und Wünsche heutiger und künftiger Generationen zu erfüllen». Ziel muss daher sein, durch eine nachhaltige Nutzung der Kulturpflanzen die Erhaltung ihrer gesamten genetischen Vielfalt zu bewirken. Da dieses Maximalziel sehr hoch gesteckt ist, kann es abgeschichtet werden:

- *Erste Abschichtungsstufe:* Schutzanstrengungen, die auf eine sinnvolle Kombination von Ex-situ- und On-farm-Maßnahmen gerichtet sind, und zwar bezogen auf ein möglichst breites Spektrum.
- *Zweite Abschichtungsstufe:* Es müssen jedenfalls Anstrengungen zum Schutz solcher Arten und Sorten unternommen werden, die wegen Unternutzung besonders bedroht sind und deren Bestand dadurch akut gefährdet ist.
- Als *Minimalziel* muss alles, was nicht staatlicherseits veranlasst ist, sondern auf privater Initiative beruht, ermöglicht und ermutigt werden und darf nicht mit Risiken, Verboten oder kontraproduktiven Anreizen belastet werden.

Diese Ziele müssen mithilfe der in der Biodiversitätskonvention und im ITPGR vorgesehenen Instrumente von den Vertragsparteien verwirklicht werden, wobei ein wirksamer und durchsetzbarer Schutz geistiger Eigentumsrechte an Pflanzensorten oder Pflanzenzüchtungsverfahren gewährleistet sein muss.

Allerdings müssen die Vertragsparteien ihre Pflichten nur erfüllen, soweit dies *möglich* und sofern es *angebracht* ist. Die Anforderung ist damit natürlich sehr unbestimmt. Doch aus der hohen Bedeutung genetischer Vielfalt der Kulturpflanzen lässt sich ein Maßstab ableiten: Angebracht ist, was dieser Bedeutung entspricht. Diese Bedeutung ergibt sich aus der Ernährungssicherheit heute und zukünftig – und das ist eindeutig ein sehr hoher Wert. Das Gegengewicht besteht im Aufwand und in den Kosten, die zur Erhaltung nötig sind. Doch zahlen diese sich bei langfristiger Betrachtung aus – und eine Alternative ist nicht ersichtlich.

Der an die Pflichterfüllung anzulegende Maßstab muss daher schon heute sehr streng sein, damit das Potenzial der genetischen Vielfalt für die Zukunft erhalten bleibt und auch künftige Generationen – eben im Sinne des Nachhaltigkeitsgrundsatzes – ihre Bedürfnisse befriedigen können.

Daraus ergibt sich als Fazit: Maßgebliche völkerrechtliche Schutzvorgabe ist die Pflicht zur nachhaltigen Nutzung der genetischen Vielfalt, was bei Kulturpflanzen Schutz durch Nutzung bedeutet. Nachhaltige Nutzung heißt für die genetische Vielfalt der Kulturpflanzen, dass sie in voller Breite durch Nutzung zu erhalten ist und dass dieses Maximalziel nicht durch Risiken, Verbote oder kontraproduktive Anreize vereitelt werden darf. An die Pflichterfüllung ist ein strenger Maßstab anzulegen.

Der Schutz geistiger Eigentumsrechte darf dabei aufgrund anderer völkerrechtlicher Vorgaben nicht vernachlässigt werden. Er darf aber nicht zu einem Konflikt mit den Zielen der Biodiversitätskonvention und des ITPGR führen.

Umsetzung der völkerrechtlichen Vereinbarungen im europäischen und nationalen Recht

Um zu prüfen, wie die EU und Deutschland ihre völkerrechtlichen Verpflichtungen bislang umgesetzt haben, sollen hier nur das *Sortenschutzrecht* und das *Saatgutverkehrsrecht* in den Blick genommen werden. Auf diesen Rechtsgebieten besteht Übereinstimmung zwischen den Vorgaben des EU-Rechts und nationalem Recht, weshalb eine Beschränkung auf die Darstellung der nationalen Vorschriften möglich ist. Auch das *Recht der Handelsklassen* ist von unmittelbarer Relevanz.

Diese Rechtsgebiete sind die einzigen, die sich unmittelbar auf Pflanzensorten beziehungsweise Saatgut und Erzeugnisse beziehen. Sie sind daher von besonderem Interesse. Von mittelbarer Relevanz sind darüber hinaus noch Vorgaben, die positive ökonomische Anreize schaffen (Agrarumweltmaßnahmen), andere geistige Eigentumsrechte (Patente, Marken, geografische Herkunftsangaben), das Naturschutzrecht und das Gentechnikrecht. Ihre Bedeutung ist aber weitaus geringer.

Zielsetzungen von Saatgutverkehrs- und Sortenschutzrecht und deren Verhältnis

Das *Sortenschutzgesetz* ist ein Instrument des gewerblichen Rechtsschutzes. Es gewährt dem Schutzrechtsinhaber ein geistiges Eigentumsrecht; nur er ist zur Verwertung berechtigt. Das Ziel ist, einen Innovationsanreiz für das Züchten neuer Sorten zu setzen, indem es eine Verwertung durch Dritte nur über Lizenzen und Ähnlichem als Belohnung für den Pflanzenzüchter vorsieht. Der Züchter kann aber auch – wenn er will – auf ein Sortenschutzrecht *verzichten;* es steht zu seiner Disposition.

Das *Saatgutverkehrsgesetz* dagegen ist ein Instrument des Ordnungsrechts.[8] Sein Ziel ist es, den Saatgutverbraucher vor schlechtem Saatgut beziehungsweise «schlechten Sorten» zu schützen. Sein Hauptinstrument ist eine Eröffnungskontrolle: Nur anerkanntes Saatgut zugelassener Sorten darf in den Verkehr gebracht werden. Das Saatgutverkehrsrecht steht nicht zur Disposition der Adressaten; auf seine Anwendung kann *nicht verzichtet* werden.

Trotz dieser sehr unterschiedlichen Zielsetzungen sind die beiden Gesetze eng verwandt; in Deutschland waren sie bis 1968 in einem Gesetz zusammengefasst.

Bedeutung des Sortenschutzrechts für den Schutz der genetischen Vielfalt der Kulturpflanzen

Durch das Sortenschutzgesetz als Instrument des gewerblichen Rechtsschutzes wird ein ausschließliches, vermarktbares Nutzungsrecht für Gegenstände verliehen, die schutzfähig sind. Es gibt also einen Anreiz, Pflanzensorten mit bestimmten Eigenschaften zu züchten, die die Voraussetzungen der Schutzfähigkeit erfüllen. Im Prinzip weist das Sortenschutzrecht damit ein erhebliches Potenzial auf, zum Schutz der genetischen Vielfalt beizutragen, denn durch die ausschließliche Vermarktbarkeit wird Pflanzenzucht wirtschaftlich attraktiv und regt zur *Nutzung dieser Vielfalt* an.

Ob dieses Schutzpotenzial tatsächlich genutzt wird, hängt davon ab, welche konkreten Innovationsanreize gesetzt werden. Für den Züchter sind unter kommerziellen Gesichtspunkten nur solche Eigenschaften interessant, durch die eine Pflanzensorte schutzfähig wird. Dies ist nach dem Sortenschutzgesetz der Fall, wenn sie von anderen Sorten *unterscheidbar* ist, wenn sie *homogen* sowie *beständig* und *neu* ist.

Eine Sorte ist *unterscheidbar,* wenn sie sich in der Ausprägung wenigstens eines maßgebenden Merkmals von jeder anderen am Antragstag allgemein bekannten Sorte deutlich unterscheiden lässt. Die Unterscheidbarkeit dient der genauen Bestimmung des Schutzgegenstands. Nur wenn er klar abgrenzbar ist, ist der Schutz des geistigen Eigentums sinnvoll, denn dieser wäre sonst weder durchsetzbar noch zu rechtfertigen. Uneinigkeit bestand eine ganze Weile bezüglich der Frage, ob nur ein wirtschaftlicher und funktioneller Wert als maßgebendes Merkmal zu betrachten ist. Mittlerweile herrscht Klarheit, dass dies nicht der Fall ist: «Maßgebend» ist ein Merkmal, das in botanischer Hinsicht die Unterscheidbarkeit gewährleistet. Es reicht also ein rein strukturelles, «funktionsloses» Merkmal aus.

Homogen ist eine Pflanzensorte, wenn sie – abgesehen von Abweichungen aufgrund der Besonderheiten ihrer Vermehrung – in der Ausprägung der für die Unterscheidbarkeit maßgebenden Merkmale hinreichend einheitlich ist. Dies dient der «Zuverlässigkeit» hinsichtlich der Ausprägung ihrer Eigenschaften. Diese sollen in jeder einzelnen Pflanze durchschlagen. Die Sorte soll also in sich gleichartig sein und jede Pflanze einer Sorte soll wie die andere sein. Wichtig ist dies zum Beispiel bezüglich agrartechnischer Eigenschaften wie gleiche Halmlänge, gleiche Reifezeit, gleiche Qualität der Ernteprodukte und ähnliche. In den einschlägigen Richtlinien ist höchst detailliert vorgeschrieben, wie groß – genau genommen wie klein – die Anzahl der Abweichler sein darf.

Beständigkeit besteht bei einer Pflanzensorte, wenn sie in der Ausprägung der für die Unterscheidbarkeit maßgebenden Merkmale nach jeder Vermehrung unverändert bleibt. Beständigkeit ist Homogenität auf Dauer.

Die Sorte soll während der gesamten Zeit, in der das Schutzrecht existiert, die «Ausgangseigenschaften» aufweisen. Der Schutzrechtsinhaber ist daher verpflichtet, Erhaltungszüchtung zu betreiben, also Veränderungen der Sorte zu unterbinden.

Der Sortenschutz hat eine Laufzeit von 25 Jahren. In diesem Zeitraum ist allein der Schutzrechtsinhaber berechtigt, Vermehrungsmaterial der Sorte zu erzeugen, aufzubereiten und in den Verkehr zu bringen. Das Sortenschutzrecht erstreckt sich auch auf Sorten, die im Wesentlichen von der geschützten Sorte abgeleitet sind, also nur so unwesentlich verändert wurden, dass es unbillig wäre, das Ausgangsschutzrecht zu vernachlässigen. Außerdem verpflichtet es Landwirte, die im eigenen Betrieb Saatgut einer geschützten Sorte nachbauen, Lizenzgebühren zu zahlen. Diese 1997 mit der Änderung des deutschen Sortenschutzgesetzes erfolgte Aufhebung des sogenannten Landwirteprivilegs, das den freien Nachbau erlaubt hatte, hat zu einigem Aufruhr geführt.

Sorten, die nicht neu, unterscheidbar, homogen und beständig sind, sind nicht schutzfähig. Sinngemäß gilt dies auch für das Patentrecht, soweit es anwendbar ist (Verfahrenspatente). Die Voraussetzungen der Schutzfähigkeit von Pflanzensorten sind damit auf Hochleistungssorten zugeschnitten, wohingegen anpassungsfähige Landsorten, die sich dynamisch weiterentwickeln, typischerweise nicht schutzfähig sind – sie sind zwar als Pflanzengemeinschaft unterscheidbar, aber ihre einzelnen Exemplare sind nicht homogen und beständig. In diesem Bereich, in dem der Sortenschutz nicht greift, ergeben sich «Schutz-» und damit «Anreizlücken» für den Züchter.

Das hohe Schutzpotenzial, das das Sortenschutzrecht aufweist, wird nicht ausgeschöpft. Vielmehr setzt es einen kontraproduktiven Anreiz , denn es begünstigt die Züchtung solcher Sorten, deren Einsatz dem Schutz der genetischen Vielfalt höchst abträglich ist. Diese Sorten führen zur Verdrängung der genetisch diverseren, kleinräumig angepassten und vor allem weiterhin anpassungsfähigen Sorten.

Problematisch ist vor allem die Angepasstheit der schutzfähigen Sorten an teilweise künstlich herbeigeführte Standortbedingungen auf Kosten der Anpassungsfähigkeit. Je stärker eine Population an ihre Umgebung angepasst ist, desto geringer ist ihre Anpassungsfähigkeit im Zuge evolutionärer Entwicklung und desto größer ihre Abhängigkeit von ganz bestimmten Umweltbedingungen. Entscheidend für ihre Anpassungsfähigkeit ist die genetische Diversität innerhalb einer Population, und eine solche Diversität wird insbesondere durch Homogenität und Beständigkeit unterbunden. Der Genpool einer solchen uniformen Population ist für eine Anpassungsleistung zu klein; das natürliche Rekombinationssystem der Pflanzen kommt nicht zur Entfaltung. Für die Züchtung anders strukturierter Sorten hingegen winkt keine Belohnung.

Bedeutung des Saatgutverkehrsrechts für den Schutz der genetischen Vielfalt der Kulturpflanzen

Das Saatgutverkehrsrecht regelt, ob das Saatgut einer Sorte gehandelt werden darf. Davon hängt ihre Nutzung ab, denn in der Regel kann ein Landwirt nur Saatgut aussäen, das auf dem Markt erhältlich ist. Die Genehmigungsvoraussetzungen, die eine Sorte erfüllen muss, sind also entscheidend für ihre Verfügbarkeit. Dem Saatgutverkehrsrecht inhärent ist damit – anders als beim Sortenschutzrecht – von vornherein die Tendenz, die Nutzung genetischer Vielfalt zu verhindern.

Saatgut darf nur in den Verkehr gebracht werden, wenn es anerkannt ist. Zwingende Voraussetzung der Saatgutanerkennung ist die Zulassung der Sorte, daneben wird die Qualität des Saatguts überprüft. Sortenzulassungsvoraussetzungen sind Unterscheidbarkeit, Homogenität, Beständigkeit und der landeskulturelle Wert der Sorte. Eine Sortenzulassung gilt für zehn Jahre und kann verlängert werden. Die Voraussetzungen müssen durchgehend erfüllt werden, da die Zulassung andernfalls vom Bundessortenamt aufgehoben werden muss. Dies führt zur Erhaltungszüchtung anstelle der dynamischen Weiterentwicklung einer Sorte.

Die Begriffe Unterscheidbarkeit, Homogenität und Beständigkeit werden im Saatgutverkehrsrecht genauso ausgelegt wie im Sortenschutzrecht. Hinzu tritt das Erfordernis des *landeskulturellen Werts*. Dieses Kriterium ist erfüllt, wenn die Sorte in der Gesamtheit ihrer wertbestimmenden Eigenschaften gegenüber den zugelassenen vergleichbaren Sorten – zumindest für die Erzeugung in einem bestimmten Gebiet – eine deutliche Verbesserung für den Pflanzenbau, die Verwertung des Ernteguts oder die Verwertung aus dem Erntegut gewonnener Erzeugnisse erwarten lässt. Einzelne ungünstige Eigenschaften können durch andere günstige Eigenschaften ausgeglichen werden. Eigenschaften in diesem Sinne sind zum Beispiel das Ertragsniveau, bestimmte Resistenzen, Toleranzen oder Verarbeitungseigenschaften. Deren Begutachtung und Bewertung durch das Bundessortenamt ist in detailliertester Weise geregelt. Nicht berücksichtigt werden dabei ökologisch sinnvolle Eigenschaften wie zum Beispiel die berühmte Beikraut-(Unkraut-)Toleranz oder eben auch die Breite der genetischen Basis. Solche Eigenschaften können auf Antrag des Züchters geprüft werden und fließen auch in die Bewertung der Sorte ein – aber sie sind keine Voraussetzung der Wertprüfung.

Die Tatbestandsvoraussetzung «landeskultureller Wert» führt dazu, dass circa 85 Prozent der angemeldeten Sorten nicht für den Handel zugelassen werden und damit für die Nutzung nicht zur Verfügung stehen. Obst- und Gemüsesorten müssen diese Voraussetzung allerdings nicht erfüllen.

Auf europäischer Ebene gibt es seit 1998 spezielle Vorschriften für Sorten, an deren Erhaltung ein besonderes Interesse besteht, weil sie von «genetischer Erosion» bedroht sind. Sie werden unter dem Begriff *Erhaltungssorten* geführt. Seit Juni 2008 liegt endlich auch die entsprechende Durchführungsrichtlinie vor. Die Anforderungen an die Kriterien der Homogenität, der Unterscheidbarkeit und der Beständigkeit *können* geringer sein als bei «normalen» Sorten; an die Stelle des landeskulturellen Werts tritt die Voraussetzung, dass die Erhaltung der pflanzengenetischen Ressourcen «von Interesse» sein muss, was nicht näher definiert wird.

Saatgut von Erhaltungssorten darf aber nur in begrenzten Mengen und nur in der Ursprungsregion der jeweiligen Sorte gehandelt werden. Weiterhin nicht erfasst ist damit das Saatgut neu gezüchteter und/oder «dynamischer» Sorten – es geht nur um die Erhaltung von Bestehendem, nicht um Weiterentwicklung. Saatgut neuer

Sorten bleibt damit auch unter diesen Sondervorschriften von einer Vermarktbarkeit ausgeschlossen.

Insgesamt kommt das hohe Verhinderungspotenzial des Saatgutverkehrsrechts voll zur Geltung. Wie das Sortenschutzrecht lässt es nur solche Sorten in den Anbau gelangen, die die Ursache der Verdrängung der Landsorten darstellen. Anders als dieses setzt es jedoch nicht nur keinen Anreiz zum Züchten anderer Sorten, auf den verzichtet werden könnte, sondern es statuiert ein ausdrückliches Verbot der Vermarktung von Saatgut solcher Sorten, die die Voraussetzungen der Sortenzulassung nicht erfüllen, ohne dass es hierfür einen plausiblen Grund gäbe.

Ziel des Saatgutverkehrsrechts ist eine Versorgung der Landwirtschaft mit ausreichenden Mengen hochwertigen Saatguts. Dessen Wert setzt sich zusammen aus der Saatgutqualität, etwa in Hinblick auf die Keimfähigkeit, und aus den Eigenschaften der Sorte, die für «wert» oder «unwert» befunden werden. Es mag sein, dass das Saatgutverkehrsgesetz zur Zeit seines Entstehens notwendig war, doch heute kann man davon ausgehen, dass sich diese Ziele auch mit den üblichen marktwirtschaftlichen Mechanismen und ohne ein Verbot erreichen lassen. Die derzeitigen Regelungen sind nicht erforderlich und schon deshalb verfassungsrechtlich problematisch.

Noch bedenklicher ist aber eine Verschiebung des Problems, das heute nicht mehr primär beim Verbraucherschutz liegt, sondern im Rückgang der genetischen Vielfalt der Kulturpflanzen. Die derzeitigen Restriktionen, die für Pflanzenzüchter und für Landwirte Eingriffe in die Berufsfreiheit darstellen, sind daher nicht nur ungerechtfertigt, sondern es ist sogar geboten, eine

Rechtslage zu schaffen, die die Nutzung eines möglichst großen Teils der genetischen Vielfalt der Kulturpflanzen erlaubt.

Handelsklassenverordnungen

Neben dem Saatgutverkehrsrecht gibt es als weiteres ordnungsrechtliches Instrument, das aber nicht beim Vermehrungsmaterial, sondern beim Erzeugnis ansetzt, für etwa 35 Obst- und Gemüsearten auf EU-Ebene Handelsklassenverordnungen. Sie setzen Mindeststandards bezüglich äußerer Merkmale, zum Beispiel für die Größe, die Einheitlichkeit, den Frischegrad und die Schalenbeschaffenheit. Die einzelnen Früchte müssen diese Anforderungen erfüllen, um handelbar zu sein.

Die Nutzung genetischer Vielfalt in der Landwirtschaft wird selbstverständlich von betriebswirtschaftlichen Überlegungen gesteuert. Es wird nur das angebaut, was auch vermarktet werden kann. Einschränkungen der Vermarktbarkeit, die mit der Beschaffenheit der Erzeugnisse zu tun haben, führen daher fast zwangsläufig auch zu Einschränkungen der Vielfalt im Anbau.

Zwar gelten die Anforderungen der Handelsklassenverordnungen nur für Erzeugnisse, die frisch an den Endverbraucher abgegeben und nicht weiterverarbeitet werden. Daher fallen Sorten, die den Anforderungen nicht entsprechen, nicht automatisch aus der Nutzung. Es ergeben sich aber dennoch Schwierigkeiten für Ernteerzeugnisse, die etwa aus dem On-farm-Management stammen und im Rahmen einer Regionalmarkenvermarktung verkauft werden sollen. Das Recht der Handelsklassen für Obst- und Gemüsearten stellt sich damit ebenfalls als Hürde für die Nutzung genetischer Vielfalt dar.

Fazit

Als Fazit ergibt sich, dass die derzeitige Rechtslage der Nutzung genetischer Vielfalt der Kulturpflanzen schwere Riegel vorschiebt:

- Das Sortenschutzgesetz setzt einen kontraproduktiven Anreiz, nämlich zum Züchten genetisch uniformer Sorten.
- Das Saatgutverkehrsgesetz geht noch weiter, denn es verbietet sogar, dass genetisch diverse Sorten in Verkehr gebracht werden. Auch die Sondervorschriften für Erhaltungssorten werden nur für einen sehr kleinen Teil der genetischen Vielfalt die Handelbarkeit und damit deren Nutzung ermöglichen.
- Schließlich haben auch die Handelsklassenverordnungen eine – wenn auch deutlich weniger weitgehende – einschränkende Wirkung auf die Nutzung der genetischen Vielfalt der Kulturpflanzen.

Es wird also nicht einmal das minimale Leitbild einer nachhaltigen Nutzung der genetischen Vielfalt der Kulturpflanzen erreicht.

Bilanz und Ausblick

Der Rechtsrahmen für den Umgang mit Saatgut ist von Restriktionen geprägt, die die Zugänglichkeit von Saatgut für die Verbraucher einschränken. Dies leistet der Verdrängung zahlreicher Sorten aus dem Anbau Vorschub – und zwar ganz unabhängig vom Willen des Verbrauchers, der normalerweise zwischen verschiedenen Gütern die Wahl hat und nach seinen *eigenen* Beweggründen entscheiden darf. Mag das Sortenschutzrecht sowohl als Anreiz- als auch als Belohnungsinstrument noch berechtigt sein, so wurde mit dem Saatgutverkehrsrecht ein Verbot geschaffen, das dem völkerrechtlichen Gebot der Erhaltung und nachhaltigen Nutzung der Biodiversität widerspricht.

Die neuen EU-Vorgaben sind ein Schritt in die richtige Richtung, brechen dem Problem aber allenfalls die Spitze ab. Enttäuschend ist vor allem, dass kein neues, eigenständiges Modell entwickelt wurde, sondern man sich voll und ganz an Vorhandenes angelehnt und der Entwicklung neuer Sorten keinerlei Raum gegeben hat. Wenig einleuchtend sind die regionalen und mengenmäßigen Beschränkungen. Es wurde die Chance vertan, eine grundlegende Überprüfung des Regelungsregimes nach Notwendigkeit und Wirkung vorzunehmen und Konsequenzen zu ziehen.

Die Autorin

Dr. Ursula Prall, geboren 1968, Studium der Rechtswissenschaften, Promotion über den Schutz der genetischen Vielfalt von Kulturpflanzen im internationalen, europäischen und nationalen Recht. Seit 2004 Rechtsanwältin in Hamburg mit Tätigkeitsschwerpunkt im Bereich des Umweltrechts (Erneuerbare Energien).

ERNÄHRUNG UND SAATGUTQUALITÄT

Petra Kühne

Wirtschaftlichkeitserwägungen dominieren im Zeitalter industrieller Anbaumethoden mehr denn je. Welche Eigenschaften einer Pflanze angezüchtet oder mithilfe gentechnischer Verfahren eingebaut werden, richtet sich heute überwiegend nach agronomischen Merkmalen, den sogenannten *traits*. Von Ernährungsqualität oder Geschmack ist in den Geschäftberichten und Pressemitteilungen der Saatgutunternehmen keine Rede, stattdessen werden Verbesserungen bei Ertragsmenge, Anbaueigenschaften und Stresstoleranz hervorgehoben.
Die Skepsis gegenüber der Gentechnik hat bei vielen Verbrauchern ein neues Bewusstsein für Nahrungsqualität geweckt, das sich auch auf Aspekte wie Sortenvielfalt, Ursprung und Vitalkräfte der Lebensmittel erstreckt. Petra Kühne macht deutlich, warum gesunde Ernährung mehr ist als das Zuführen bestimmter Nährstoffmengen und welche Bedeutung der Saatgutqualität und dem Sortenreichtum zukommt.

Saatgut und Verbraucherbewusstsein

Der Kampf von Verbrauchern und Landwirten um die Kartoffelsorte Linda ist manchem noch in Erinnerung. Eine beliebte Kartoffelsorte sollte 2005 in Deutschland vom Markt verschwinden. Die Saatgutfirma Europlant zog als Sortenschutzinhaber die Zulassung vorzeitig zurück, weil man Linda als Konkurrenz zu einer neuen Sorte betrachtete, die man einführen wollte. Es gab empörte Proteste. Das Unternehmen blieb jedoch unbeeindruckt und ließ nichts unversucht, um die Sorte aus dem Verkehr zu ziehen. Doch selbst die Beschlagnahmung des vorhandenen Saatguts wie auch eine Klage gegen das Bundessortenamt blieben vergeblich. Linda darf seit 2009 wieder angebaut werden.

Als Linda Schlagzeilen machte, merkten viele Verbraucher zum ersten Mal, dass der Umgang mit dem Saatgut nicht nur eine Bedeutung für Landwirte hat, sondern sich auf die Erhaltung einer Sorte bis hin zur Verfügbarkeit bestimmter Lebensmittel auswirkt. Diese Einsicht war nur dadurch möglich, dass Kartoffeln beim Verkauf nach Sorten unterschieden werden.

Bei einer anderen Pflanzenart bliebe für den Verbraucher der Verlust einer Sorte wohl unbemerkt. Denn dass es verschiedene Brokkoli- oder Blumenkohlsorten gibt, ist ihm selten bewusst. Erst wenn er einmal einen besonders schmackhaften Blumenkohl bekommt, stellt sich für ihn die Frage nach der Sorte, die er auch beim nächsten Einkauf gerne wieder hätte. Zwar hat der Handel Blumenkohl ständig im Angebot, aber jedes Exemplar kann anders schmecken.

Eine Auszeichnung der Sorte, wie sie bei Äpfeln und Kartoffeln üblich ist, fehlt bei den meisten Gemüse- und Obstsorten. Dies war in früheren Zeiten anders. Damals war die Auswahl geringer und es gab nur regionale Produkte. Seitdem haben sich nicht nur die Handelsstrukturen, es hat sich auch die Sortenzüchtung verändert.

Zwar tauchen immer wieder Erzeugnisse auf, die sich deutlich von den bekannten unterscheiden – zum Beispiel der Superschmelz-Kohlrabi, der durch seine

Größe hervorsticht, oder violette Möhren und gelbe Zucchini. Dass es sich dabei um neue Sorten handelt, ist eigentlich sichtbar. Doch selbst Geschmacksunterschiede werden meist auf die Anbaumethode und nicht auf Neuzüchtungen zurückgeführt. Erst durch die Gentechnik entstand ein Bewusstsein für die Möglichkeit, Sorteneigenschaften durch züchterischen Einfluss gezielt zu steuern. Plötzlich wurde deutlich, dass alle Fragen der Lebensmittelqualität mit dem Angebot an Saatgut zusammenhängen.

Doch woher sollten Verbraucher Kenntnisse über Gemüsesorten und Saatgut haben? Der Bevölkerung ist die Landwirtschaft fremd geworden. In Deutschland leben 88 Prozent der Menschen in Städten, in der Schweiz 68 Prozent. Die Städter kennen ihre Lebensmittel teilweise nur als Fertiggerichte oder Tiefkühlprodukte. Allenfalls schauen sie auf das Bio-Siegel, wenn sie auf Produkte aus ökologischem Anbau Wert legen und Gentechnik vermeiden wollen. Dass die Wahl des Saatguts aber den ersten Schritt für die Ausprägung der Lebensmittelqualität bedeutet, ist den wenigsten bewusst.

Nur ein kleiner Teil der Verbraucher hat eine engere Beziehung zur Lebensmittelerzeugung. Sie besitzen einen Garten, in dem sie Obst und Gemüse selber anbauen. Hier findet noch eine direkte Begegnung mit dem Saatgut statt. Man kauft entweder Pflanzgut oder die beliebten Samentütchen per Katalog oder im Gartencenter. Meist achtet man auf Eigenschaften wie Keimfreudigkeit, Resistenz gegen Krankheiten oder guter Ertrag. Kriterien, die die Ernährungsqualität betreffen, sind als Merkmale selten aufgeführt. Erst das Angebot von Bio-Saatgut hat viele Menschen auch dafür sensibilisiert.

Nährwerte als stoffliche Qualität

Nicht nur Verbraucher, auch Ernährungsfachleute unterschätzen die Bedeutung der Samenqualität und der Sortenwahl für die Lebensmittelqualität. Üblicherweise wird die Güte eines Lebensmittels anhand der Nährstoffe wie Eiweiß, Fette, Kohlenhydrate, Vitamine, Mineralstoffe oder sekundäre Pflanzenstoffe bewertet. Wenn man in Nährwerttabellen nachschlägt, findet man dort eine Mengenangabe des jeweiligen Nährstoffs – zum Beispiel 1,8 Milligramm des Vitamins Niacin beim Kohlrabi.[1] Doch warum steht in einer älteren Ausgabe der Wert 1,0 mg?[2] Hat sich der Vitamingehalt innerhalb weniger Jahre fast verdoppelt?

Keineswegs, denn diese Abweichung erklärt sich daraus, dass der Mittelwert bei 1,8 mg liegt und Variationen zwischen 1,0 bis 2,6 mg möglich sind.[3] Es gibt also keinen festen Nährstoffwert, sondern es liegt eine Streuung vor, die aufgrund vieler Analysen zu einem Mittelwert zusammengefasst wird. Die Variationsbreite entspricht der biologischen Vielfalt des Kohlrabis, die durch Sortenunterschiede, Anbau-, Klima- und Standortbedingungen zustande kommen können. Der angegebene Mittelwert verschweigt, wie differenziert ein Lebensmittel in seinen Nährstoffen sein kann, und führt zu einem eher statischen, abstrakten Umgang mit den Nährwerten eines Lebensmittels. Der eingespielte Umgang mit Nährwerttabellen, deren Zahlen Genauigkeit suggerieren, kann somit nicht nur zu falschen Schlüssen über den tatsächlichen Nährstoffgehalt führen, er verhindert auch die Wahrnehmung von Sortenunterschieden und der biologischen Streuung.

Dabei gibt es Beispiele, wo solche Nährstoffunterschiede zwischen einzelnen Sorten durchaus bekannt sind. So differiert der Vitamin-C-Gehalt bei Apfelsorten beträchtlich. Es gibt einen Mittelwert für «Äpfel» von 12 mg Vitamin C pro 100 g mit einer Variation von 3 bis 25 mg.[4] Da täglich 100 mg Vitamin C empfohlen werden, macht es schon einen beträchtlichen Unterschied, ob ein Apfel von etwa 100 g nun 25 Prozent oder nur drei Prozent des Tagesbedarfs an Vitamin C deckt. Dies erschließen die Nährwerttabellen nicht. Sie führen selbst bei Ernährungsfachleuten zu einem abstrakten Umgang mit Lebensmitteln, bei dem zwar die Art des Lebensmittels, nicht aber die Sorte und Herkunft beachtet wird.

Vitamin-C-Gehalt verschiedener Apfelsorten (pro 100 g)[5]

Vitamin-C-reiche Sorten	Gehalt	Vitamin-C-arme Sorten	Gehalt
Ananasrenette	21,1 mg	Cox Orange	10,5 mg
Ontario	20,6 mg	Golden Delicious	8,0 mg
Wintergoldparmäne	18,1 mg	James Grieve	6,8 mg
Boskop	16,4 mg	Morgenduft	3,6 mg
weißer Klarapfel	15,3 mg	Belfort	2,9 mg

Ein stärkeres Sortenbewusstsein könnte helfen, die Bedeutung des Saatguts zu erkennen und ihm einen grundlegenden Qualitätseinfluss zuordnen.

Das Denken in Nährwerten

Diese Art der Qualitätserfassung, die sich ausschließlich am Nährstoffgehalt orientiert, gibt es erst seit gut 150 Jahren. Davor waren Nährstoffe im heutigen Sinne überhaupt nicht bekannt. Alte Ernährungssysteme wie

Kein Apfel gleicht dem anderen: Nicht nur im Geschmack, auch im Nährstoffgehalt äußert sich der Sortenunterschied.

Ayurveda (seit 5000 Jahren) und die im 20. Jahrhundert wiederentdeckte Hildegard-Ernährung (aus dem 12. Jahrhundert) zeigen ganz andere Zugangswege zu Lebensmitteln als die heutige Naturwissenschaft. So gibt es bei der traditionellen chinesischen Ernährung die Qualitätskriterien «warm» und «kalt», die sich nicht auf die Temperatur der Lebensmittel oder Speisen beziehen, sondern auf die seelische Wirkung des Lebensmittels und deren Rückwirkung auf den Körper.

In Europa lehrte Hildegard von Bingen, dass den Nahrungsmitteln eine «Grünkraft» *(viriditas)* innewohnt, die aus dem Kosmos einstrahlt. Sie findet sich selbstverständlich auch im Samen, dem zukünftigen Saatgut. Grundlage dieser Ernährungs- und Gesundheitslehre war, dass Kosmos und Mensch aus den vier Elementen Erde, Wasser, Luft und Feuer gestaltet sind. Im Menschen als Abbild des Kosmos wirken diese vier Elemente mit den zugehörigen Kräften und Ordnungsprinzipien des Weltalls. Aus dem Mittelalter kennt man auch Darstellungen, wo der Mikrokosmos Mensch gegenüber dem Makrokosmos Weltall abgebildet ist. Hildegard von Bingen erlebte diese Kräftebeziehungen in ihren Visionen.

Die Naturwissenschaft im 16. und 17. Jahrhundert wandte sich konsequent von diesen Anschauungen ab. Sie wurden von den Menschen nicht mehr erlebt und daher als theoretisch empfunden. Jetzt galten die mit den Sinnen gemachten Erfahrungen als Maßstab, dasjenige, was man messen, wiegen und zählen konnte. So wurden ab dem 17. Jahrhundert nach und nach die chemischen Elemente entdeckt, im 19. Jahrhundert die drei Haupt-

Zeit	**Geschichte der Ernährungswissenschaft in Europa**
4./5. Jh. vor Chr.	Ganzheitliche Lebensführung *(dieta)* durch Hippokrates.
12. Jh. nach Chr.	Jede Nahrung enthält eine Lebenskraft *(viriditas)*, die auch aus dem Kosmos auf uns einströmt (Hl. Hildegard).
15./16. Jh.	Verwertung der Nahrung erfolgt durch die geistige Grundlage (Paracelsus).
16./17. Jh.	Beginn der Neuzeit – Untersuchung des Körpergewichts nach den Mahlzeiten (Sanctorius).
18./19. Jh.	Entdeckung der chemischen Elemente: Stickstoff (1772), Sauerstoff (1775), Kohlenstoff (1775), Wasserstoff (1781), Kalzium (1808), Jod (1813). Erforschung der Vorgänge von Atmung und Verbrennung (Antoine Laurent de Lavoisier) sowie von Verdauungsabläufen.
19. Jh.	Entdeckung der drei Hauptnährstoffe (François Magendie), Energiestoffwechsel und Nährstoffe (Justus von Liebig), erste Nährstoffempfehlungen (Carl von Voit, 1875).

nährstoffe Eiweiß, Fette und Kohlenhydrate und erst im 20. Jahrhundert die Vitamine, die essenziellen Fettsäuren und die bioaktiven Substanzen wie Aroma- und Farbstoffe. Damit wurde die Lebensmittelqualität gänzlich auf das Stoffliche zurückgeführt. Lebenskräfte wie die Grünkraft Hildegards wurden verneint. So spricht man heute nicht mehr von Vitalkräften, sondern von Vitalstoffen, also solchen, die Vitalität vermitteln sollen.

Der weitere entscheidende Schritt war, die Stoffe in Beziehung zu den Lebewesen Pflanze, Tier und Mensch zu setzen. So entstand die «Pflanzenernährung», in der Nährstoffe als Dünger zugefügt wurden. Die menschliche Ernährung versteht man als eine Stoffübertragung vom Lebensmittel in den Menschen. Der Mensch wird wie eine zu versorgende Maschine gesehen, zum Beispiel müssen «die Eisenspeicher durch eisenreiche Nahrung aufgefüllt werden». Die ernährende Wirkung erklärt man durch die physikalische Energie (als Brennwert in Kalorien). Der Mensch erscheint so als ein stoffliches Wesen, das durch Stoffe ernährt wird. Seine Lebendigkeit, Empfindsamkeit und Selbstbewusstheit führt man auf das Materielle zurück.

1875 gab es die erste rein stofflich orientierte Ernährungsempfehlung, das «Voit'sche Kostmaß».[6] Damit wurde der Wert der Lebensmittel in Nährstoffen gemessen und diese wurden als Grundlage des menschlichen Körpers angesehen. Zwar musste das Kostmaß schon bald revidiert werden, weil die Eiweißempfehlung viel zu hoch war, aber seitdem werden Nährstoffempfehlungen für eine gesunde Ernährung gegeben. Sie finden heute bereits Eingang in die Qualitätsstandards beispielsweise der Schulverpflegung.

Seitdem ist das Denken in Nährstoffkategorien bestimmend für die Ermittlung der Qualität von Lebensmitteln und ihrer Bedeutung für den Menschen, der sogenannten Ernährungsqualität. Die Folge ist eine Trennung vom Empfinden der Nahrung und dem Wissen über das Lebensmittel. Dies führt nicht zuletzt deshalb zu Problemen, weil die Menschen essen, um Genuss oder Geschmack zu erleben, aber nicht, um sich irgendwelche Nährstoffe zuzuführen, die teilweise dem sinnlichen Erleben oder Genießen kaum oder gar nicht zugänglich sind, wie etwa Vitamine. Hier zeigt sich also ein Bruch zwischen der Nährstofflehre, dem tatsächlichen Empfinden des Essens und der Wirkung von Lebensmitteln.

Ganzheitliche Betrachtung der Lebensmittel

Ein Ansatz zu einer erweiterten Betrachtung der Lebensmittelqualität über das Liefern von Nährstoffen hinaus ergibt sich, wenn man die verschiedenen Stufen der Qualitätserzeugung und -veränderung mit einbezieht. Dies setzt voraus, dass Qualität nicht als absolute Größe vorhanden ist, sondern in der Beziehung zwischen Mensch und Lebensmittel entsteht. Dieser Qualitätsansatz geht von der Entstehung und Veränderung der Lebensmittel durch die natürliche Anlage (Saatgut), von den Umweltbedingungen (Wetter, Licht, Luft, kosmische Einflüsse) und von der menschlichen Tätigkeit aus.

Die erste Stufe wäre die Auswahl der Art des Lebensmittels, also zum Beispiel die Entscheidung für Blumenkohl oder Brokkoli. Beide Gemüse gehören zu den Kohlgewächsen, unterscheiden sich aber im Wachstum, im Aussehen, im Geschmack, im Aroma et cetera. Dies entspricht der biologischen Qualität. An nächster Stelle kommen bereits das Saatgut und die Sorte. Die Saatgutqualität beeinflusst Keimfähigkeit, Wachstum, Reifung der Pflanze wie auch erwünschte oder unerwünschte Eigenschaften, die den Blumenkohl oder den Brokkoli modifizieren. Die folgende Stufe betrifft die Anbauqualität, bei der durch die Art der Landwirtschaft entsprechende Prägungen der Pflanzen erfolgen. Hier wäre zwischen konventionellem und ökologischem Landbau zu unterscheiden bis hin zu einzelnen Pflegemaßnahmen und ihren Auswirkungen auf die Pflanzen. Eine weitere Stufe der Qualitätsausprägung erfolgt bei der Verarbeitung. Hier spricht man auch von Prozessqualität. Es handelt sich um Maßnahmen wie Lagerung, Abpackung, aber auch Garverfahren, Konservierung oder Zurichten für eine Weiterverarbeitung. Abschließend wird das Lebensmittel zubereitet und verzehrt (Zubereitungsqualität).

Auf allen Stufen verändert der Mensch durch seine Arbeit, also durch Kulturleistung, die Lebensmittel in ihrer ursprünglich von der Natur vorgegebenen Qualität. Er schafft Werte oder vernichtet auch welche – je nach Maßnahme. Die Saatgutqualität steht dabei am Anfang dieser Wertschöpfungskette bis zum verzehrfertigen Lebensmittel. Eine mangelhafte Qualität kann hierbei die gesamte Lebensmittelqualität negativ beeinflussen, wie auch umgekehrt ein optimales Saatgut die Qualität in positiver Weise beeinflusst.

Entscheidend ist bei diesem Qualitätsansatz immer der Mensch: Er verändert durch seine Auswahl und Tätigkeit die Gesamtqualität. Immer sind es Menschen, die auf der jeweiligen Qualitätsstufe aktiv sind und damit Bedingungen für ihre Ausprägung setzen. So ist es auch bei der Saatgutqualität. Es sind Menschen, die mit ihren Zuchtzielen und der Auswahl der Methoden für Zucht und Vermehrung eine bestimmte Saatgutqualität entstehen lassen. Die Verwendung dieses Saatguts ist wiederum von Entscheidungen des Landwirts abhängig. In letzter Instanz entscheidet der Verbraucher, ob er das entsprechende Lebensmittel kauft oder darauf verzichtet.

Qualitätsstufen von Lebensmitteln

biologische Qualität	→	Pflanzenart
Saatgutqualität	→	Sortenwahl
Erzeugungsqualität	→	Art der Landwirtschaft
Verarbeitungsqualität	→	Verarbeitung, Lagerung, Konservierung
Zubereitungsqualität	→	Zubereitung in Küche, Restaurant, Kantine

Nach dieser Beschreibung, auf welchen Stufen das Lebensmittel verändert wird, sozusagen seiner «Biografie», besteht der nächste Schritt darin, einen Wertmaßstab zu finden, um diese Wertschöpfung im Hinblick auf die Ernährung zu beurteilen. Die Nährstoffmethode wurde bereits vorgestellt. Sie ermöglicht, stoffliche Veränderungen zu erfassen, die auf den einzelnen Qualitätsstufen auftreten, wie zum Beispiel eine Verminderung des Vitamingehalts. Um diese stoffliche Qualitätserfassung zu erweitern, ist es erforderlich, den Menschen in den Blick zu nehmen, dessen Ernährungsbedürfnisse durch die Lebensmittel gedeckt werden sollen. Was braucht der Mensch für seine Ernährung außer Nährstoffe?

Wenn wir uns zu einer Mahlzeit an den Tisch setzen, was erwarten wir vom Essen? Es soll unsere Sinne ansprechen, appetitlich aussehen, gut riechen und schmecken, nicht zu heiß oder zu kalt sein und die richtige Konsistenz aufweisen. All diese Wahrnehmungen erfolgen über die Sinne, also durch Auge, Nase, Mund, Wärmesinn und sogar Ohr. Sie sind sehr wichtig für die Ernährung, denn wenn etwas nicht stimmt, verlässt uns der Appetit, es steigt vielleicht sogar Ärger hoch – immer reagiert die Seele. Diese seelischen Eindrücke über unsere Sinne wirken auch im Unbewussten des Stoffwechsels weiter. Dort werden die entsprechenden Verdauungssäfte bereitgestellt – ganz gezielt nach den vermittelten Geschmackswahrnehmungen. Die Wirkungen der Sinneseindrücke sind so stark, dass man von einer Ernährung über die Sinne sprechen kann, denn diese sind aufbauend und ernährend.

Neben diesen Sinnesempfindungen beim Essen gibt es Reaktionen des Stoffwechsels: So tritt nach einiger Zeit eine Sättigung auf, ein Gefühl der Zufriedenheit oder auch der Unzufriedenheit breitet sich aus. Bei einer Unzufriedenheit fehlt etwas bei der Mahlzeit, ein Mangel wird erlebt. Manchmal wird dann eine Süßigkeit verzehrt, die die Seele beruhigt, aber nicht den eigentlichen Mangel abstellt. Oft fehlt es an einer ausreichenden Anregung des Stoffwechsels. Der Mensch nimmt die Nahrung schließlich nicht unverändert in sich auf, sondern er baut sie ab, reagiert auf sie mit eigener Aktivität. Das Essen bietet Widerstand und regt den Stoffwechsel und die Organe zur Eigentätigkeit an.

Ein Grund für eine unzureichende Anregung des

Stoffwechsels kann in zu geringen oder zu einseitigen Lebenskräften gesehen werden. Dies kann durch das Wachstum der Pflanze bedingt sein, denn sie entsteht in einer Wechselwirkung mit der Umwelt, mit dem Wetter, mit Luft und Licht und bildet ihre Wachstums- und Reifekräfte entsprechend aus. Es kann aber auch eine ungenügende Saatgutqualität vorliegen, die der Pflanze das artgemäße Wachstum nicht ausreichend ermöglicht. Je artgemäßer und differenzierter sie sich entfalten kann, umso frischer, vitaler oder ausgereifter steht sie als Nahrung zur Verfügung. Dies wirkt beim Essen auf den Menschen – gewandelt durch die Prozesse der Verarbeitung und Zubereitung.

körperlicher Bedarf	**Nährstoffe wie Eiweiß, Fette, Kohlenhydrate, Vitamine etc.**
vitale Bedürfnisse	Vitalität der Nahrung, Frische, Reife
seelische Bedürfnisse	Gemeinsames Essen, Esskultur, Prestige
sensorische Bedürfnisse	Aussehen, Geschmack, Geruch, Konsistenz der Nahrung
geistige Bedürfnisse	Wertvorstellungen, Wirkung auf die geistige Verfassung

In dieser Beschreibung sind mehrere Ernährungsbedürfnisse des Menschen zu erkennen: Der Körper braucht Nährstoffe, die Seele verlangt nach Eindrücken. Dazu tritt das Bedürfnis nach Anregung der Eigenvitalität. Dieses soll durch die Lebenskräfte der Nahrung erfüllt werden. All diese Bedürfnisse im stofflichen, vitalen, seelisch-empfindungsmäßigen werden ergänzt durch geistige Bedürfnisse, die zum Beispiel kulturell geprägt sind. Darauf basieren Ernährungsgewohnheiten, Traditionen und Wertvorstellungen. Die ideale Ernährung würde darin bestehen, all diese Bereiche mit der Nahrung zu umfassen.

Aufgrund des Wissens von diesen menschlichen Ernährungsbedürfnissen kann das Nahrungsangebot weitergehend beurteilt werden. Doch in welcher Weise werden die Sinne, die innere Lebendigkeit, die Seele und geistige Bedürfnisse ernährt?

Die große Bedeutung sensorischer Einflüsse ist deutlich. Es ist nicht nebensächlich, dass eine Tomate schmackhaft ist. Bereits ihr Geschmack wirkt anregend auf die Verdauungsaktivität, noch bevor die Substanz selbst im Darm angekommen ist. Fehlt ein arttypisches Aroma oder ist es nur schwach ausgeprägt, stellt sich auch keine seelische Zufriedenheit ein. Der Mensch fühlt sich nicht richtig satt und nicht ausreichend ernährt. Auf Dauer können solche Lebensmittel sogar Übergewicht begünstigen.

Ebenso spielt die Vitalität und Reife der Pflanzen eine Rolle. Aromen bestehen aus einer Vielzahl von Einzelsubstanzen, die erst gemeinsam wirken. Daher kommt es nicht auf deren Menge, sondern auf eine differenzierte Ausprägung an. Solche Vitalkräfte lassen sich auch durch Verarbeitung und Zubereitung verändern. So ist ein roher Weißkohl recht vital, aber möglicherweise gerade deshalb wenig bekömmlich. Kocht und würzt man ihn entsprechend, verliert er an ursprünglicher Vitalität, wird aber gerade dadurch verdaulicher und bekömmlicher. Auch das Aroma kann sich durch den Garprozess verstärken.

Nicht zuletzt nehmen die geistigen Bedürfnisse des Menschen einen Platz in einer umfassenden Ernährung ein. Ein Vegetarier möchte keine Fleischspeisen essen, andere Menschen lehnen gentechnisch veränderte

Lebensmittel ab. Diese geistigen Bedürfnisse entstehen durch Bildung und Beschäftigung mit der Lebensmittelqualität. So kann auch ein Bewusstsein für das Saatgut dazu beitragen, dass solche geistigen Bedürfnisse zur Bevorzugung einer bestimmten Saatgutqualität führen.

Sicherlich kann und will sich nicht jeder Verbraucher mit all diesen Qualitätsaspekten beschäftigen. Aber für Ernährungsfachleute stellt dieses Wissen eine Möglichkeit umfassender Beratung dar.

Ziele der Züchtung

Für Landwirte oder Händler steht die Bedeutung der Pflanzenzüchtung außer Frage. Für die Mehrzahl der Verbraucher ist es jedoch nicht immer sichtbar oder erfahrbar, dass die Pflanzenzüchtung im 20. Jahrhundert enorme Fortschritte gemacht hat und alte Sorten den heutigen Ansprüchen nicht mehr genügen. Dies liegt daran, dass die Züchtungsziele vielfach den Anbau, den Ertrag oder die Resistenz (Abwehrkraft zum Beispiel gegenüber Schädlingen) betreffen, nicht aber die Ernährungsqualität. So wurden beispielsweise Möhren auf einheitliche Größe gezüchtet oder es wurden Tomaten mit einer festeren Schale gezüchtet, um die Transportfähigkeit zu verbessern. Andere Züchtungsmerkmale, wenn sich zum Beispiel das Aussehen und der Geschmack verändert haben, sind mit den Sinnen erfahrbar.

Eine deutliche Veränderung stellt das züchterische Entfernen oder Vermindern unerwünschter Substanzen dar. So sind heute fast alle Schlangengurken frei von Bitterstoffen an den Enden. Dies schätzen viele Verbraucher, denn bei Gemüse ist der bittere Geschmack wenig beliebt. Allerdings haben solche Züchtungserfolge manchmal ganz unerwartete Nachteile. So weisen diese bitterfreien Gurken zwar einen lieblicheren Geschmack auf, aber die Gallentätigkeit wird nicht mehr durch die Bitterstoffe angeregt. Die Folge ist, dass empfindliche Menschen solche Gurken schlechter vertragen und vermehrt aufstoßen müssen. Ein anderes Beispiel sind grüne Bohnen. Früher mussten bei ihnen vor dem Kochen die Fäden an der Seite entfernt werden. Heute verstehen junge Leute den entsprechenden Hinweis in den Kochbüchern nicht mehr, denn die meisten Bohnensorten sind fadenfrei. Es gibt nichts mehr zum Abziehen. Solche Veränderungen dienen der einfacheren Zubereitung (technische Qualität) und nur mittelbar der Ernährungsqualität.

Leider können manche Veränderungen als Nebeneffekt auch zu einem schwächeren Geschmack oder zu sehr festen Früchten führen, die auch während der Lagerung nicht weich werden. Solche Früchte eignen sich für längere Transporte und verderben nicht so schnell im Supermarktregal, doch die Auswirkungen auf die sensorische Qualität sind ungünstig und für den Verbraucher ergeben sich keine Vorteile.

Fettsäuremuster von Sonnenblumenölen

Öl	gesättigte Fettsäuren*	einfach ungesättigt (Ölsäure)*	zweifach ungesättigt (Linolsäure)*	Vitamin E
Sonnenblumenöl	12 %	23 %	65 %	50 mg
High-oleic-Sonnenblumenöl	10 %	80 %	10 %	50–55 mg

*Anteil vom Gesamtfett

Andere Züchtungserfolge ermöglichen erst den Verzehr bestimmter Pflanzen. Raps konnte früher aufgrund bestimmter Inhaltsstoffe nur in kleinen Mengen als Speiseöl verwendet werden und war zudem wegen seines kratzigen Geschmacks wenig beliebt. Im Zweiten Weltkrieg wurde es wegen Fettknappheit trotzdem verwendet. Ältere Verbraucher lehnen es bis heute ab, weil sie es mit der damaligen Qualität gleichsetzen. Seit der Entwicklung der 00-Sorten gelten diese Vorbehalte nicht mehr, doch der Rapssamen ist nicht mehr derselbe. Die beiden Nullen stehen für Erucasäure und Glucosinolate, die früher Bestandteil des Rapssamens und Rapsöls waren. Glucosinolate sind für einen kratzigen Geschmack verantwortlich und die Erucasäure begrenzte die Verträglichkeit des Rapsöls. Das Züchtungsziel bestand darin, diese beiden unerwünschten Substanzen zu entfernen. Dadurch wurde Rapsöl erst genusstauglich. Heute zählt es zu den meistverwendeten Ölen in Deutschland.

Ähnliches gelang mit Sonnenblumensamen. Im Sonnenblumenöl ist eine Omega-6-Fettsäure, die Linolsäure, vorherrschend. Diese mehrfach ungesättigte Fettsäure ist zwar essenziell für den menschlichen Stoffwechsel, aber sie ist auch hitzeempfindlich. Deshalb sollte Sonnenblumenöl zum Beispiel nicht zum Braten verwendet werden. Durch Züchtung hat man bei speziellen Sonnenblumensorten den Anteil an Linolsäure verringert und stattdessen den einer einfach ungesättigte Fettsäure, der Ölsäure (Omega-9-Fettsäure), erhöht. Dieses sogenannte High-oleic-Sonnenblumenöl verträgt nun höhere Temperaturen bei der Zubereitung und wird als «Bratöl» verkauft. Es hat aber ein anderes Fettsäuremuster. Selbstverständlich haben sich dadurch auch die ernährungsphysiologischen Eigenschaften verändert. Bei solchen Veränderungen muss abgeschätzt werden, wie sie sich auf die Ernährungsqualität auswirken. Da die Ölsäure ernährungsphysiologisch als wertvolle Fettsäure gilt, wird diese High-oleic-Züchtung positiv gesehen, zumal sie auch den Einsatzbereich in der Zubereitung erweitert.

Neben der Veränderung verarbeitungstechnischer Eigenschaften bei den genannten Neuzüchtungen von Bohnen, Raps und Sonnenblumen ergeben sich spezifische Züchtungsziele auch für die jeweilige Art der Landwirtschaft. Beim ökologischen oder biologisch-dynamischen Landbau stellen sie sich anders dar als beim konventionellen Landbau. So sollen die Pflanzen im ökologischen Landbau ohne Mineraldünger und Biozide wachsen. Dies erfordert anderes Saatgut als im konventionellen Anbau.

Die erweiterten Ansprüche bei der Nahrungsqualität ergeben ebenfalls andere Züchtungsziele. Es kommt nicht nur auf einzelne Nährstoffe an, die Pflanze soll auch ihre vitalen Kräfte vielseitig ausprägen und gut ausreifen. Ein wichtiges Züchtungsziel ist beispielsweise ein arttypischer Geschmack, eine Eigenschaft, die der Verbraucher sofort bemerken kann. Viel zu wenig wurde bisher auf arttypische Vitalität und Reifequalität der Pflanzen gezüchtet. Voraussetzung dafür ist, dass die Umweltbedingungen nach den arttypischen Bedürfnissen der Pflanze gestaltet werden. Dies stärkt die Vitalkräfte der Pflanze in harmonischer Weise, ohne einseitige Ausprägung einzelner Merkmale.

Auswirkungen der Züchtungsmethode auf die Ernährungsqualität

Ein Züchtungsziel lässt sich oft nur mit einer bestimmten Methode erreichen. Klassische Methoden der Züchtung sind das Auswählen (Selektieren) der geeigneten Pflanzen aus einem Bestand oder das Kreuzen zweier verschiedener Pflanzensorten mit ausgewählten Erbanlagen (Kreuzungszüchtung). Hybridzüchtung ist eine spezielle Art der Kreuzungszüchtung, die mit Inzucht arbeitet.

Während die Frage nach dem Einfluss einer Methode auf die Nahrungsqualität bisher kaum Beachtung fand, wird sie im Zusammenhang mit der Gentechnik zunehmend diskutiert. Nur mit ihrer Hilfe kann das Einkreuzen artfremder Gene gelingen. Indem Artgrenzen überschritten werden, erfolgt eine Veränderung der Pflanze, wie sie auf natürlichem Weg nicht möglich ist. Auf gentechnisch verändertes Saatgut wird im ökologischen Anbau gänzlich verzichtet, es wird im konventionellen Landbau allerdings zunehmend verwendet.

Bei Nahrungsunverträglichkeiten können sich durch den Verzehr gentechnisch veränderter Pflanzen Probleme ergeben. Ein Allergiker rechnet üblicherweise nicht damit, dass er mit einer bestimmten Pflanze das Gen einer anderen zu sich nimmt, auf die er mit Unverträglichkeit reagiert. Daher müssen gentechnische Veränderungen wie bei Weizen, der mit einem Paranuss-Gen versehen wurde, deutlich deklariert werden.

Weitere Probleme könnten von der DNA in der Nahrung ausgehen, wenn sie bei der Verdauung nicht vollständig zerlegt wird. Proteine werden beispielsweise bis zur Peptidstufe und weiter zu den Bausteinen der Proteine, den Aminosäuren, abgebaut. Auch die Nahrungs-

DNA muss abgebaut und inaktiviert werden. Dieser Abbauprozess beginnt mit der Magensäure, die die fremde Erbsubstanz chemisch angreift. Danach wird von der Bauchspeicheldrüse ein spezielles Enzym, die Desoxyribonuklease, in den Zwölffingerdarm abgesondert, das die Nahrungs-DNA zu Nukleotiden abbaut. Ferner produzieren die Dünndarmzellen das Enzym Nukleosidase, um die Nukleotide weiter in Nukleoside und Phosphorsäure zu trennen und damit die biologische Wirksamkeit der fremden DNA zu zerstören.

Der Körper ist also bestrebt, die fremde Erbsubstanz in der Nahrung auszuschalten. Wissenschaftler weisen darauf hin, dass dieser Abbau bei keiner Substanz vollständig möglich ist. Ein Rest teilweise verdauter DNA von etwa fünf Prozent befindet sich noch im Dünndarm. Inwieweit DNA-Bruchstücke von gentechnisch veränderten Lebensmitteln einen negativen Einfluss auf den menschlichen Stoffwechsel haben können – gerade bei Menschen, die an Unverträglichkeiten oder Darmkrankheiten leiden – ist bisher nicht untersucht.

Einen weiteren Einfluss können die Methoden der Gentechnik auf die Vitalität und Ausgewogenheit der Lebenskräfte von Kulturpflanzen ausüben. Die Pflanze ist ein Organismus, der ganzheitlich reagiert. Die Veränderung des Genoms durch Einfügung eines fremden Gens wirkt sich daher auf die ganze Pflanze aus und betrifft nicht nur eine bestimmte Eigenschaft. Dies hat eine Rückwirkung auf den Menschen, der beim Verdauen die Strukturen und Substanzen der Nahrung «abtastet», um den passenden Abbauprozess einzuleiten. Dadurch erfährt der Stoffwechsel eine spezielle Aktivierung. Man könnte von einer Schlüssel-Schloss-Wirkung sprechen.

Die arttypische Vitalität und Reifung der Pflanze ist ein positives Kriterium für Ernährungsqualität. Wenn man sie als Vorbild nimmt, hätte eine Vereinseitigung der artgemäßen Lebenskräfte der Pflanze durch einen gentechnischen Eingriff eine Wirkung auf die menschliche Stoffwechselaktivität. Sie würde in geringerem und einseitigerem Maße durch diese Nahrungspflanze angeregt werden.

Spezielle Zuchtziele, die mit der Gentechnik erreicht werden, wie das Implantieren eines Terminator-Gens (S. 250ff.), das die Fortpflanzung beim Nachbau verhindert, dienen nur dem Saatgutkonzern, weil die Landwirte deren Saatgut immer wieder nachkaufen müssen. Solche Züchtungen sind nicht nur ethisch fragwürdig, man kann auch mit negativen Auswirkungen im Kräftebereich der Nahrung und für die Ernährungsqualität rechnen. Eine wichtige Lebensäußerung der Pflanze, die Fortpflanzungsfähigkeit, ist schließlich unterbunden.

Gerade im Hinblick auf die verminderte Fortpflanzungsfähigkeit wäre der Zusammenhang von Ernährungsqualität und den Eigentümlichkeiten einer Sorte auch bei Hybridzüchtungen zu betrachten. Bei ihnen werden Inzuchtlinien der Elternpflanzen erzeugt und dann vereinigt. Das Saatgut ist dadurch nicht samenfest, das heißt es verliert beim Nachbau seine besonderen Eigenschaften. Diese Instabilität der Fortpflanzung ist zwar nicht so gravierend wie das Versiegen der Fortpflanzungsfähigkeit bei der Terminatortechnologie, aber immer noch eine Einschränkung der Lebenskräfte der Pflanze, was sich in ihrer Vitalität und Reifung zeigt. Der menschliche Organismus erhält von solchen

Nahrungspflanzen andere «Informationen» und setzt sich dementsprechend anders mit der Nahrung auseinander.

Die Beziehung Pflanze und Mensch

Generell sollte bedacht werden, dass die Pflanzen dem Menschen als hauptsächliche Nahrung dienen. Es wird empfohlen, 75 Prozent der täglichen Energie durch pflanzliche Nahrung aufzunehmen, nur 25 Prozent durch tierische. In früheren Zeiten war es möglich, dass der Mensch Wildpflanzen sammelte und sich damit durch die Natur ernähren ließ. Diese Phase des Nomadentums ging zu Ende, als der Mensch spezielle Pflanzen anzubauen begann und damit eine Verantwortung für sie übernahm. Dadurch wurde eine kontinuierliche Nahrungsversorgung möglich.

Die Ackerbaukultur nahm damit ihren Anfang. Ein Buchtitel des bekannten Ernährungswissenschaftlers Werner Kollath lautet *Getreide und Mensch – eine Lebensgemeinschaft*.[7] Der Mensch ist eine Symbiose mit den Nahrungspflanzen eingegangen. Nie könnte so viel Weizen auf der Welt wachsen und seine Samen bilden, wenn nicht der Mensch die Pflegemaßnahmen dafür übernommen hätte. Gerät eine Kultur in Vergessenheit wie zum Beispiel die des Emmers, kann der Anbau wieder aufleben, wenn die Pflanze in einigen geschützten Regionen überlebt. Immer ist der Mensch beteiligt – es besteht eine Lebens- und Kulturgemeinschaft. In früheren Zeiten war man sich der Abhängigkeit von den Pflanzen viel bewusster, da Missernten rasch zu Hungersnöten führten. Umso dankbarer waren die Menschen für die Nahrung, wie die Erntedankfeste zeigen.

Die moderne Pflanzenzüchtung, die im 19. Jahrhundert begann, hatte durchaus das Hungerproblem vieler Menschen – damals auch in Europa – im Blick. Das Saatgut sollte dahingehend verbessert werden, dass ein höherer Ertrag oder eine Resistenz gegen Schädlinge erreicht werden konnte. Damit übernahm der Mensch als Züchter, aber auch als Verbraucher, eine erweiterte Verantwortung für die Nahrungspflanzen und ihre Zukunftsfähigkeit, denn die Züchtung verändert das Saatgut und die Symbiose zwischen Pflanze und Mensch wird damit enger.

Eine instabile Fortpflanzung moderner Sorten ist jedoch eine Entwicklung, die die Zukunftsfähigkeit einer Pflanze infrage stellt. Dies hat auch damit zu tun, dass – neben dem Geschäftsinteresse der Saatgutkonzerne – sich der Mangel bei der Nahrungsversorgung in einen Überfluss gewandelt hat. Zahlreiche Menschen leiden inzwischen unter Übergewicht, nicht unter Hunger. In der Fülle des Angebots wird die einzelne Sorte weniger wahrgenommen, die Beziehung zwischen Pflanze und Mensch hat sich gelockert und viele Menschen haben auch kaum noch Berührung mit Landwirtschaft und Gartenkultur. Die Verbraucher haben überwiegend die Verantwortung für Nahrungsqualität an die Erzeuger und Verarbeiter abgegeben.

Erzeuger und Verarbeiter haben die Pflanzen züchterisch so gestaltet, wie es ihren Zielen entspricht. Der Verbraucher hat diese Entwicklung eigentlich «verschlafen». Erst durch die Gentechnik wurde er wach. Die Ablehnung gentechnisch veränderter Lebensmittel kam für die Industrie recht überraschend, da Pflanzen bereits jahrzehntelang mit anderen Techniken züchterisch intensiv verändert wurden, ohne dass der Verbraucher darauf reagierte. Es ist zu hoffen, dass diese neue Wachheit anhält und auch zu einem Bewusstsein für Sorten- und Saatgutqualität führt.

Arten statt Sorten

Wer im Supermarkt einkauft, wird feststellen, dass dort oft nur fünf bis sechs Apfelsorten verkauft werden, obwohl es hunderte gibt. Diese sind teilweise nur regional verbreitet und in kleinen Mengen verfügbar. Oftmals entsprechen sie im Ertrag, in der Resistenz, Transportstabilität oder im Aussehen nicht mehr den Erwartungen der Landwirtschaft oder des Handels. Geschmacklich, aber auch bezüglich der Nährstoffe sind sie manchmal sogar den modernen Sorten überlegen. Viele Verbraucher reagieren bereits auf die Einschränkung der Sortenvielfalt. Regionale Sorten auf Wochenmärkten oder in Hofläden sind deshalb sehr begehrt.

Durch den globalen Handel gibt es dagegen eine große Auswahl an Pflanzenarten. Beim Obst ist der Apfel bei uns zwar immer noch die beliebteste Frucht, aber seit den Siebzigerjahren haben die Verfügbarkeit und der Verbrauch von Südfrüchten und sogenannten Exoten ständig zugenommen. Favoriten sind Kiwis, Bananen, Zitrusfrüchte, Melonen, Ananas oder Mangos. Ähnliches ist beim Gemüse zu beobachten. Und gab es früher im Wesentlichen Kopfsalat, so kann der Verbraucher heute wählen zwischen Römischem Salat, Eis- oder Eichblattsalat, Lollo, Radicchio, Endivie oder Löwenzahn. Dazu kommen Feldsalat, Chicorée und Rucola (Rauke).

Mit diesem vielfältigen Angebot gibt es jede Menge Alternativen. Dabei ist interessant, dass in den letzten

Jahren immer wieder neue Lebensmittel auf den Markt kamen, deren ernährungsphysiologischer Wert besonders gelobt wurde, darunter Cranberry (Kranbeere), Granatapfel, Acerolakirsche oder Nonifrucht. Selbst beim Getreide sind heute nicht nur Weizen und Roggen und vielleicht noch Haferflocken verbreitet, in Bioläden sind alle sieben Getreidearten (Weizen, Reis, Gerste, Hirse, Roggen, Hafer, Mais) im Angebot neben Dinkel, Kamut, Buchweizen, Amaranth und Quinoa. Eine Bäckereikette führt sogar Brötchen mit Teff (Zwerghirse), einer bisher in Europa kaum erhältlichen Hirseart. Allein bei Teff sind 350 Sorten bekannt. Dieses Angebot an Getreidearten und getreideähnlichen Samen bietet eine große Abwechslung und stellt geschmacklich und ernährungsphysiologisch eine breite Basis für gesunde Ernährung dar.

Sortenvielfalt als Chance

Während in den letzten Jahrzehnten eine Erweiterung der Ernährung durch neue Lebensmittelarten stattfand, blieben Sortenunterschiede bei diesen Lebensmitteln selbst bei Ernährungsfachleuten gänzlich unbekannt. Dabei kann eine Sortendifferenzierung durchaus Chancen für die Ernährung bringen. An den Beispielen von Raps und Sonnenblume zeigen sich veränderte Konsumgewohnheiten durch neue Sorten.

Auch im diätetischen Bereich ist der Einsatz spezieller Sorten mit beispielsweise besonders harmonischer Ausprägung denkbar. Gute sensorische Eigenschaften einer Sorte können Menschen mit mangelndem Appetit in der Rekonvaleszenz helfen, weil die Sinne intensiver angesprochen werden. Dies sind vielleicht noch Zukunftsaufgaben, die aber bei der Saatgutqualität beginnen, deren Bedeutung für die Nahrungsqualität bei Verbrauchern und Ernährungsfachleuten erkannt werden muss. Damit kann eine Verantwortung und «Lebensgemeinschaft» zwischen Mensch und Pflanze in bewusster Weise gestärkt werden.

Die Autorin

Dr. sc. agr. Petra Kühne, 1953 geboren, ist Ernährungswissenschaftlerin. Sie leitet den Arbeitskreis für Ernährungsforschung e.V., daneben Vortrags- und Kurstätigkeit sowie Buchveröffentlichungen.

Arbeitskreis für Ernährungsforschung e.V.
D-61118 Bad Vilbel, Niddastraße 14
fon 0 61 01/52 18 75, info@AK-Ernaehrung.de
www.ak-ernaehrung.de

FÜR EINE HANDVOLL DOLLAR

Die Macht der Agrokonzerne und das Saatgutimperium des 21. Jahrhunderts

Manfred Christ

Für 2020 hat Monsanto die Vision einer Welt, in der nur noch gentechnisch veränderte Pflanzen angebaut werden. Doch das wirtschaftliche Potenzial der Biotechnologien beflügelt nicht nur die Wachstumsfantasien der Agrokonzerne. Auf dem geopolitischen Schachbrett der Industriemächte ist das Saatgut längst auch zur zentralen Figur im Kampf um deren hegemoniale Vormachtstellung geworden.
Weltweit hat die Kontrolle über das Saatgut bereits zu unübersehbaren Verwerfungen in allen gesellschaftlichen Bereichen geführt. Welche Triebkräfte sind dabei am Werk, welche Methoden werden praktiziert, was ist der Preis dieser Entwicklung – und wer zahlt ihn?

Befreien und Versorgen – Angriffe auf die Ernährungssouveränität

«Warum erscheinen die Götter nicht auf unsern Märkten und verteilen lächelnd die Fülle der Waren?»,[1] dichtete Bert Brecht während der Hungerjahre des Zweiten Weltkriegs. Als sie kamen, trugen sie amerikanische Uniformen. Dreizehn Milliarden Dollar ließ sich die US-Regierung die Hilfsleistungen im Rahmen des Marshallplans kosten.

Globales Denken war und ist für die Hegemonialmacht USA immer in erster Linie geostrategisches Denken. Ähnlich wie bei der angeblichen Verteidigung westlicher Werte muss ihr internationales Handeln, auch wenn es um Entwicklungshilfe oder andere humanitäre Einsätze geht, folgerichtig unter dem Vorbehalt nationaler Interessen gesehen werden. Auch im kriegszerstörten Europa waren amerikanische Lebensmittelhilfen mit handfesten ökonomischen und machtpolitischen Absichten verbunden, darunter die Schaffung eines Absatzmarktes für die amerikanische Überproduktion und vor allem im Sinne der Truman-Doktrin die Eindämmung des sowjetischen Einflusses: ein Kalorienbollwerk gegen den Kommunismus.

Mit den Ernteüberschüssen moderner Hochleistungssorten konnte das klassische Rezept *Belagern und aushungern* ins Gegenteil verkehrt werden und lautete nun: *Befreien und versorgen.* Anthony Harrigan, Präsident des US Industrial Council, gab einmal zu verstehen, dass die Vereinigten Staaten keine moralische Verpflichtung hätten, die Welt zu ernähren.[2] Dennoch tun sie es, ohne dass Harrigan Unrecht behält. Sie tun es aus ökonomischem und machtstrategischem Kalkül und keineswegs aus ethischer Verantwortung. Entwicklungspolitik wird zur Fortsetzung des Kriegs mit anderen (Lebens-)Mitteln.

Die Rockefeller-Dynastie hatte früher als die meisten politischen Akteure begriffen, dass mehr als nur eine militärische Präsenz notwendig sei, um die amerikanische Einflusssphäre und damit zugleich das eigene weltweite Wirtschaftsimperium zu verteidigen. Während des hegemonialen Wettlaufs der Supermächte, bei dem zwei gegensätzliche Gesellschaftssysteme konkurrierten, war ein gewisser «Sättigungsgrad» der Bevölkerung entscheidend für deren Grundresistenz gegenüber den Verheißungen des Kommunismus. Alle Maßnahmen mussten sich daher auf die ausreichende *Versorgung mit Grundnahrungsmitteln* und die *Begrenzung des Bevölkerungswachstums* konzentrieren. Die dazu nötigen Produkte aus landwirtschaftlicher und pharmazeutischer Forschung mussten auf einer überlegenen technologischen Basis hergestellt werden. Dadurch würde es möglich sein, unterentwickelte Länder wirtschaftlich zu erschließen und in einer permanenten Abhängigkeit von den USA zu halten.

Die von der Rockefeller Foundation gegründeten Agrarforschungsinstitute wie das Mais- und Weizenforschungszentrum in Mexiko (CIMMYT) oder das Internationale Reisforschungsinstitut (IRRI) von Los Baños auf den Philippinen waren in diesem Sinne nichts anderes als strategische Vorposten im Kampf gegen den Kommunismus, welcher dem eigenen wirtschaftlichen Expansionsdrang Grenzen setzte. Ihr Ziel war von Anfang an die Verwandlung von Naturprodukten in Industrieerzeugnisse, die Umwandlung einer nach kommerziellen Maßstäben ineffizienten Landwirtschaft in eine Agroindustrie.

Die kleinbäuerlichen Strukturen waren bloß ein zu beseitigendes Hindernis in diesem Kommerzialisierungsprozess, denn die Bauern «können die verbesserten agronomischen Praktiken nicht anwenden, weil sie über eine Deckung der eigenen Bedürfnisse hinaus keine Überschüsse zu verkaufen haben, um solche Verbesserungen zu finanzieren», wie William Myers nach einer Mexiko-Reise 1951 dem Präsidenten der Rockefeller-Stiftung berichtete.[3]

Es konnte daher zu keiner Zeit darum gehen, die Situation der unterdrückten und mittellosen Landbevölkerung durch Maßnahmen zur Selbsthilfe zu verbessern.[4] Alte Formen kolonialer Abhängigkeit waren durch neue zu ersetzen, und hier erwies sich der Angriff auf die Ernährungssouveränität der Staaten als probates Mittel. Die Maximen der Rockefeller-nahen Einrichtungen, deren Studien zur Bevölkerungskontrolle und zur «Verbesserung» der Kulturpflanzen und Anbaumethoden seit jeher auf die Situation in der Dritten Welt ausgerichtet waren, wurden zur Richtlinie amerikanischer Außenpolitik.

Mit dem Rückgang amerikanischer Ölförderung ergab sich in den frühen Siebzigerjahren vor dem Hintergrund einer weiter steigenden Überschussproduktion der heimischen Landwirtschaft eine neue Konstellation, in der die Bedeutung einer leistungsfähigen Agrarwirtschaft bei der Durchsetzung amerikanischer Machtinteressen nochmals aufgewertet wurde. Während die Abhängigkeit der energie- und rohstoffhungrigen US-Volkswirtschaft von Importen rasant anstieg, verfügte man mit den überschüssigen Nahrungsressourcen über einen rasch nachwachsenden und dank moderner Hybridzüchtungen fast beliebig vermehrbaren «Rohstoff», in dem der damalige Landwirtschaftsminister Earl Butz schließlich eine «Waffe im Verhandlungsarsenal der USA» erkannte.[5]

Erprobt wurde diese Strategie gleich mehrfach, so bei einem Deal mit der Sowjetunion, die 1972 von den Folgen einer katastrophalen Missernte betroffen und Öl gegen Nahrungsmittel zu liefern bereit war. Auch beim Schutz der eigenen Einflusssphäre wurden jene Länder, die man in eine Abhängigkeit von Nahrungsmittelimporten hineinmanövriert hatte, Opfer politischer Erpressung. Auf diese Weise hatte die USA 1973 in Chile durch einen Stopp der Wirtschafts- und Lebensmittelhilfe den Putsch des US-Günstlings Pinochet ermöglicht, der zum Sturz der Regierung von Salvador Allende führte. Mit umgekehrten Maßnahmen, indem Lebensmittelpreise künstlich niedrig gehalten wurden, stärkte man zur selben Zeit die Position des südkoreanischen Diktators Park Chung-hee.

Unterdessen war die Rockefeller-Stiftung schon in die nächste Phase ihres Aktionsplans eingetreten – der Entwicklung und Finanzierung der Grünen Gentechnik, in die seit den Neunzigerjahren dreistellige Millionenbeträge gepumpt wurden. Mit dieser Technologie und der damit verbundenen Patentierbarkeit von Nahrungspflanzen wähnt man sich im Zeitalter sogenannter «asymmetrischer» Bedrohungen zunehmend in der Lage, der wachsenden geostrategischen Bedeutung der Kontrolle über die Ernährung gerecht zu werden. Das bestehende machtpolitische Instrumentarium lässt sich um eine neue Waffe zur politischen Destabilisierung eines Landes oder einer Region zu erweitern – *das Saatgut.* Dank der Gentechnik würde man sich nicht mehr darauf beschränken müssen, Lebensmittelpreise und Ernährungsgewohnheiten zu diktieren. Mit ihr eröffnen sich völlig neue Möglichkeiten, auch Inhaltsstoffe und Wirkungsweise der Nahrungsmittel nach Belieben zu manipulieren.

In einer leidenschaftlich gehaltenen Ansprache träumte der ehemalige US-Landwirtschaftsminister Daniel Glickman 1999 bereits öffentlich von genmanipulierten

Bananen, «die eines Tages Impfstoffe für die Kinder in den Entwicklungsländern»[6] enthalten würden. Gemäß den Erwartungen, die die Wissenschaft heute in die Biotechnologie setzt, könnte diese unter der Voraussetzung der weltweiten Kontrolle des Saatguts zu einem beliebig steuerbaren Instrument werden, das auf demselben Weg eines *molecular pharming* auch die Kontrolle des Bevölkerungswachstums geräuschlos und unbemerkt ermöglicht. Dieses Szenario erscheint umso realistischer, wenn man sich vor Augen führt, dass wissenschaftliche Studien auf eine verminderte Fortpflanzungsfähigkeit bei Ratten hinweisen, die mit genetisch veränderten Pflanzen gefüttert wurden.[7]

Doch die Realität hinkt diesen Träumen hinterher – glücklicherweise, wie man im Hinblick auf den absehbaren Missbrauch dieser Technologie hinzufügen muss.

Golden Rice – Das Manna der Gentechnologie

Einer der bekanntesten Versuche, pharmazeutische und ernährungsphysiologische Eigenschaften durch genetischen Umbau der Erbsubstanz zu veranlagen, ist die Entwicklung einer transgenen Reissorte *(golden rice)*, die eine hohe Konzentration an Betacarotin enthalten soll und als Wundermittel gegen Vitamin-A-Mangel gepriesen wird, durch den jedes Jahr weltweit bis zu zwei Millionen Kinder sterben und etwa 500 000 erblinden.[8] Reis bildet in vielen Entwicklungsländern für einen Großteil der in Armut lebenden Bevölkerung das einzige Nahrungsmittel, das sie oft aus den Abfällen der Straße hervorholt.

Anstatt die Ursachen der Armut zu bekämpfen, die Vielfalt eines lokalen Nahrungsangebots und den

Zugang zu gesunden Lebensmitteln sicherzustellen, wurden sechsstellige Millionenbeträge – zu einem großen Teil öffentliche Gelder – in ein Forschungsprojekt mit ungewissem Ausgang investiert. Ob *golden rice* jemals zur Marktreife kommen wird, ist fraglich, denn nach fast 20 Jahren sitzen die Gentechniker immer noch in ihren Laboratorien wie die Müllerstochter in ihrer Kammer, aber es kommt kein Rumpelstilzchen, das ihnen zeigt, wie man das leere Stroh vollmundiger Versprechen zu goldenem Reis spinnt, der die selbst gesetzten Erwartungen auch nur annähernd erfüllen könnte.[9]

Doch selbst der Erfolg dieses Projekts gäbe kaum Anlass zur Freude. Den Hungernden der Welt bliebe dann keine andere Wahl, als die ausgestreckte Hand ihrer vermeintlichen Wohltäter zu ergreifen, die ihnen einen gentechnischen Nährstoffcocktail reicht, der in den Laboratorien der Agrokonzerne gemixt wird. Hinter der «großen Idee», von der Duncan Macintosh, Development Director beim IRRI, schwärmt,[10] könnte sich auch nur die zynische Absicht verbergen, Krankheiten und Seuchen von den Gettos der Privilegierten fernzuhalten. Jedenfalls würde sie weniger den Armen als der Armut selbst das Überleben sichern, anstatt dem Leben seine Würde zurückzugeben.

Einen Zweck hat dieser virtuelle Reis allerdings schon jetzt erfüllt – als Mittel der Agitation, um den Widerstand gegen Grüne Gentechnik als Hindernis für humanitäre Maßnahmen zu brandmarken, um Druck auf die verantwortlichen Stellen auszuüben und Zulassungsverfahren zu vereinfachen[11] und um eine Aufweichung medizinethischer Grundsätze voranzutreiben. So ist

Anfang 2009 bekannt geworden, dass ohne vorherige Fütterungsversuche mit Tieren Experimente mit chinesischen Schulkindern durchgeführt wurden.[12]

Terminator-Technologie – Wie man Saatgut in den Selbstmord treibt

An jenem Punkt, wo sich die unbegrenzten Möglichkeiten der Wissenschaft mit der grenzenlosen Profitgier der Agroindustrie und den Allmachtsfantasien der Politik verbinden, steht zu befürchten, dass Saatgut zum «trojanischen Pferd» wird, mit dem sich nicht nur gesundheitsfördernde, sondern unbemerkt auch schädliche oder unerwünschte Substanzen in die Nahrung einschleusen lassen.

Vergleichbare Bedrohungsszenarien, wie sie durch den Einbau «qualitätssteigernder» Merkmale (positive Trait-GURTs) in eine Nahrungspflanze denkbar sind, können allerdings auch durch die gezielte Ausschaltung natürlich vorhandener Eigenschaften mithilfe negativer Trait-GURTs entstehen. Ein solches Gefahrenpotenzial wird auch in der Bevölkerung durchaus empfunden, wie der Protest gegen die sogenannte Terminator-Technologie zeigt, wenn auch selten so deutlich ausgesprochen wie von der chilenischen Agrarwissenschaftlerin Camila Montecinos, die diese Technologie die «Neutronenbombe der Landwirtschaft» nannte.[13]

Bereits seit 1983 bastelte die Delta and Pine Land Company mit Unterstützung des US-amerikanischen Landwirtschaftsministeriums an einer «gentechnologischen Beschränkung der Wiederverwertbarkeit» von Saatgut.[14] Jene Eigenschaft, die die natürliche Bestimmung des Samens bildet, die Reproduktionsfähigkeit, sollte ihm abgewöhnt werden, indem der Keimling bereits während der Ausreifung des Samenkorns abgetötet wird. Danach kann die Pflanze auf natürlichem Weg nicht mehr vermehrt werden.

1988 war es dann so weit. Durch den Einbau eines «Selbstmord-Gens» hatte man die Möglichkeit geschaffen, sterile Samen zu erzeugen und den Nachbau einer Pflanze unmöglich zu machen. Nur in den Laboratorien der Konzerne würde sich die Fruchtbarkeit durch besondere chemische Verfahren reaktivieren lassen. Dieser eingebaute und zeitlich unbeschränkte biologische «Patentschutz» würde jede illegale Vermehrung unmöglich und damit jede Überwachungsmaßnahme und jede strafrechtliche Verfolgung, die die Konzerne viel Geld kostet und dennoch nicht lückenlos funktioniert, überflüssig machen. Nach der Erteilung eines international gültigen Patents für dieses «System zur Kontrolle der Fortpflanzungsfähigkeit des Samens, ohne die Frucht zu beeinträchtigen»[15] durch das US-Patentamt schien auch der Anwendung nichts mehr im Wege zu stehen.

Doch ein Aufruhr der Emotionen schlug den Akteuren entgegen und führte schließlich dazu, dass Konzerne wie Monsanto oder Syngenta 1999 unter öffentlichem Druck bekannt gaben, keine Vermarktung von Terminator-Pflanzen anzustreben. Auch die Vertragsstaaten der UN-Konvention über die biologische Vielfalt (S. 188f. und 198f.) beschlossen im Jahr 2000 ein Moratorium für die kommerzielle Nutzung gentechnisch sterilisierter Pflanzen. Ohne dass die ganze Tragweite dieser Neuentwicklung abzusehen gewesen wäre, hatte die drohende Verbreitung der Terminator-Technologie an die Überlebensinstinkte der Menschen gerührt. Zugleich strafte sie alle philanthropischen Verheißungen wie die Bekämpfung des Hungers Lügen.

Wer nun immer noch nicht begriffen hatte, was die Saatgutkonzerne wirklich im Schilde führen, musste blind sein. Denn das Terminator-Saatgut bedroht nicht nur die Unabhängigkeit von Bauern und die Sicherheit der Nahrungsversorgung. Wer die Reproduktionsfähigkeit der Nahrungspflanzen kontrolliert, entscheidet über Leben und Tod. Besonders jene Länder, die sich bereits in die Abhängigkeit der Saatgutkonzerne begeben haben, wären nach dem Motto «Friss oder stirb!» ausländischen Unternehmen ausgeliefert, die damit nicht nur die Preise diktieren, sondern auch jede politische Entscheidung erzwingen könnten. Die Menschheit wäre erpressbar und die Macht des Faktischen würde dafür sorgen, dass niemand mehr etwas daran ändern könnte.

Ungeachtet aller gegenteiligen Beteuerungen setzte man die Entwicklung der Terminator-Technologie mit unvermindertem Eifer fort und arbeitete zugleich an einer Strategie zu ihrer Durchsetzung. Im Februar 2003, bei einem Treffen der Internationalen Saatgut-Vereinigung in Lyon, präsentierte Roger Krueger von Monsanto ein Dossier mit dem Titel *Der Nutzen von GURTs*.[16] Danach ließe sich nur mit der Terminator-Technologie die Sicherheit der Gentechnik garantieren, denn sie würde die Übertragung der veränderten Gene auf herkömmliche Pflanzen verhindern – obwohl die Gentechnik-Industrie immer bestritten hatte, dass dies möglich sei.[17]

Ob Krueger es schaffte, ein verräterisches Grinsen zu unterdrücken, als er diese haarsträubende Argumentation zu Papier brachte, ist nicht überliefert. Dabei ist dies nur ein Beispiel aus einer Reihe äußerst fadenscheiniger

Behauptungen, mit denen dem Begriff der Bauernfängerei seine wörtliche Bedeutung zurückgegeben wird. Unter dem Vorwand, dass Kleinbauern durch die Wiederaussaat ihres selbst vermehrten Saatgutes die Chance genommen sei, am technischen Fortschritt teilzunehmen, sollten sie zur Verwendung von sterilem Saatgut gebracht werden, das ihnen keinerlei Nutzen bringt. Hätten sie einmal von dieser Totenspeise gekostet, wären sie für alle Zeit der Agroindustrie verfallen, doch anders als im Mythos der Persephone wüssten hier selbst die Götter keinen Rat.

Von ihrer ursprünglichen Absicht, diese Technologie durchzusetzen, in der sich alle Hoffnungen der Industrie in die Gentechnik erfüllen, werden die Unternehmen freiwillig kaum abrücken. Denn Sterilität ist der «ultimative *monopoly-maker.* Mit sterilem Saatgut haben die Saatgutriesen unbegrenzte Kontrolle über das Keimplasma, ohne Ablaufdatum, ohne Patente oder Anwälte.»[18] Aus ihr sind auch die unsichtbaren Ketten einer «biotechnologischen Leibeigenschaft» geschmiedet, da sie die Landwirte in eine vollkommene Abhängigkeit von der Saatgutindustrie bringt.

Tatsächlich hatte der Konzern längst die Katze aus dem Sack gelassen und eingeräumt, dass eine der Anwendungsmöglichkeiten darin bestehen könnte, unbefugtes Aussäen von geschütztem Saatgut zu verhindern, indem «man solche Handlungsweise unwirtschaftlich macht».[19] Silvia Ribeiro von der ETC Group gibt sich keinen Illusionen hin: «Sobald der Terminator erst einmal unter dem Deckmantel der biologischen Sicherheit vermarktet wird, wird er mit Sicherheit in jedes genetisch veränderte Saatgut eingebaut.» Während heute etwa vier Prozent der Weltbevölkerung 40 Prozent der weltweiten Produktion an Nahrungspflanzen kontrollieren, könnte die vollständige Kontrolle über das Saatgut künftig in den Händen weniger Menschen liegen, die über das Know-How, die Rechte und die genetischen Ressourcen zu seiner Vermehrung verfügen. Ergebnis der Teminator-Technologie wäre ein weltweites totalitäres Saatgutregime unter der Herrschaft weniger Agro-Konzerne. – Von der *Einheitssaat* zum *Einheitsstaat* ist es nur ein winziger Schritt!

1,5 Milliarden US-Dollar, die sich Monsanto 2007 die Übernahme des Teminator-Rechteinhabers Delta and Pine Land kosten ließ, wären schlecht angelegt, hätte der Konzern tatsächlich die Absicht, das Patent ungenutzt in der Schublade liegen zu lassen. Auch an der politischen Front kommen die keineswegs geläuterten Akteure wieder aus der Deckung. Beim Treffen der Biodiversitätskonvention in Brasilien 2007 unternahmen Kanada, Australien und Neuseeland bereits einen Vorstoß mit dem Ziel, das Moratorium gegen die Terminator-Technologie zu Fall zu bringen, indem sie die gefährlichste Bestie des Agro-Kapitalismus ausgerechnet unter dem Schafspelz einer «Methode zum Schutz der biologischen Vielfalt» zu verstecken versuchten.

Auch andernorts versucht man möglichst geräuschlos, die Entwicklung vergleichbarer Verfahren voranzutreiben. Selbst das deutsche Bundesamt für Verbraucherschutz und Lebensmittelsicherheit forscht in Zusammenarbeit mit europäischen Instituten und Saatgutfirmen mit EU-Geldern an der Entwicklung solcher Pflanzen.[20]

Die verfrühte Ankündigung der Terminator-Technologie hat den Saatgutunternehmen und ihren politischen Verbündeten jedoch deutlich gemacht, dass man eine Schlacht erst gewinnen muss, bevor man dem Gegner seine Regeln aufzwingen kann.

Saatgutinvasion im Irak oder «the American way of life science»

«Nur die sind frei, die wir beherrschen und berauben! Das soll die ganze Welt den Freiheitsbringern glauben.»[21] Als Abraham Gotthelf Kästner 1799 diese Verse schrieb, konnte er nicht ahnen, dass er damit die Maxime amerikanischer Hegemonialpolitik des beginnenden 21. Jahrhunderts auf die kürzeste Formel brachte.

Mit der Eroberung Bagdads am 9. April 2003 hatte der Zweite Irakkrieg eigentlich erst richtig begonnen, denn erst die Zerstörung kultureller Identität und die Einebnung wirtschaftlicher Strukturen macht es möglich, ein militärisch unterworfenes Land zu beherrschen. In dieser Mission wurde Paul Bremer, der zuvor Präsident Bushs Beraterstab für «Heimatschutz« angehörte, Anfang Mai als Zivilverwalter nach Bagdad beordert, und schon zwei Wochen später erklärte er den Irak als «offen fürs Geschäft».

Nach der militärischen Invasion konnte nun die wirtschaftliche beginnen. Ausländische Investoren sollten die gleichen Rechte erhalten wie Einheimische, die im Wettlauf um Märkte und Ressourcen allerdings kaum mithalten konnten. Die Privatisierung ehemals staatseigener Saatgutunternehmen musste zwangsläufig dazu führen, dass diese in die Hände westlicher Saatgutmultis übergingen. Das Land war zur Plünderung freigegeben und amerikanische Konzerne lagen bereits auf der Lauer. Joseph Stiglitz, Nobelpreisträger für Wirtschaftswissenschaften und ehemaliger Chefökonom der Weltbank, beschrieb Bremers Reformen als «eine noch radikalere Form von Schocktherapie, als sie in der ehemaligen Sowjetunion angewandt wurde».

Mit dem sicheren Machtinstinkt eines Despoten wusste Saddam Hussein ebenso gut wie die Technokraten des Westens, welche Bedeutung einer effektiven Landwirtschaft und insbesondere der Freiheit – ein Begriff, mit dem er sonst wenig anzufangen wusste – des Saatguts für die Ernährungssicherheit und damit für die nationale Unabhängigkeit zukommt. Daher wurde es in einer öffentlichen Samenbank geschützt und seine Patentierung war durch die Verfassung verboten. Nach Einschätzung der Welternährungsorganisation FAO verfügte der Irak vor 2003 «über einen relativ stabilen und funktionierenden Saatgutsektor unter staatlicher Aufsicht». Anders hätte das irakische Volk keine zwei Kriege und ein internationales Handelsembargo überlebt. Man mag es daher kaum dem Zufall zuschreiben, dass die staatliche Samenbank von Abu Ghraib, in der ein außergewöhnlicher Reichtum regionaler Sorten bewahrt wurde, nach amerikanischen Bombenangriffen komplett vom Erdboden verschwunden war. Mit ihrer Vernichtung hatten die amerikanischen Besatzer neben einem kulturellen Erbe auch die Ernährungssouveränität des Landes unwiderruflich zerstört.

Nach den Verwüstungen des Krieges waren die irakischen Bauern von ausländischen Hilfeleistungen abhängig. Silos und Bewässerungsanlagen lagen in Trümmern; auch «der Zustand der Forschungs- und Produktionseinrichtungen für Saatgut hatte sich erheblich verschlechtert».[22] Nur noch vier Prozent des Bedarfs konnte aus eigenen Beständen gedeckt werden. Für eine Neuordnung des Agrarmarktes erschien dieser Zeitpunkt denkbar günstig. Mit einem «Starterkit» der amerikanischen Behörde für internationale Entwicklung USAID in Form von subventioniertem Weizensaatgut wurden Not leidende Bauern zunächst großzügig unterstützt. Zu den Wohltaten der amerikanischen Entwicklungshilfe gehörte auch ein mehr als 100 Millionen Dollar teures Programm, bei dem irakische Bauern im Umgang mit sogenannten Hochleistungssorten trainiert wurden – durchgeführt von Wissenschaftlern der texanischen A&M University, die sich als eine der führenden Einrichtungen auf dem Gebiet der Biotechnologien versteht.

Fast möchte man darin einen Akt der Humanität sehen, tatsächlich aber war dies Teil einer äußerst aggressiven Kampagne zur Neuordnung des irakischen Binnenmarkts. Bevor nämlich Ende 2004 die US-hörige irakische Übergangsregierung Bremers Amtsgeschäfte übernahm, war bereits eine Reihe von Dekreten wirksam geworden, darunter die Order 81 über Patente, Industriedesign, unveröffentlichte Informationen, integrierte Schaltkreise und – *Pflanzensorten.* Der mit militärischen Mitteln geschaffene Status quo sollte auf eine zivilrechtliche Grundlage gestellt werden, um amerikanische Wirtschaftsinteressen durchzusetzen und dauerhaft zu sichern.

Nachdem einheimische Sorten erfolgreich verdrängt und der Markt mit billigem amerikanischem Saatgut überschwemmt worden waren, sollte nun deren Nachbau verhindert werden. Dies geschah durch eine von Kritikern treffend als «Lex Monsanto» titulierte Verordnung, deren Details Gerüchten zufolge Mitarbeiter des Saatgutgiganten ausgearbeitet hatten. Dieses Nachbauverbot betrifft auch Pflanzen, die gleiche oder ähnliche Merkmale wie das geschützte Saatgut aufweisen und schließt die Anwendung auf gentechnisch veränderte Sorten ausdrücklich mit ein. Die zugleich erfolgte Einführung internationaler «Qualitätsstandards» wie Homogenität, Beständigkeit und Unterscheidbarkeit – die zwar dem internationalen Übereinkommen zum Schutz von Pflanzenzüchtungen UPOV entsprechen, in der Praxis aber nur von der ausländischen Saatgutindustrie gewährleistet werden können – war ein weiterer Trick, um den Handel mit einheimischen Sorten und deren Vermehrung zu verhindern und ausländischen Konzernen einen Vorteil zu verschaffen. Für die einheimischen Bauern bedeutet dies alles jedoch einen höheren Kapitaleinsatz, höhere Produktionskosten und damit auch höhere Risiken vor allem durch Abhängigkeit von Krediten, was langfristig zu einem Strukturwandel in Richtung industriell bewirtschafteter Großbetriebe führen muss.

Was zehntausend Jahre lang ungehindert praktiziert wurde und woran auch Saddam Hussein seine Bauern nicht hindern wollte, stellten die amerikanischen «Befreier» nun unter Strafe: den ungehinderten Nachbau und freien Austausch ihres Saatguts. Denn nichts käme den Agrokonzernen ungelegener als ein freier Wettbewerb und Konkurrenz. Die Mär vom freien Markt erscheint vor der Kulisse Bagdads wie eine Episode aus *Tausend und einer Nacht* und die Kontrolle über das Saatgut ist das Sesam-öffne-dich für die multinationalen Agrokonzerne, die gleich Ali Babas Räuberbande die

Schätze des Landes unter sich aufteilen. Die Ohnmacht der irakischen Bevölkerung vor der Willkür eines Despoten wurde abgelöst durch die Ohnmacht gegenüber einer restriktiven Gesetzgebung, die weder von der Bevölkerung noch von einer frei gewählten Volksvertretung legitimiert ist und nur der wirtschaftlichen Ausbeutung durch ausländische Unternehmen dient.

Für sein «Verbrechen gegen die Menschheit» – ein Urteil, das in einer Resolution von dreizehn alternativen Nobelpreisträgern, darunter Hans-Peter Dürr, Nicanor Perlas und Ibrahim Abouleish, in höchster Instanz bestätigt wird – erhielt Bremer 2004 von George W. Bush eine der bedeutendsten Auszeichnungen der USA verliehen, die *Presidential Medal of Freedom* – eine Handlung, die die amerikanische Vorstellung von Freiheit und Demokratie in ernüchternder Weise definiert.

Die irakischen Bauern werden die Kehrseite des *American way of life science* spätestens dann erfahren, wenn sie den Konzernen den geforderten Tribut verweigern. Denn laut Order 81 kann das Gericht «die Konfiszierung der Ernte als auch der Materialien und Werkzeuge anordnen, die zur Verletzung des Schutzes der Sorte verwendet wurden. Das Gericht kann auch die Vernichtung der Ernte [...] anordnen.»[23] Dies könnte allerdings bedeuten, den Hungernden ihre letzte Ration zu nehmen. Denn jenes Land, das zur Ursprungsregion der Ackerbaukultur gehört, ist 2010 wieder ein *hotspot* auf der Weltkarte des Hungers.[24]

Die US-Armee wird den Irak wieder verlassen, die Saatgutmultis werden jedoch als Statthalter der amerikanischen Kolonialmacht bleiben und die Kontrolle über Landwirtschaft und Nahrung behalten. Die Allegorie der

Freiheit hat ihre Fackel verloren und hält uns stattdessen den Fressnapf entgegen.

Koloniales Erbe und neokoloniale Zukunft

Allein die erzwungene Neuordnung des Saatgutsektors rechtfertigt es, das invasive Vorgehen der alliierten Truppen im Irak in die Kontinuität kolonialer Eroberungszüge zu stellen. Militärisch haben die Besatzer vergangener Jahrhunderte längst das Feld geräumt, die wirtschaftliche Abhängigkeit von den einstigen Kolonialherren ist jedoch bis heute geblieben. Auch im Irak ist die Transformation zum Agrarexportland Mittel zum Zweck, durch Abhängigkeit vom Weltmarkt dem möglichen Streben nach wirtschaftlicher und politischer Souveränität enge Grenzen zu setzen.

Dabei konnten die USA auf eine mehrfach erprobte Strategie zurückgreifen. In Südkorea und Taiwan hatte man es bis Mitte der 1970er-Jahre allein durch Vergabe auflagengebundener Hilfskredite erreicht, dass das einheimische Grundnahrungsmittel Reis exportiert und amerikanischer Weizen eingeführt wurde. Binnen sieben Jahren wuchsen die amerikanischen Agrarexporte nach Taiwan um 531 Prozent, nach Südkorea um 643 Prozent. Fast über Nacht hatte man die Bevölkerung dazu gebracht, mit traditionellen Ernährungsgewohnheiten zu brechen. Der Verzehr von Weizen wurde zur patriotischen Pflicht erklärt, Bäckereien nach westlichem Vorbild schossen aus dem Boden und die Menschen aßen Pasta nach italienischer Art.[25]

Auch in Südamerika gelang den USA dieses Kunststück, diesmal durch Dumpingpreise, mit denen die einheimische Landwirtschaft systematisch zerstört wurde.

In Kolumbien ging die Produktion zwischen 1955 und 1971 um 69 Prozent zurück, während die amerikanischen Importe um 800 Prozent anstiegen und schließlich 90 Prozent des inländischen Bedarfs deckten.

Die Übereinstimmung der Ereignisse ist unschwer zu übersehen, wenn man erfährt, dass die Hälfte aller Weizensorten, die nun als Saatgut in den Irak geliefert wurden, ausschließlich für Teigwaren geeignet sind, die man vergeblich auf der einheimischen Speisekarte suchen wird.[26] Ihre Erträge sind nicht für den lokalen Markt bestimmt und sollen in die Pipelines des internationalen Agrobusiness eingespeist werden.

Profiteure der – im Falle des Irak militärisch erzwungenen – Marktöffnung sind wiederum die starken Wirtschaftsmächte, namentlich die USA, die den Getreidemarkt weltweit dominieren. Auch für die Agrounternehmen ist diese Symbiose von Machtpolitik und Wirtschaft lebensnotwendig, denn ebenso, wie die USA ihre wirtschaftliche Überlegenheit auf diese Weise in politischen Einfluss ummünzen, kann «der US-amerikanische Raubtierkapitalismus nur vor dem Hintergrund militärischer Bedrohung überleben», resümiert Rosemarie Jackowski auf der unternehmenskritischen Medienplattform *corpwatch*.[27] Das amerikanische Militär wirft erst dann seine Flinte ins Korn, wenn dieses von Monsanto geliefert wird.

Auf starken politischen Rückenwind scheinen die Konzerne auch für die Zukunft zu vertrauen. Monsanto entwarf für 2020 die Vision einer Welt, in der nur noch gentechnisch verändertes Saatgut verwendet wird. Ein entscheidender Erfolgsfaktor wird dabei nach Einschätzung der Anderson Consulting Group der Einfluss auf die US-Regierung sein, um sie für die weltweite Verbreitung genmanipulierter Produkte zu instrumentalisieren.[28]

ISAAA – manipulierte Zahlen, manipulierte Saaten

Es ist ein breit angelegter Schlachtplan, der zur Durchsetzung der Gentechnik geschmiedet wurde, und auch verbal schoss man mit großem Kaliber und zeigte, dass eine sachliche Debatte über deren Chancen und Risiken nie beabsichtigt war. Henry Miller, Sprecher des US-Landwirtschaftsministeriums für technologische Angelegenheiten, eröffnete bereits das Scherbengericht gegen Kritiker der Gentechnik, bevor sie sich überhaupt artikulieren konnten, und diffamierte sie als «Höhlenbewohner» und «Nazi-Intellektuelle».[29]

Eines der schlagkräftigsten Instrumente strategischer Desinformation, durch die das Bekenntnis zur Gentechnik zur Tat wird, ist jedoch der Internationale Dienst für die Einführung der Agrarbiotechnologie (International Service For The Acquisition of Agri-Biotech Applications), kurz ISAAA. Zu seinen Initiatoren gehören die weltweit führenden Saatgutkonzerne, darunter Monsanto, Syngenta, Bayer Crop Science und Pionier Hi-Bred, und bis zum heutigen Tag wird er von ihnen finanziert. Es besteht faktisch ein Informationsmonopol des ISAAA, dessen Angaben von den Medien in aller Regel ungeprüft übernommen werden, und aus allen Kanälen einer quasi gleichgeschalteten Presse tönt dieselbe Erfolgspropaganda.

Wer den jährlichen Report des ISAAA studiert, ist tatsächlich geblendet von den Erfolgen der Agro-Gentechnik und ihrem Siegeszug über den ganzen Globus.

Glaubt man den Angaben, haben 2008 allein in Indien «fünf Millionen Kleinbauern (statt 3,8 Millionen in 2007) vom Anbau von Bt-Baumwolle auf 7,6 Millionen Hektar profitiert [...]. Nach konservativen Schätzungen stieg der Ertrag kleinerer Landwirte um 31 Prozent, der Einsatz von Insektiziden sank dabei um 39 Prozent und die Rentabilität verbesserte sich um 88 Prozent, was 250 US-Dollar pro Hektar entspricht.» Die Wirksamkeit des Allheilmittels Gentechnik macht sich laut ISAAA aber nicht nur auf den Feldern bemerkbar, sondern auch im sozialen Bereich: bei der Fürsorge für Schwangere, in einer höheren Anzahl von Kindern, die die Schule besuchen und geimpft wurden.[30]

Doch obwohl die triste Wirklichkeit mit solchen ideologischen Abziehbildern idyllischer Agro-Ideallandschaften sorgfältig überklebt wird, sind deren Farben zu schrill, um dem skeptischen Blick auf Dauer Wirklichkeit vorzutäuschen. Wer nach alternativen Quellen sucht, die diese Zahlen bestätigen, wird stattdessen mit einer Fülle gegenteiliger Erfahrungen konfrontiert, ohne dass es immer möglich wäre, diese auf eine statistische Größe zu reduzieren. In einigen Regionen Indiens – Ähnliches ließe sich auch für Südamerika feststellen – haben sich die Folgen der «magischen Saat» zu einer humanitären Katastrophe zugespitzt, die mit den Angaben des ISAAA nicht schärfer kontrastieren könnte (S. 126ff).[31]

Der Mär von sozialen Errungenschaften im Zuge der gentechnischen Revolution steht das faktische Desaster der um ihr Einkommen betrogenen Kleinbauern gegenüber, die in die Schuldenfalle und oft sogar in den Selbstmord getrieben wurden. Die indische Bauernbewegung VJAS spricht sogar von einem «regelrechten Völkermord»,[32] ausgelöst durch die leeren Versprechungen der Saatgutkonzerne. «Die Bt-Baumwolle – besonders die Mahyco-Monsanto-Sorten – haben den Bauern unsagbares Elend gebracht, das in gewalttätigen Auseinandersetzungen auf den Straßen mündete, inklusive Angriffe auf Samenbanken im Zentrum von Warangal. Kleinbauern fesselten die Vertreter von Mahyco-Monsanto und hielten sie in ihren Dörfern fest; die Polizei musste diese Verkaufsvertreter aus ihrer unglücklichen Lage befreien.»[33]

Angesichts dieser Fakten lassen sich die lauthals verkündeten Erfolge der Agrokonzerne mit gentechnisch verändertem Saatgut nur mit denen des Barons von Münchhausen vergleichen, dessen türkische Bohnen augenblicklich bis zum Mond emporwuchsen.[34] Wer jedoch in der Lage ist, auch aus den falschen Zahlen, deren Quellen jeweils ungenannt bleiben, die richtigen Schlüsse zu ziehen, wird rasch feststellen, dass auch die Genpflanzen der ISAAA-Lügenbarone nicht anders als in Münchhausens Abenteuer rasch wieder in der Sonne verdorren.

Wie mit kleinen Veränderungen das statistische Material zugunsten einer gewünschten Aussage manipuliert werden kann, zeigen besonders die Angaben über den Flächenzuwachs in den Entwicklungsländern. Um die Effizienz der Gentechnik als Wunderwaffe im Kampf gegen den Hunger und für die Förderung kleinbäuerlicher Strukturen vorzutäuschen, wurden kurzerhand Argentinien und Brasilien, wo Futterpflanzen in großflächigen Monokulturen angebaut werden, den Entwicklungsländern zugeschlagen, reiche Großgrundbesitzer als Bauern der Dritten Welt ausgewiesen. Auch Baumwollkulturen in Indien und China, die keinen hungrigen Magen füllen, fließen in diese Statistik ein.[35]

Für Seneca war es die Redekunst, die «die Kraft eines Wurfgeschosses verleiht, das ein starker Arm fortschleudert».[36] Heute wird die Schlagkraft solcher Rhetorik von der Allmacht der Zahlen weit übertroffen. Statistiken und wissenschaftliche Studien sind Schild und Schwert der Biotechnologie-Industrie und zugleich deren wirksamstes Mittel der Realitätsverleugnung. Wie perfekt diese funktioniert, zeigt auch eine deutsch-amerikanische Untersuchung aus dem Jahre 2003, die zur Rehabilitation Monsantos angesichts der aktuellen Probleme beim indischen Baumwollanbau beitragen sollte. Ihre Autoren wollen nach Auswertung der von Monsanto bereitgestellten Daten eine Ertragssteigerung um bis zu 88 Prozent nachgewiesen haben.[37]

Auf diesen Schwindel fiel sogar die Welternährungsorganisation FAO herein, doch hielt sie sich immerhin mit voreiligen Schlussfolgungen im Hinblick auf die Allgemeingültigkeit der Studie zurück.[38] Im allgemeinen Presse-Echo war dagegen jede Skepsis verflogen. Drei Tage, nachdem die Studie in der Fachzeitschrift *Science* veröffentlicht worden war, konnte man sich sogar auf der Website der alternativen Verbraucherzeitschrift *Schrot & Korn,* die in jedem deutschen Bioladen kostenlos ausliegt, unter dem Titel *Bt-Baumwolle erhöht Ernteerträge in Indien* von den angeblichen Vorzügen der Gentechnologie für die Hungernden der Welt überzeugen.

Die darin zitierten Forscher, die sich nicht einmal Mühe gaben, den eigentlichen Zweck ihres Elaborats zu verbergen, das weniger der Wahrheit als der Zerstreuung von Bedenken dienen sollte, resümieren zum Schluss des Beitrags: «Die Biotechnologie hat das Potenzial, das Leben von armen Kleinbauern in Entwicklungsländern *positiv zu verbessern.* Es wäre eine Schande, wenn die Angst vor genmanipulierten Organismen wichtige Technologien von jenen fern halten, die am meisten davon profitieren.»[39] Offenbar hat die Ökozeitschrift bis heute nicht bemerkt, dass sie als Jubelorgan der Gentechnikindustrie missbraucht wurde, denn der Beitrag ist weiterhin unkommentiert im Internet zugänglich und trägt dazu bei, das Renommee einer unabhängigen kritischen Presse *negativ zu verschlechtern.*

Die entscheidende Schlacht im «weltweiten Krieg der Worte»[40] findet jedoch nicht zwischen Gegnern und Befürwortern der Gentechnik statt. Denn bei dieser Auseinandersetzung ist für die Konzerne wenig zu gewinnen. Daher konzentriert der ISAAA seine «Aufklärungsoffensive» auf strategisch wichtige Entwicklungsländer, die dem Propagandadruck wenig entgegensetzen können, der allein durch die Fülle an schwer widerlegbarem Zahlenmaterial aufgebaut wird – dies sind die Glasperlen heutiger Missionare, mit denen man die «Wilden» ködert.

Die Stichhaltigkeit der Zahlen spielt dabei eine untergeordnete Rolle, denn wo die Glückskekse der Gentechnik nicht wegen ihrer Nahrhaftigkeit, sondern wegen ihrer stereotypen Heilsversprechungen bereitwillig konsumiert werden, ist es leicht, die Realität der Fakten schrittweise durch jede noch so wirklichkeitsferne Konzernideologie zu ersetzen. Dem Prozess der medialen Transformation folgt die gentechnische. – Angesichts solcher manipulativen Praktiken ist man versucht, auch die Nahrungsprodukte der Gentechnik-Industrie als Fälschung echter Lebensmittel zu beargwöhnen.

Auch die amerikanische Entwicklungsbehörde USAID bedient sich des von ihr geförderten ISAAA, um auf dem

Länder, in denen nach Angaben des ISAAA 2008 gentechnisch veränderte Nutzpflanzen angebaut wurden

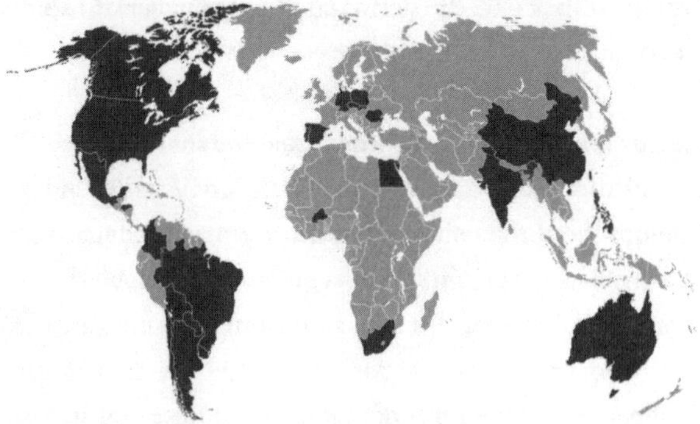

Hauptanbauländer mit mehr als einer Million Hektar:

USA	62,5	Kanada	7,6
Argentinien	21,0	China	3,8
Brasilien	15,8	Paraguay	2,7
Indien	7,6	Südafrika	1,8

(Angaben in Millionen Hektar)

Umweg der Entwicklungshilfe weltweit einen «Staatsstreich der Information»[41] durchzuführen. Was der ISAAA dabei leistet, legt er selbst am Beispiel der Philippinen offen: die Verschiebung der rechtlichen Rahmenbedingungen zugunsten des Einsatzes der Biotechnologie, das Erkunden neuer Einsatzmöglichkeiten der Gentechnik und die Verbesserung ihrer Akzeptanz bei der Bevölkerung.[42]

Im Spiegel seiner jährlich erscheinenden statistischen Berichte verdichten sich die Angaben über die weltweite Ausbreitung der Gentechnik, ihrer Anbauflächen und die Steigerung der Ertragsmengen zu einem Gefühl ihrer Unaufhaltsamkeit, gegen die jeder Widerstand zwecklos erscheinen muss. Und angesichts der Flaggenparade der Länder, die in die vom ISAAA proklamierten Vereinten Nationen der *Biotech Crop Countries* aufgenommen wurden, wirkt deren grafische Darstellung wie eine Generalstabskarte, die den aktuellen Frontverlauf seiner propagandistischen Eroberungszüge festhält.

Landlos und vogelfrei – Genfood nach Gutsherrenart

Sobald die ersten transgenen Pflanzen Wurzel gefasst haben, scheut man sich nicht, die weitere Transformation zum *Biotech Country* mit weniger sanften Methoden voranzutreiben. Ist ein Land erst einmal mit gentechnisch verändertem Saatgut infiziert, lässt sich dessen Ausbreitung dort kaum mehr stoppen. Dies zeigt sich vor allem in Südamerika, wo sich industriell bewirtschaftete Monokulturen immer tiefer in unberührte Urwaldregionen und Reservate indigener Völker hineinfressen. 2005 bedeckten bereits mehr als 36 Millionen Hektar Sojabohnen den südamerikanischen Kontinent, das sind 42 Prozent der globalen Anbaufläche. Dieses Terrain gleicht einem immensen Industrieareal, wo modernste Agrotechnologie den Weltmarkt mit Sojamehl versorgt, das zu einem großen Teil als Futtermittel und zur Produktion von Biotreibstoffen verwendet wird.

Was außerhalb dieses Sojaregimes vorgeht, interessiert die Konzerne nicht die Bohne, am wenigsten das Schicksal der Kleinbauern, die unterhalb der Armutsgrenze leben oder ihr Land bereits an die Großgrundbesitzer verloren haben. Weniger als drei Prozent der Landbesitzer verfügen über mehr als die Hälfte der registrierten landwirtschaftlichen Anbaufläche, während eine wachsende Zahl landloser Kleinbauern als billige Arbeitskräfte zur Verfügung steht. Doch die heimlichen Herrscher dieser Landstriche sind die global agierenden

Unternehmen wie Monsanto, Syngenta, Bayer oder BASF, die mit chemischem Dünger, Pestiziden und genmanipuliertem Saatgut eine Marktkonzentration geschaffen haben, die dauerhaft Rekordgewinne garantieren soll. Allein der südamerikanische Soja-Saatgutmarkt wird fast vollständig von Monsanto beherrscht.

Parallel zur territorialen Ausbreitung der Anbauflächen verschieben sich auch die Grenzen der Legalität. Der Arm des Gesetzes, sofern er nicht ohnehin dem Interessenkartell aus Großgrundbesitzern und Agroindustrie dient, reicht längst nicht mehr bis hinter die Zäune und Gatter von deren Ländereien. Dort scheut man sich nicht, das Unrecht selbst in die Hand zu nehmen. Es herrscht Faustrecht, das die Rinder- und Sojabarone mithilfe ihrer Pistoleros rücksichtslos ausüben, und wer nicht freiwillig weicht, wird gewaltsam beseitigt.

«Wer hätte schon den Mut, eine alte Dame wie mich umzubringen?», erwiderte die 73-jährige Ordensschwester Dorothy Stang in einem schwer zu erschütternden Gottvertrauen auf alle Warnungen, bevor sie am 12. Februar 2005 Opfer eines brutalen Auftragsmordes wurde. Knapp 40 Jahre lang hatte sie sich im Amazonasgebiet für die Rechte der Landlosen eingesetzt und sich immer wieder mit örtlichen Großgrundbesitzern wegen illegalen Holzschlags, Sklaverei und anderer Menschenrechtsverletzungen angelegt. Sie ist der prominenteste Fall in einer Reihe von insgesamt 774 Morden im Zusammenhang mit Landkonflikten, die es in den letzten 35 Jahren allein im brasilianischen Bundesstaat Pará gab und die allesamt ungesühnt blieben.

Unter den Augen der Weltöffentlichkeit demonstrierte die brasilianische Justiz nach diesem Mordanschlag auf die US-amerikanische Nonne mit ihrem ungewohnt raschen und scheinbar konsequenten Handeln zunächst Härte. Beide Täter sowie ein Mittelsmann wurden zu langjährigen Haftstrafen verurteilt. Die in den Fall verwickelten Großgrundbesitzer befanden sich jedoch bald wieder auf freiem Fuß,[43] während unzählige Landarbeiter ohne triftigen Grund oder wegen Bagatellvergehen in Untersuchungshaft schmoren und jahrelang vergeblich auf ihre Freilassung oder einen ordentlichen Prozess warten.

Die Kombination von Großgrundbesitz und fehlender Rechtskultur bietet den Agrokonzernen, die beim Handel mit Saatgut und Agrochemikalien ohnehin eine beherrschende Position einnehmen, ein ideales Sprungbrett bei der Durchsetzung Grüner Gentechnik. Brasilien, das der ISAAA mit angeblichen 15,8 Millionen Hektar mittlerweile auch in den Kreis der inzwischen 14 *Biotech Crop Mega Countries* aufgenommen hat, war gentechnisch betrachtet 1997 noch ein weißer Fleck auf deren Landkarte. Nachdem jahrelang Gensoja illegal über die Grenze geschafft worden war, löste die brasilianische Regierung dieses Problem, indem sie das Gen-Saatgut gegen den Willen der Bevölkerung schrittweise legalisierte. Eine Strafverfolgung wurde nicht eingeleitet, stattdessen reagierte das Ministerium für Landwirtschaft und Viehzucht mit Aufklärungstreffen von Produzenten, Händlern und Industrie – alles andere als drastische Maßnahmen mit Abschreckungspotenzial, eher eine Ermunterung für weiteres illegales Vorgehen.[44]

Nach derselben bewährten Methode wurde das Land wenig später auch mit Gen-Mais kontaminiert. Monsanto, das auf dem Saatgutmarkt der benachbarten Länder quasi eine Monopolstellung einnimmt, beteuerte natürlich seine Unschuld und verurteilte offiziell jegliche illegale Aktivitäten. Doch ist der Konzern der eigentliche Nutznießer dieser Entwicklung und tolerierte diese durch seine Untätigkeit beim Eintreiben von Lizenzgebühren – so lange, bis die Verbreitung unumkehrbar war und man den lokalen Markt in der Tasche hatte.

Zu oft schon konnten die multinationalen Konzerne die Erfahrung machen, dass sich Verbrechen lohnt und das blaue Auge, mit dem man davonkam, ein geringer Preis für den strategischen Nutzen war. Auch der kolumbianische Markt wurde auf dem Weg illegaler Kontaminierung erschlossen – hier wurde transgenes Saatgut mit Hilfslieferungen eingeschleust –, und auf den Philippinen begann der Siegeszug der Gentechnik mit illegalen Freisetzungsversuchen. Bestätigt durch den Erfolg dieses Vorgehens sind die Agrokonzerne kaum mehr bereit, geltendes Recht einfach zu akzeptieren.

In Südamerika gebärden sich folgerichtig nicht nur die Gutsherren als Feldherren. Das von ihnen praktizierte *habeas corpus* gegen Kleinbauern und jeden, der deren Anliegen vertritt, nehmen auch die vor Ort agierenden Agrokonzerne gerne für sich in Anspruch. 2006 besetzten brasilianische Campesinos, landlose Feldarbeiter, ein sogenanntes «Versuchsfeld» des Schweizer Syngenta-Konzerns für 16 Monate, um auf unzulässige Anbauversuche aufmerksam zu machen. Bei einer erneuten Protestaktion verlor der Konzern schließlich die Geduld und ließ Privatmilizen, die sich aus illegal operierenden Sicherheitsdiensten rekrutierten, auf die protestierenden Bauern los. Bei dieser paramilitärischen Aktion prügelten die Uniformierten brutal auf die Campesinos ein und machten auch von der Schusswaffe Gebrauch. Einer der Landarbeiter wurde durch zwei Schüsse in die Brust getötet – Augenzeugen sprechen von einer regelrechten Hinrichtung. Weitere Beteiligte wurden zum Teil schwer verletzt.

Dies war jedoch nicht der erste Gewaltexzess gegen protestierende Kleinbauern. Bereits 1996 wurden 19 Landlose während einer Demonstration von der Polizei erschossen, 81 weitere Menschen verletzt.

Alles was Unrecht ist – Percy Schmeiser gegen Monsanto

Man kann aus diesem brutalen Vorgehen nicht nur ableiten, wie weit die Agrokonzerne zu gehen bereit sind, wenn es den eigenen Interessen dient. Es dokumentiert auch die ambivalente Haltung gegenüber einer jeden Rechtsordnung, die grundsätzlich nicht als gesetzlicher Rahmen für das eigene unternehmerische Handeln hingenommen wird, sondern als Markthindernis, das es aus dem Weg zu räumen oder dessen Grenzen es zu verschieben gilt. Das brasilianische Beispiel steht für die Etablierung einer Klassenjustiz, bei der die Organe der Rechtspflege für die restriktive Durchsetzung eigener Interessen wie etwa von Lizenzforderungen gerne in Anspruch genommen werden. Wo es aber dem eigenen Vorteil dient, werden alle Möglichkeiten der Rechtsbeugung ausgeschöpft und eine Situation der Rechtsunsicherheit zur Einschüchterung der Bevölkerung geschaffen.

Doch nicht nur in Ländern, wo das Gesetz wenig gilt, haben sich führende Unternehmen wie Monsanto durch zahlreiche Bestechungsdelikte, illegale Freisetzungen, mangelhafte oder gefälschte Zulassungsanträge in jeder nur erdenklichen Weise über geltendes Recht hinweggesetzt, sodass man darin Methode erkennen mag. Auch an seinem Stammsitz in den USA kann sich Monsanto wegen illegaler Freisetzung in 44 Fällen bei der Verletzung bundesrechtlicher Vorschriften als führendes Unternehmen betrachten. Keine andere Einrichtung hat zwischen 1990 und 2001 nach Auskunft der US-Landwirtschaftsbehörde USDA öfter gegen das Gesetz verstoßen.[45]

Wie Hohn klingt angesichts der notorischen Straffälligkeit jenes weltweit führenden Saatgutkonzerns, der bereits wegen Fahrlässigkeit, Betrug, Sach- und Personenschäden und Umweltdelikten verurteilt wurde, das Werbeversprechen auf seiner deutschen Website, das nicht nur die Versöhnung von ökologischem, ökonomischem und sozialem Gewissen, sondern auch Entscheidungsfreiheit suggeriert:

«Auf der ganzen Welt entscheiden sich Landwirte aufgrund der beachtlichen agronomischen, ökonomischen, ökologischen und sozialen Vorteile für gentechnisch veränderte Nutzpflanzen. Entsprechende Sorten ermöglichen unter effizienter Nutzung verfügbarer Ressourcen den Einsatz nachhaltiger Anbauverfahren [...]. Weiterhin ermöglichen die GV-Kulturpflanzen eine effizientere Nutzung der Ackerflächen einhergehend mit einer höheren Produktivität.»[46]

Weltweit greifen viele von Existenzsorgen geplagte Landwirte nach diesem gentechnischen Strohhalm irreführender Werbung, um sich im Umfeld einer industrialisierten Landwirtschaft zu behaupten. Doch gerade die Entscheidungsfreiheit wurde den Landwirten überall dort, wo sich Agro-Gentechnik flächendeckend breit macht, längst abgenommen. Mit welchen Methoden der

Konzern unabhängige Bauern tatsächlich in eine neue Form der Leibeigenschaft hineintreibt, bekamen Landwirte zu spüren, die ihre Entscheidung gegen Gentechnik zu treffen gewagt hatten. Einer davon ist Percy Schmeiser, ein kanadischer Landwirt, der dem Anbau traditioneller und über Jahrzehnte von ihm gepflegter Hofsorten den Vorzug gab und nach altem Brauch einen Teil der Ernte für die Aussaat im nächsten Jahr zurückbehielt.

Den Alternativen Nobelpreis im Jahr 2007 erhielten er und seine Frau jedoch nicht für etwaige Verdienste um den ökologischen Landbau, sondern «für ihren Mut bei der Verteidigung der Artenvielfalt und der Rechte der Bauern, und dafür, dass sie die derzeitige ökologisch und moralisch perverse Auslegung des Patentrechts infrage stellen».[47] Sie wurden ausgezeichnet, weil sie in ihrer Empörung gegen eine pervertierte Rechtsordnung die juristische Auseinandersetzung mit dem übermächtigen Gegner nicht scheuten. Percy Schmeiser hatte sich auf einen Prozess mit einem Kontrahenten eingelassen, der mit allen juristischen Wassern gewaschen ist – mit Monsanto.[48]

1998, kurz vor der Rapsernte, erhielt Schmeiser von jenem Konzern, dessen Saatgut er nie verwendet hatte, die Mitteilung, dass seine Inspekteure transgenen Raps auf seinen Feldern entdeckt hätten. Monsanto machte Schadenersatzforderungen geltend und drohte bei Nichterfüllung mit Klage. Doch bei Schmeiser war man an den Falschen geraten. Der kanadische Farmer, dessen Felder möglicherweise durch benachbarte Kulturen oder vorbeifahrende Getreidetransporter kontaminiert worden waren, widerlegte die Anschuldigungen und ließ sich auch von Einschüchterungsversuchen nicht beeindrucken.

«Wem das Verbrechen nützt, der hat es begangen.» Nach diesem klassischen Verdikt hätte sich jeder Argwohn zunächst auf Monsanto richten müssen. Als der Fall jedoch verhandelt wurde, überraschte vor allem, mit welcher Leichtfertigkeit das Gericht über die illegale Entnahme der Pflanzenproben und deren falsche Auswertung durch den Konzern hinwegsah, während es die schlüssige Argumentation des Farmers, der aus der Kontamination seiner Felder keinerlei Vorteil zog, völlig ignorierte. Für die Justiz zählten nur die Eigentumsrechte des Saatgutanbieters. Wie dessen Saat auf den Acker geraten war, erschien nebensächlich, ebenso die Tatsache, dass keine Möglichkeit besteht, eine möglicherweise auch mutwillige Kontamination zu verhindern. Das Opfer wurde per juris zum Täter erklärt und seine Rehabilitierung wurde ihm auch beim Berufungsverfahren verwehrt. Doch Schmeiser, der Haus und Hof in diesem kostspieligen Verfahren riskierte, gab nicht auf. Der Oberste Gerichtshof bestätigte zwar das Urteil, befreite ihn jedoch von allen Bußgeldzahlungen.

Schmeisers Mut wird besonders deutlich, wenn man sich das aggressive juristische Vorgehen Monsantos zur Durchsetzung eigener Interessen vor Augen führt, das mit einem System von Anwälten, Detektiven und Denunzianten, für die Monsanto eine eigene «Spitzel-Hotline» eingerichtet hat, eine Art Inquisition unter Farmern betreibt, die in die Gen-Falle getappt sind.[49] Die Beziehung des Konzerns zu seinen Abnehmern entspricht nicht mehr dem Geschäftsverhältnis von Kunde und Lieferant, sondern der eines Drogenabhängigen zu seinem Dealer. Monsanto strebt die Hegemonie über die Landwirtschaft an und zwingt Bauern durch Lieferverträge, die man nur als sittenwidrig betrachten kann,[50] in eine Art Leibeigenschaft hinein (S. 138). Ein parasitäres System wurde errichtet, das dazu dient, ohne eigene wirtschaftliche Leistung Einnahmen zu erzielen und den Geschädigten, den eine juristische Auseinandersetzung unabhängig von ihrem Ausgang in den Ruin führen würde, mit «Schutzgeld»-Forderungen zu konfrontieren.

Im Fall Percy Schmeiser hatte der Parasit zwar die Rechnung ohne den Wirt gemacht. Für den Konzern bedeutete das Urteil des Obersten Gerichtshofs dennoch einen Erfolg, indem seine Geschäftspraktiken in oberster Instanz grundsätzlich legitimiert wurden. Man hatte nun einen höchstrichterlichen Freibrief in der Tasche, der es gestattete, die Landwirte nach bewährter Methode unter Druck zu setzen, auch wenn der Erfolg im Einzelfall nicht mehr ganz so gewiss war.

Die Saatgutriesen, allen voran Monsanto, haben einen langen Atem. Rückschläge wie diese oder Negativschlagzeilen konnten den Konzern nie ernsthaft beeindrucken. Dabei kann er sich auf einen starken Verbündeten verlassen ...

Substanzielle Äquivalenz – Sicherheit per Dekret

Der 29. Mai 1992, an dem erstmals Regeln für den Umgang mit «aus neuen Pflanzenvarietäten erzeugten Nahrungsmitteln»[51] veröffentlicht wurden, ist ein denkwürdiges Datum in der Geschichte der Vereinigten Staaten. An diesem Tag wurde das US-amerikanische Volk von seiner Regierung an die Agroindustrie verkauft.

Die vorauseilende Befreiung der Gentechnik-Industrie von den Fesseln staatlicher Regulierung war zugleich deren Entbindung von allen Verpflichtungen gegenüber den Verbrauchern und zum Schutz der Umwelt. Noch bevor die ersten genveränderten Lebensmittel auf den Markt kamen, hatte die Regierung bereits per Dekret festgelegt, dass alle genetisch modifizierten Substanzen in Nahrungsmitteln «identisch oder im Wesentlichen gleich» seien mit natürlichen Nahrungsbestandteilen – eine Behauptung, die sich auf keine wissenschaftliche Grundlage stützen konnte. Auch die Methoden der Gentechnik wurden als «‹Ausweitung gebräuchlicher Techniken› zur Manipulation von Tieren und Pflanzen»[52] Prozessen gleichgesetzt, wie sie in der Natur stattfinden und in der traditionellen Pflanzenzüchtung praktiziert werden.

Damit war man der Sorge enthoben, vor der Markteinführung neuer gentechnisch veränderter Produkte deren Unbedenklichkeit nachweisen zu müssen, und konnte auch die vorgeschriebenen Prüf- und Zulassungsverfahren für Nahrungsmittelzusätze und deren Kennzeichnung umgehen. Mit einem Federstrich war ein Haupthindernis für den Siegeszug der Gentechnik aus dem Weg geräumt.

Die Bevölkerung wurde mit einer Strategie der vollendeten Tatsachen überrumpelt. Beide führenden Parteien, Republikaner und Demokraten, hatten sich schon vor der Präsidentschaftswahl 1988 in ihren Parteiprogrammen zur Verbreitung der Gentechnik verpflichtet. Auch im Supermarkt blieb den Verbrauchern bald keine echte Wahl mehr. Bevor jemand wusste, was Gentechnik überhaupt ist, war sie unerkannt auf seinem Teller gelandet. Heute werden 70 Prozent aller verarbeiteten Lebensmittel in den USA bereits aus gentechnisch veränderten Produkten hergestellt, ohne dass sich der Käufer Klarheit darüber verschaffen könnte, was er eigentlich isst. Es besteht schließlich keine Kennzeichnungspflicht.

Dieses Prinzip der substanziellen Äquivalenz von gentechnisch veränderten Produkten und herkömmlichen Nahrungssubstanzen musste nur noch als internationaler Standard durchgesetzt werden. Man griff zu erprobten Rezepten. Was im Rahmen der grünen Revolution schon einmal funktioniert hatte, würde sich bestimmt auch diesmal bewähren – besser noch: Man konnte inzwischen nicht nur mit Bevölkerungsdruck und Hunger argumentieren, sondern auch mit den sich immer deutlicher abzeichnenden Umwelt- und Klimakatastrophen, gegen die man mit «stresstoleranten» Designerpflanzen eine gentechnische *firewall* errichten will. Vor allem hatte man mit der Welthandelsorganisation WTO ein wirksames Instrument geschaffen, amerikanische Handelsinteressen auf institutionellem Weg weltweit durchzusetzen.

Wer würde sich dem Weltrettungsplan Monsantos und der US-Regierung widersetzen wollen? Er müsste sich dem Vorwurf der Nichthilfeleistung aussetzen.

Europa im Visier – Junk science und das Ende der Wissenschaft

Wieder einmal war es das *Old Europe,* das weder Amerikas Kriege führen noch seine Gene essen wollte. Einer der weltweit lukrativsten Absatzmärkte bleibt den global agierenden Agro- und Lebensmittelkonzernen auf dem Gebiet gentechnisch veränderter Lebensmittel damit bis heute weitgehend verschlossen.

Als eine politisch erstarkte EU in den Neunzigerjahren jenen Glaubensartikeln abzuschwören begann, die mit dem Satz beginnen: «Amerikanische Wissenschaftler haben festgestellt ...», ließ sie dies in Handelsbeschränkungen wie dem ab 1997 geltenden Moratorium für die Vermarktung und Einfuhr gentechnisch veränderter Pflanzen und Lebensmittel wirksam werden. Damit wurde sie zum zentralen Angriffspunkt in jenem «weltweiten Krieg der Worte», in dem sämtliche Bedenken gegen den Einsatz der Gentechnik mit einer Mischung von Überheblichkeit und Verachtung als unwissenschaftlich diffamiert wurden. Es war das Vorspiel zur Klage einer von den USA angeführten «Koalition der Willigen» vor der WTO mit dem Ziel, alle Hindernisse für Nahrungsmittelimporte in die EU aufgrund gesundheitlicher Bedenken aus dem Weg zu räumen.[53]

Als das *Wall Street Journal* vom 6. November 1997 den Europäern *junk science* vorwarf, weil es den Import von amerikanischem *junk food* in Form von hormonverseuchtem Rindfleisch verboten hatte, schlug es in dieselbe Kerbe wie zuvor schon Dan Glickman, der im Kabinett Clinton von 1995 bis 2001 für Landwirtschaft zuständig war: «Wir haben dafür zu sorgen, dass sich fundierte Wissenschaft durchsetzt, nicht das, was ich historische Kultur nenne, die nicht auf fundierter Wissenschaft beruht. [...] Gute Wissenschaft muss sich in diesen Angelegenheiten durchsetzen.»[54]

Zehntausend Jahre Saatgutzüchtung, die Grundlage unserer Zivilisation, werden mit solcher *junk speech* auf den Schrottplatz der Geschichte befördert, auf den eigentlich jene reduktionistische Wissenschaft gehört, die nicht mehr als Teil einer gewachsenen Kultur betrachtet werden kann und eine ideologische Verengung und beschränkte Wahrnehmung der Wirklichkeit darstellt. Was nicht wissenschaftlich nachgewiesen ist, existiert nach dieser Auffassung nicht, und was nicht existiert, wird folglich nicht erforscht. Fatal ist dies insbesondere bei der Risikobewertung neuer Technologien und bei der damit verbundenen Vernachlässigung von Sicherheitsinteressen.

Unter Wissenschaftlern ist die Euphorie von 1969 nach dem ersten erfolgreichen Versuch, Erbinformationen aus der DNA herauszutrennen und andere einzufügen, dagegen längst verflogen. Zu viele Erwartungen haben sich nicht erfüllt, zu viele wissenschaftliche Hypothesen haben sich als unhaltbar erwiesen. Auch das «zentrale Dogma der Molekularbiologie», dass Gene auf eine vorhersehbare Weise Proteine bilden, der ursprüngliche «genetische Code» sich aber nicht verändern lasse, ist bereits ins Wanken geraten. Zwar jagen sich seit mehr als zehn Jahren die Meldungen, dass wieder ein Genom einer Tier- oder Pflanzenart entziffert sei. Doch die Forscher können das genetische Alphabet wohl *buchstabieren* – *lesen* und *verstehen* können sie es aber nicht.

«Während die Gentheorie eine elegante Möglichkeit zum Verständnis von Replikation und Vererbung bietet, ist sie völlig unzureichend, wenn sie auf eine Theorie des Lebens an sich ausgeweitet wird. Nur ein Prozent der gesamten Erbsubstanz höher entwickelter Organismen kann in Beziehung zu Form und Funktion des jeweiligen Organismus gesetzt werden.»[55] Die Funktion der restlichen 99 Prozent ist nicht entschlüsselt, wir «bezeichnen diese in unserer üblichen menschlichen

Arroganz als ‹*junk*›-DNA, statt unsere 99-prozentige Ignoranz zuzugeben», kommentiert Vandana Shiva diesen wissenschaftlichen Blindflug, bei dem Gentechniker an den Schalthebeln des Lebens herumhantieren, ohne ihre Funktion zu kennen.

Bis heute ist es nicht möglich, von genetischen Veränderungen zuverlässig auf deren Auswirkungen bei lebenden Organismen zu schließen. Der Transfer von Genen über Artgrenzen hinweg führt bisweilen zu völlig unvorhersagbaren Ergebnissen, und regelmäßig müssen wissenschaftliche Überzeugungen korrigiert werden, wenn sich unerwartete Effekte zeigen. So führte etwa ein Anfang der Neunzigerjahre durchgeführter Versuch, die Blütenfärbung roter Petunien zu verstärken, zur Entdeckung der sogenannten RNS-Interferenz – ein Phänomen, das bis heute einer eindeutigen wissenschaftlichen Erklärung harrt. Das Ergebnis des Gentransfers waren schneeweiße Blüten und die ebenso unerwartete Erkenntnis, dass der Einbau eines fremden Gens gerade die von ihm transportierten Eigenschaften im Zielorganismus komplett ausgeschaltet hatte.

Andere überraschende Phänomene, die immer wieder auftreten, nehmen sich weniger harmlos aus. Reichlich Stoff zum Gruseln bietet vor allem eine ganze Reihe möglicher toxischer oder allergener Effekte durch transgene Organismen, denn mit dem Gentransfer über Artenschranken hinweg können auch gesundheitliche Risiken wie Allergien oder Wachstumsstörungen übertragen werden.[56] Eine Sojabohne, die durch ein Gen der Paranuss unvermutet zur Henkersmahlzeit für Allergiker werden könnte, oder Milch mit synthetischen Wachstumshormonen, die zu einem erhöhten Brustkrebsrisiko führen, sind längst keine Visionen notorischer Schwarzmaler mehr, sondern Phänomene, die experimentell nachgewiesen wurden.[57]

«Der genetische Determinismus, eine ganz besonders heimtückische Form von reduktionistischer Wissenschaft, hält einer Wirklichkeitsprüfung auf der Grundlage wissenschaftlicher Erkenntnisse nicht stand»,[58] urteilt Mae-Wan Ho 1998 in ihrem Buch *Das Geschäft mit den Genen* über die damalige Genforschung – und der Graben zwischen «gentechnischen Denkmustern» und «Wirklichkeit der wissenschaftlichen Erkenntnisse» hat sich seitdem weiter vertieft.

Árpád Pusztai, der seinen Job als Wissenschaftler am Rowett Research Institute verlor, nachdem er nicht bereit war, «unerwünschte» Ergebnisse eines Fütterungsversuchs an Ratten zu vertuschen, erweitert diese auf das Denkmodell der Genetik bezogene Einschätzung auch auf die Methoden der Gentechnik. Bei allen bestehenden Verfahren kann das Einbauen einer Gensequenz beim gleichen Zielorganismus unter identischen Bedingungen zu völlig abweichenden Ergebnissen führen. Sie «ist keine Technologie, weil Technologie präzise ist. Sie basiert auf wissenschaftlichen Standards. Gentechnik dagegen ist inhärent unvorhersehbar. Man weiß nie, was herauskommt».[59] Sie gleicht einem Lotteriespiel. – Doch wen interessieren schon solche Details im Kalten Krieg der Worte um einen der weltweit lukrativsten Märkte?

Ein Jahr nach dem Einmarsch in Bagdad konnten die USA im Handelskrieg mit der EU einen weiteren Erfolg ihrer wirtschaftlichen und militärischen Feldzüge verbuchen. Bereits der Versuch der Gentechnik-Lobby, vor dem damals ungewissen Ausgang der Klage vor der

WTO die Bürokraten der EU durch verbalen Beschuss in die Enge zu treiben, endete mit deren bedingungsloser Kapitulation. Denn mit der Genehmigung der gentechnisch veränderten Bt-11-Süßmais-Sorte von Syngenta im Mai 2004 war das EU-Moratorium gegen Gentechnik de facto beendet. Brüssel war dem zwei Jahre später im Sinne der Anklage gefällten Schiedsspruch der WTO zuvorgekommen.

Die Schweizer Lobbyvereinigung Internutrition begrüßte die mit diesem Schritt geschaffene «*Wahlfreiheit* derjenigen Konsumenten und Konsumentinnen, welche sich zwischen konventionellen und biotechnologisch *verbesserten* Lebensmitteln entscheiden möchten»[60] – und setzte mit dieser lautstarken Verhöhnung aller Verbraucherinteressen das passende Schlusswort in einer Schmierenkomödie, in der dem Verbraucher nur eine Komparsenrolle zugedacht ist.

Schauplatz Deutschland – Staatliche Ohnmacht und Rückzugsstrategien

Die US-amerikanische Regierung stützte ihre Beschwerde vor der WTO unter anderem auf das Übereinkommen über sanitäre und phytosanitäre Maßnahmen (SPS-Übereinkommen). Danach müssen sich Schutzmaßnahmen, die ein Staat ergreift, auf eine wissenschaftliche Risikobewertung stützen und dürfen kein verstecktes Handelshemmnis darstellen. Befristete Maßnahmen sind nach dem Vorsorgeprinzip auch dann erlaubt, wenn ihre Notwendigkeit noch nicht wissenschaftlich eindeutig erwiesen ist.[61]

Nur aufgrund dieser Einschränkung war es der deutschen Agrarministerin Ilse Aigner (CSU) am 14. April

2009 möglich, auch entgegen der Empfehlung der Europäischen Behörde für Lebensmittelsicherheit EFSA den Anbau der umstrittenen gentechnisch veränderten Maissorte Mon810 zu stoppen. Diese produziert mithilfe eines fremden Gens ein Insektengift, das nicht nur Schädlinge bekämpfen soll, sondern auch in die Umwelt und in die Nahrungskette gelangt. Grundlage des Verbots sind Studien, die auffällige Reaktionen des Immunsystems bei Mäusen, eine höhere Sterblichkeit von Marienkäferlarven und Orientierungsprobleme von Bienen aufzeigen. Die Ministerin beeilte sich jedoch hinzuzufügen, dass es sich um eine Einzelentscheidung handle, die kein generelles Anbauverbot für Gensaat bedeute.

Ein erstes Rückzugsgefecht dürfte der Vorstoß von Forschungsministerin Schavan (CDU) gewesen sein, die durch das Anbauverbot den Forschungsstandort Deutschland bedroht sieht. «Mitten in einer schweren Wirtschaftkrise», gab sie noch am gleichen Tag zu verstehen, «setze ich besonders auf die Hochtechnologie wie die Grüne Gentechnik. Zum einen, weil sie Arbeitsplätze absichert, und zum anderen, weil wir ethisch verpflichtet sind, den Hunger in der Welt mithilfe gentechnisch veränderter Pflanzen zu bekämpfen.»[62] – Ein knappes Statement, und doch kann es als vollständige pathologische Lehrsammlung der zentralen Irrmeinungen zur Grünen Gentechnik betrachtet werden.

Hungerbekämpfung und der Tiefschlag mit der moralischen Keule

Gerade in der *Hungerdebatte* hat sich die moralische Keule immer wieder als Argumentationshilfe bewährt, wenn es in Wirklichkeit um die Durchsetzung nationaler, kommerzieller oder parteipolitischer Egoismen geht. Die «völlig unwissenschaftliche Angst» der Europäer vor Gen-Nahrung sei daran schuld, so begründete schon 2003 George W. Bush seine Klage vor der WTO, dass Afrikaner und andere Not leidende Völker nicht von den Vorzügen moderner Agrartechnik profitieren könnten, weil Genprodukte auf dem EU-Markt keinen Absatz finden.[63]

Einen Blick in die von Bush verheißene gentechnische Zukunft können die Hungernden Afrikas und anderer Not leidender Länder bereits heute werfen. Doch dies würde ihnen eher den Magen verderben anstatt den Hunger zu lindern. So haben sich einige Länder Südamerikas wie Argentinien oder Paraguay in den letzten Jahrzehnten zu endlosen Agrarwüsten mit Soja-Monokulturen verwandelt, deren Erträge die Mastfuttersilos rund um den Globus füllen – und die Taschen ausländischer Investmentfonds, nicht aber die Töpfe und Teller der Hungernden. Eine Umweltkatastrophe steht hier unmittelbar bevor. Die Böden sind vergiftet und erschöpft. Konventionelle oder gar biologische Landwirtschaft ist durch die Ausbreitung von gentechnisch verändertem Saatgut nicht mehr vorstellbar. Seit 1995 weist Paraguay eine negative Ernährungsbilanz auf, es werden heute mehr Nahrungsmittel importiert als ausgeführt.[64] Die Existenz zahlloser Kleinbauern und ihrer Familien wurde vernichtet.

Das Schlimmste, was den Hungernden der Welt passieren kann, ist die Fürsorge von Konzernen wie Monsanto oder ihren europäischen Konkurrenten Syngenta, Bayer und BASF und nicht zuletzt von Politikern wie Annette Schavan, die unbeeindruckt von der Fülle nachteiliger Erfahrungen das Argument der Gentechnik wie eine Monstranz vor sich hertragen. Unbelehrbar wird eine Mixtur aus technischem Fortschritt und Produktionssteigerung als Allheilmittel zur Hungerbekämpfung verordnet, und nachdem sie sich in der Vergangenheit als unwirksam erwiesen hat, versucht man ihr nun die Wunderdroge Gentechnik beizumischen. Auch die Milchseen und Butterberge der EU haben den Hunger in der Welt nicht gelindert, stattdessen wurde die Not anderer zu einem unentbehrlichen Faktor der Profitmaximierung im weltweiten Handel mit Agrarprodukten. Armutsregionen wie Haiti, wo es 2008 zu bürgerkriegsähnlichen Hungerrevolten kam, dienen als Reservemärkte für US-Agrarüberschüsse und zeigen, dass man auch am Elend anderer prächtig verdienen kann.

Solange die Profitmaschine Agrarwirtschaft, die heute weitgehend von multinationalen Konzernen wie Monsanto kontrolliert wird, mit höchster Drehzahl läuft, können existenzielle Grundbedürfnisse nach Nahrung nicht befriedigt werden. Dies zeigt nicht nur die Konkurrenz von Biotreibstoffen, die Nahrungspflanzen weltweit von den Feldern verdrängen. In den Laboratorien der Konzerne bastelt man längst an der genetischen «Verbesserung» weiterer Pflanzentypen als Rohstoff für die industrielle Weiterverarbeitung. So handelt es sich etwa bei der Amflora-Genkartoffel von BASF, deren Anbau die schwarzgelbe Bundesregierung ausdrücklich unterstützt,[65] um eine reine Stärkekartoffel, die nicht für den Verzehr bestimmt ist und nur für die industrielle Anwendung, etwa bei der Papierveredelung, infrage kommt.

Negative Arbeitsplatzeffekte

Freuen können sich darüber nur die EU-weit rund 96 500 Beschäftigten in der Biotechnologieindustrie, von denen aber sicher nur ein Bruchteil der Agroindustrie zuzuordnen ist. Diese Zahl genügt der EU-Kommission, um darin einen «bedeutenden Wirtschaftszweig» zu erkennen, «der stärkere öffentliche Förderung verdient.»[66] Wie Schavan, die um jeden Arbeitsplatz wie eine Löwin um ihre Jungen kämpft, hat sie offenbar die Beschäftigten in kleinbäuerlichen und vor allem ökologisch wirtschaftenden Betrieben nicht auf ihrer Rechnung. Allein in Deutschland arbeiten in der ökologischen Land- und Lebensmittelwirtschaft nach Branchenschätzungen etwa 160 000 Menschen, in der EU wohl mehr als eine halbe Million.

Nun soll, geht es nach der Empfehlung der EU, mit dem Geld der Steuerzahler die Zerstörung dieses beschäftigungsintensiven Wirtschaftszweigs aktiv betrieben werden – denn nichts anderes bedeutet der Vormarsch der Grünen Gentechnik für jede Form des biologischen Landbaus, dem hier buchstäblich der (Acker-) Boden entzogen wird. Über einen nennenswerten Beschäftigungseffekt dürften sich nur die Anwaltskanzleien, Detekteien und Inkassounternehmen freuen, wenn Monsanto seine in anderen Teilen der Welt praktizierte Strategie der Schutzgelderpressung in Form von Lizenzgebühren auf Europa ausweitet.

Forschungsstandort Deutschland und der Genhunger der Wissenschaft

Während Gentechnik bisher nicht das Geringste zur Hungerbekämpfung beigetragen hat, füllt sie auf Umwegen doch immerhin die Finanzierungstöpfe der Forschungsinstitute. Von einer unabhängigen Wissenschaft kann indes kaum noch die Rede sein, und man muss die Voreingenommenheit von Forschern wie Dr. Stefan Rauschen von der RWTH Aachen, die in ihrem Glaubenseifer einer wissenschaftlich fundierten Bewertung vorausgreifen, durchaus zu den Risiken der Gentechnik addieren. Als Koordinator eines Forschungsprojekts zu den Umweltauswirkungen von Mon810 wirft er in einem offenen Brief zögernden Politikern Kleinmut bei der Durchsetzung der Gentechnik und der Öffentlichkeit Ignoranz vor und fordert groß angelegte Freilandversuche. «Es konnten keine Hinweise darauf gefunden werden», so sein Resümee, «dass von Mon810 ein größeres oder anderes Risiko einer Gefährdung der Umwelt ausgeht als vom konventionellen Maisanbau», auch was die Wirkung «auf Nichtzielorganismen, auf den Boden, auf angrenzende Habitate, geschützte Schmetterlinge, auf tierische Gesundheit und Produktion» betrifft.[67]

Dies überrascht nicht nur angesichts jener Studien, die gerade zum Verbot der umstrittenen Maissorte geführt haben oder die die Unbedenklichkeit ähnlicher transgener Sorten seit langem infrage stellen. Und Monsanto hat sich in einer Überwachungsstudie, die vom zuständigen Bundesministerium als «zu dünn» bezeichnet wurde, nicht einmal die Mühe gemacht, auf mögliche Auswirkungen auf Boden und Wasser einzugehen – geschweige denn entlastende wissenschaftliche Daten vorzulegen.[68]

Ohnehin verhält es sich mit der Freisetzung gentechnisch veränderter Pflanzen wie beim klassischen Paradox von Achill und der Schildkröte, indem keine noch so sorgfältige Überwachung jemals die Realität einholen kann und sich Schäden in einem derart komplexen System wie der Biosphäre unmöglich prognostizieren lassen. Einer Risikotechnologie wie der Gentechnik kann daher nur mit dem Vorsorgeprinzip begegnet werden. Dies würde ein generelles Freisetzungsverbot aller gentechnisch veränderten Organismen bedeuten, das die Saatgutkonzerne auch nicht mit der Anmeldung immer wieder neuer Varietäten unterwandern können, kaum dass eine Sorte verboten ist.

Multigenompatente – Enterhaken eines modernen Freibeutertums

Welche Perspektiven sich für die Freiheit der Forschung tatsächlich eröffnen, wenn es nach den Vorstellungen der Saatgutkonzerne geht, zeigt auch ein Vorstoß, den der Schweizer Syngenta-Konzern 2005 unternahm und in dem die kanadische ETC Group[69] eine «Bedrohung der Ernährungssicherheit der Welt und einen Angriff auf die gesamte Agrarforschung»[70] sah. Mit dem Patent auf wichtige Gensequenzen der Reispflanze, die die Blütenbildung und den Zeitpunkt der Blüte regulieren, hätte sich Syngenta automatisch die Eigentumsrechte an allen Pflanzen gesichert, die übereinstimmende biologische Merkmale tragen.

Wie ein Dieb, den man mit der Hand in der Keksdose erwischt, wird Syngenta hier seiner wirklichen Absicht überführt, neben der Nutzung von Patenten auch das Monopol über Züchtung und Forschung zu erlangen – der Schlüssel zur weltweiten Kontrolle über die Agrarwirtschaft. «In dieser Art von Patentstrategie ist Reis also nur das Mittel zum Zweck eines umfassenden Gen-

Monopols»,[71] urteilt auch der Gentechnikexperte Andreas Bauer vom Umweltinstitut München.

Ein solches Multigenompatent, das von Syngenta nach öffentlichem Druck wieder zurückgezogen wurde, ist der Enterhaken eines modernen Freibeutertums, an dem seit 1980 unablässig geschmiedet wurde, nachdem der Oberste Gerichtshof der Vereinigten Staaten in einer äußerst knappen Entscheidung zugunsten eines Antrags für das Patent einer transgenen Mikrobe entschieden hatte. 1982 folgte das Europäische Patentamt dieser Auslegung und 1985 wurde das erste Patent auf eine Pflanze, 1988 auf das erste Tier erteilt, 2000 auf menschliche Embryonen. Inzwischen betreffen 20 Prozent von den 70 000 Patenten, die in den USA jährlich vergeben werden, lebende Organismen.[72] Dabei muss sich der Antragsteller keineswegs nur mehr auf eine technische Erfindung berufen. Dem amerikanischen Patentamt genügt bereits die Isolierung und Beschreibung der Funktionen eines Genoms, damit ein Patent erteilt wird.[73]

Die Patentierung des Lebens markiert nicht nur eine grundlegende ethische Wende im Umgang mit lebenden Organismen, die vom Allgemeingut zum Privateigentum umgewidmet werden. Unter kommerziellen Gesichtspunkten ist sie für die Agrarwirtschaft von ähnlich herausragender Bedeutung wie die wissenschaftlich-technischen Möglichkeiten zur Manipulation des Erbguts.

Um diesem Geschäftsmodell, das auf Eigentumsansprüchen an Lebewesen beruht, weltweit zum Durchbruch zu verhelfen, bedurfte es allerdings weitaus mehr als der Einflussnahme auf Ernährungs- und Lebensgewohnheiten, wie sie früher zur Eroberung neuer Märkte beigetragen hatte. Nur durch weltweite Verschiebung politischer, ökonomischer und rechtlicher Rahmenbedingungen, nur durch Demontage nationaler Souveränität und Beschneidung demokratischer Entscheidungsprozesse, durch Deregulierung der Märkte und mithilfe eines völkerrechtlich verbindlichen Mechanismus zur Durchsetzung internationaler Vereinbarungen würde eine ungehinderte Verbreitung gentechnisch veränderter Produkte möglich sein.

Darin liegt die Bedeutung der sogenannten Uruguay-Runde von 1986 bis 1994, die zur Gründung der Welthandelsorganisation WTO führte und durch zahlreiche Abkommen[74] alle Schleusen für eine ungehinderte globale Verbreitung gentechnisch veränderten Saatguts öffnete. Die WTO-Verhandlungen waren für die amerikanische Agroindustrie das «Schlachtfeld, auf dem die Regeln für das 21. Jahrhundert geschrieben werden».[75]

Der damit begonnene Umbau des demokratischen Staatswesens, bei dem nur eine parlamentarische Schauseite erhalten bleibt, ist inzwischen schon so weit fortgeschritten, dass man mittlerweile von einem Systemwechsel sprechen kann. Ein internationaler Wettlauf beim Abbau von Demokratie und Bürgerrechten, die nur noch als Wirtschaftshemmnis und Standortnachteil betrachtet werden, bringt bereits Züge einer Wirtschaftsdiktatur zum Vorschein, in der zentrale Bereiche wie Wettbewerbsregeln, Warenverkehr, Finanz- und Währungspolitik, Justiz, Verkehr und nicht zuletzt Landwirtschaft und Verbraucherschutz demokratisch gewählten Kontrollorganen entzogen sind.

Wo eine rechtliche oder politische Basis für die Patentierung und Verbreitung gentechnisch veränderter Nutzpflanzen nicht gegeben ist, vertraut man auf eine andere, nicht weniger wirksame Strategie. Natur, die sich nicht patentieren lässt, muss kurzerhand weichen. Dies erreicht man am wirkungsvollsten durch Kontamination – durch Verseuchung der Anbauflächen oder des gehandelten Saatguts mit transgenen Sorten, durch die Einschleusung genetisch veränderter Nahrungsmittel in geschützte Märkte, etwa in Form von Hilfslieferungen, als Viehfutter oder als Bestandteil importierter Fertigprodukte, noch besser aber durch Auskreuzung von GV-Saatgut in die natürliche Umwelt. Ist die Büchse der Pandora einmal geöffnet, sind die verbotenen Gene nicht mehr rückholbar.

Was in vielen Gegenden der Erde bei wichtigen Nahrungs- und Futterpflanzen wie Mais, Soja oder Raps bereits zum vollständigen Erliegen des konventionellen und biologischen Anbaus geführt hat, muss durchaus auch als Teil der Marktstrategie für Europa betrachtet werden, die dem Grundsatz folgt, dass alles erlaubt ist, solange man sich nicht erwischen lässt. Für die Überwachung des Verbots, genetisch veränderte Organismen in Umlauf zu bringen, sind in Deutschland die Bundesländer zuständig, die eine wirkungsvolle oder gar lückenlose Kontrolle nicht annähernd gewährleisten können.

Gerade die strenge Nulltolleranzgrenze innerhalb der EU bietet ein leichtes Ziel für vorsätzliche genetische Verunreinigungen von Lebensmitteln, die aufgrund der Unmöglichkeit einer Trennung und Überwachung der Warenströme kaum zu verhindern und aufzuklären sind. So fanden selbst der Gen-Reis LL601 und der gentechnisch veränderte Mais Bt10 ihren Weg in europäische Kaufhausregale, obwohl sie in keinem Land der Erde eine Zulassung besitzen.[76] Und während sich die Aufmerksamkeit einer völlig überforderten Lebensmittelüberwachung vor allem auf die Hauptanbaupflanzen richtete, fand sich jüngst ein Leck, wo man es am wenigsten erwartete. Bei Untersuchungen von Leinsamen aus dem Bäckereigroßhandel und in Verarbeitungsprodukten wurden in 16 von 41 entnommenen Proben Spuren von gentechnischen Veränderungen nachgewiesen.[77] Dabei handelte es sich um die GV-Leinsorte Triffid, die sinnigerweise nach jenen Fleisch fressenden Pflanzen benannt wurde, die in John Wyndhams gleichnamigem Roman über die Erde wandern, um die Menschheit zu verdauen.

Politische Kräfte, die ihre Sympathie für Agro-Gentechnik mit dem absurden Rechtsverständnis verbinden, wonach der Täter entscheidet, was strafbar ist, finden in diesem Vorfall einen willkommenen Anlass für die Erneuerung ihrer Forderung nach Aufhebung der Nulltoleranzgrenze. Für Christel Happach-Kasan, ernährungs- und agrarpolitische Sprecherin der FDP-Bundestagsfraktion, besteht der eigentliche Schaden dieser Kontamination in den Kosten durch den Rückruf der betroffenen Lebensmittel. «Diesem steht keinerlei Verbrauchernutzen gegenüber.» Mit der Einführung des geforderten «technischen Grenzwerts», der der Gentechnik-Industrie nach bewährtem Muster als Türöffner zum geschützten EU-Markt dienen würde, soll der Schaden dieses gewaltsamen Eindringens begrenzt werden, indem man die Tür einfach einen Spalt offen lässt. Darf man dies als eine jener «wissenschaftsbasierten Entscheidungen»[78] verstehen, mit denen die FDP zur Grünen Gentechnik Vertrauen schaffen will?

Die hektischen Reaktionen der Hersteller, die nach solchen Skandalen ihre Produkte sofort vom Markt nahmen, in Einzelfällen sogar zur Verwendung von Erzeugnissen aus dem Bioanbau übergingen, können die Konzerne nicht schrecken. Denn solche Alternativen wird es möglicherweise bald nicht mehr geben, wenn auch die Kontamination mit gentechnisch verändertem Saatgut fortschreitet. Hier offenbart sich das eigentliche Potenzial der Grünen Gentechnik für die Agroindustrie, nämlich als Waffe, die den weitgehend autark wirtschaftenden ökologischen Landbau an seiner einzigen verwundbaren Stelle trifft und dadurch zum Erliegen bringen kann. Der Biobauer wird in die Enge seiner Parzelle gedrängt und kann nicht in Frieden wirtschaften, wenn es seinem genverseuchten Nachbarn nicht gefällt. Das Ziel des «gleichberechtigten Nebeneinanders unterschiedlicher Wirtschaftsmethoden von konventioneller und ökologischer Landwirtschaft», wie es der Koalitionsvertrag 2009 formuliert, steht daher in einem unauflösbaren Widerspruch zur Absicht, «die verantwortbaren Potenziale der grünen Gentechnik nutzen» zu wollen.[79]

Für das Saatgut bedeutet die fortschreitende Kontaminierung, dass eine Sortenreinheit bald nicht mehr zu gewährleisten sein wird. Doch damit die Regale für konventionelle und Bioprodukte auch künftig nicht leer bleiben, hat die EU bereits vorgesorgt – und zeigt damit, dass sie die Folgen einer Verunreinigung mit gentechnisch verändertem Saatgut durchaus im Blick hat. In ihrem Entwurf zur Neuregelung der Saatgutrichtlinie ist ein Grenzwert von 0,3 Prozent oder höher vorgesehen, unter dem eine Verunreinigung nicht gekennzeichnet werden muss. Doch ob Züchter und Saatgutforscher dann überhaupt noch auf konventionelle Sorten zurückgreifen können, ist ohnehin fraglich. Durch Auskreuzung von manipuliertem Erbgut wird es, wie die Durchseuchung traditioneller Maissorten in Mexiko schon heute zeigt, bald kein Saatgut mehr ohne transgene DNA geben, die den Stempel von Monsanto trägt. Dies bedeutet dann das Ende unabhängiger Saatgut-Forschung am «Forschungsstandort Deutschland».

Ethischer Imperativ statt Verantwortung

Angesichts solcher Szenarien wird es einem bei der Kontroverse um die Gentechnik besonders mulmig, wenn ihre Anwendung als ethischer Imperativ dargestellt wird. Wer von Ethik spricht, muss die Gesamtheit des praktischen Wissens und der Erfahrungen ins Auge fassen. Die Bewertung fragwürdiger wissenschaftlicher Studien darf dabei kaum ins Gewicht fallen angesichts der Summe der sozialen, ökonomischen, ökologischen und kulturellen Verwerfungen, die im Zusammenhang mit dem Einsatz gentechnisch veränderter Organismen in der Landwirtschaft auftreten. In diese Gesamtschau ist auch das mit der Gentechnik verbundene Anbaukonzept sowie die Strategie der Konzerne einzubeziehen, ein parasitäres System zu etablieren, mit dem sie ohne nennenswerte wirtschaftliche Leistung auf Kosten der Landwirte, der Verbraucher und nicht zuletzt der Umwelt Gewinne erzielen. Wer von Ethik spricht, ist vor allem aufgefordert, diese Entwicklung nicht tatenlos hinzunehmen.

Von Marie Antoinette wird berichtet, sie habe am Vorabend der Französischen Revolution den Anblick der Hungernden in den Straßen von Paris mit der Bemerkung kommentiert, wer kein Brot habe, möge doch Kuchen essen. Heute sind es Aussagen wie die von Annette Schavan, die die Ignoranz der Satten gegenüber den Hungernden dieser Welt illustrieren – gegenüber jenen, die weder über das tägliche Brot noch über ihren gerechten Anteil am fetten Kuchen der weltweiten Nahrungsressourcen verfügen.

Vieles spricht dafür, dass eine Versöhnung von Politik und Vernunft auch künftig nicht zu erwarten ist, solange die «kausale Verbindung von Demokratie und dem Ausbleiben von Hungersnöten»[80] ignoriert wird und die falschen Verheißungen der Saatgutlobby bei politischen Entscheidungen schwerer wiegen als die von ihr verursachten und hinlänglich dokumentierten Schäden. Und während der zum Sicherheitsstaat mutierende Rechtsstaat in seiner Überwachungsparanoia biometrische Daten speichert und unbemerkt in die Computer und damit in die Privatsphäre der Bürger eindringt, zeigt er sich gerade dann besonders liberal und wenig auf Sicherheit bedacht, wenn – wie bei der Freisetzung der Gentechnik – Lebensgrundlagen fahrlässig aufs Spiel gesetzt und irreversibel zerstört werden.

Das Anbauverbot von Mon810, dem eine massive Kampagne verschiedener Umweltorganisationen vorausgegangen war, hat aber auch gezeigt, dass im Gegenwind zivilgesellschaftlicher Kräfte keine Gensaat gedeihen kann. Auch bei seinem juristischen Vorgehen gegen das Verbot ist Monsanto, dem weniger am Anbau dieser Maissorte gelegen ist als daran, den Widerstand in der

EU gegen Genprodukte zu brechen, inzwischen gescheitert. Für den Saatgutriesen ging damit jedoch nur eine Schlacht verloren, nicht aber der Kampf um den lukrativen europäischen Saatgutmarkt als eine der letzten nahezu gentechnikfreien Bastionen auf dem Agrar- und Nahrungsmittelsektor. Für mehrere vergleichbare Maissorten wurde bereits eine EU-Zulassung beantragt und in Zusammenarbeit mit dem deutschen Chemiekonzern BASF Plant Science soll eine neue trockenresistente Maissorte entwickelt und bis 2012 zur Marktreife geführt werden.

Die Würde des Menschen und die Grenzen des Handelns

Agrokultur ist, wie zehntausend Jahre Agrargeschichte belegen, in der Lage, ihre Güter und Werte in einem lebendigen Kontext selbst über Jahrtausende hinweg zu schützen. Doch da jedes selbstregulierende System nur so lange stabil sein kann, wie seine Selbstheilungskräfte intakt sind, bedarf sie des Schutzes. Statt diese Aufgabe zu erfüllen, macht sich eine an Partikularinteressen orientierte Politik selbst zum Werkzeug der Zerstörung.

Gerade in der landwirtschaftlichen Produktion sind dem unternehmerischen Handeln durch ihre besondere soziale und ökologische Bedeutung enge Grenzen gesetzt, die jedoch im Zeitalter deregulierter und globalisierter Märkte längst überschritten sind. «Nachhaltigkeit und Demokratie», resümiert Vandana Shiva in diesem Sinne, «basieren beide auf dem Respektieren von Grenzen, die durch das Recht anderer vorgegeben sind.»[81] Im Gegensatz dazu agieren die multinationalen Saatgutkonzerne heute vor allem in Entwicklungs- und Schwellenländern in einem quasi rechtsfreien Raum, in dem sie nicht nur den Landwirten, sondern auch der staatlichen Autorität zunehmend ihre Bedingungen diktieren.

Erste Anzeichen eines Umdenkens haben sich in der politischen und ökonomischen Praxis bisher nur zögerlich ausgewirkt. Doch immerhin richtet inzwischen auch die FAO ihr Augenmerk auf die Stärkung kleinbäuerlicher Strukturen und sogar die Weltbank als Triebwerk einer wachstums- und technologiegläubigen Entwicklungspolitik schlägt in ihrem *World Development Report* von 2008 ungewohnt kritische Töne an. Obwohl das Postulat des Zusammenhangs von Armutsbekämpfung und Produktionssteigerung weiterhin dominiert, kommt man zur ernüchternden Feststellung, dass sich heute gerade moderne Technologien zunehmend als Wachstumsbremse erweisen. Demnach könnten «das langfristige Produktivitätswachstum höher und die Belastungen für Umwelt und Gesundheit geringer sein, wenn die durch moderne Technologien verursachten ökologischen Kosten vermieden worden wären. In China und Pakistan wurden etwa ein Drittel der durch technischen Fortschritt erzielten Produktivitätsgewinne zunichte gemacht durch die Verschlechterung des Bodens und des Wassers, und dies schließt noch nicht die externen Kosten der Umweltverschmutzung ein.»[82]

Auf das globale Problem des Hungers gab die französische Nationalversammlung 1789 mit ihrer *Erklärung der Menschen- und Bürgerrechte* vom 26. August eine nicht minder globale Antwort, die ebenso wie der wissenschaftlich-technische Fortschritt zu den Früchten der Aufklärung gehört. Sie bestand nicht in der Forderung nach Produktionssteigerung, sondern im Entwurf einer neuen Sozialgestalt, deren Säulen Freiheit, Gleichheit und Solidarität bilden (S. 26f.). Deren Verwirklichung bleibt auch im Zeitalter der Globalisierung unvollendet, solange sogenannte Wirtschaftseliten die unveräußerlichen Menschenrechte zum eigenen Nutzen umdeuten, umgehen oder pervertieren, und die Bekämpfung von Armut und Hunger muss ohne die grundlegende Einsicht, dass die Würde des Menschen unantastbar ist, scheitern.

Selbst eine Rekordernte wie 2009 hat den Hunger in der Welt nicht verringert und der Erfolg von Hilfsprogrammen besteht vor allem in ihrer Wirkung als Konjunkturspritze für eine einseitig profitierende Agroindustrie. Während allein 2007 3,3 Millionen Tonnen Nahrungsmittel im Rahmen der Welthungerhilfe (WFP) auf dem Luft-, Land- und Seeweg in Hungergebiete transportiert wurden, schreitet die stille Demontage von Freiheit, sozialer Sicherheit, Gleichberechtigung und die Umverteilung des Besitzes zulasten der Ärmsten gerade bei landlosen Kleinbauern der Dritten Welt ungebremst voran.

Dies führt sogar zu einem Wiederaufleben der Sklaverei – ein Phänomen, das nach landläufigen Vorstellungen ausgerottet ist, in Wirklichkeit aber im 21. Jahrhundert einen beispiellosen Boom erlebt. Geschätzte 27 Millionen Menschen weltweit werden heute für einen Hungerlohn, mit dem sich kaum die elementarsten Lebensbedürfnisse befriedigen lassen, zur Arbeit gezwungen, misshandelt und gedemütigt. Diese modernen Sklaven erwirtschaften jährlich Gewinne von 31 Milliarden US-Dollar und ihre Erzeugnisse finden sich in den Regalen jedes Supermarkts.[83] Auch der Westen, der bisher die Augen vor diesem Phänomen verschlossen hat, wird inzwischen von ihm heimgesucht – und selbst der Hunger schleicht heimlich wieder durch unser behagliches Wohlstandsparadies.

In einem System des Unrechts und der Ausbeutung lässt sich erfolgreich wirtschaften, Wohlstand ist jedoch nur möglich, wo sich ökonomisches Handeln an der Würde des Menschen ausrichtet. Wo dies nicht der Fall ist, muss selbst ein Akt der Menschlichkeit, ob er nun an den Armentafeln der Industrieländer oder in Form von Hilfslieferungen an die Dritte Welt erbracht wird, diese Würde verletzen. Auch die gewiss gut gemeinte Forderung nach einem Menschenrecht auf Ernährung, wie sie auf dem ansonsten eher ergebnislos verlaufenen Welternährungsgipfel im November 2009 in Rom gestellt wurde, kann – wie jede singuläre Maßnahme – auch zu einem Feigenblatt der Agroindustrie werden, hinter dem sich Geschäftsinteressen trefflich verbergen lassen.

In der Wirtschaft ist Freiheit zur Maßlosigkeit verkommen, in der Politik zu Willkür und Orientierungslosigkeit. Wo nationale Grenzen, die einen Schutz regionaler Märkte ermöglichen, bedeutungslos werden, ist es umso nötiger, die Grenzen des Handelns neu zu definieren. Für den Umgang mit Nahrungsmitteln und anderen Agrarerzeugnissen bedeutet dies *Solidarität* im Rahmen einer bedarfsgerechten und nachhaltig ökologischen Wirtschaftsweise und der Ernährungssouveränität sowie *Gleichheit* als Grundrecht auf Nahrung – ungeachtet der wirtschaftlichen Leistungsfähigkeit und individuellen Kaufkraft.

Dem Saatgut kommt eine herausragende Rolle als *Kulturfaktor* zu, dessen Bewahrung nur auf der Grundlage der Freiheit der Forschung und Vermehrung möglich ist. Seine Qualität, Vielfalt und Verfügbarkeit ist wie fruchtbarer Boden und sauberes Wasser Voraussetzung für die sichere Ernährungsgrundlage einer wachsenden Weltbevölkerung, die nur durch freien Zugang zu den genetischen Ressourcen, durch Beseitigung patentrechtlicher Restriktionen und Ächtung gentechnischer Manipulation von Kulturpflanzen gewährleistet werden kann.

«Macht derjenige, der ein Kilo Pfirsiche gegen Münzen welcher Währung auch immer eintauscht, nicht ein schlechtes Geschäft?»,[84] gab Jean Giono einmal zu bedenken, und mit noch größerem Recht ließe sich fragen, was wir dadurch gewinnen, dass wir die Vernichtung pflanzengenetischer Vielfalt und gentechnische Manipulation bis hin zum Verlust der natürlichen Keimfähigkeit dulden, dass wir das kostbarste Gut, das der Menschheit überliefert wurde, wie wertlosen Trödel an die Agrokonzerne verschleudern?

Nichts wird die Gesellschaft von morgen deutlicher prägen als die Tatsache, wie wir heute mit dem Saatgut umgehen.

Der Autor

Manfred Christ, geboren 1962, studierte Germanistik, Philosophie und Kunstgeschichte und arbeitet seit 1995 freiberuflich als Verlagslektor.

ANMERKUNGEN

1 Erste Domestikationsformen von Getreide in Israel, Syrien und der Türkei werden auf etwa 8500 v. Chr. datiert. Siehe *Die ältesten Monumente der Menschheit,* Ausst.-Kat., hrsg. vom Badischen Landesmuseum Karlsruhe, Stuttgart 2007, S. 42f.

2 Von *phero* und *phonos,* «die, die Zerstörung bringt»; siehe Robert von Ranke-Graves: *Griechische Mythologie. Quellen und Deutung,* hrsg. von Ernesto Grassi, Reinbek 1960, Band 1, S. 81.

3 Walter Burkert, *Antike Mysterien,* München [4]2003, S. 26.

4 Siehe Robert von Ranke-Graves: *Griechische Mythologie,* S. 77.

5 Nach anderen Quellen musste sie drei Monate in der Unterwelt verbringen.

6 *Der kleine Pauly. Lexikon der Antike in fünf Bänden,* Band 5, München 1979, S. 965.

7 Walter Burkert: *Antike Mysterien,* S. 79.

8 Siehe Food and Agriculture Organization (FAO): *The state of the world's plant genetic resources for food and agriculture,* Rom 1998. Zitiert nach Detlef Virchow: *Die Erhaltung der Agrobiodiversität,* in: *Aus Politik und Zeitgeschichte,* 3, 2008.

9 Siehe Jürgen Duenbostel: *Zum Beispiel Saatgut,* Göttingen 1990, S. 82. – Zur Frage des Schutzes und der Kontrolle pflanzengenetischer Ressourcen siehe auch Pat Mooney und Cary Fowler: *Die Saat des Hungers. Wie wir die Grundlagen unserer Ernährung vernichten,* Hamburg 1991, S. 118ff.

10 Siehe *Global Crop diversity trust pledges* (Stand 1. April 2009). Siehe: www.croptrust.org

11 Siehe *Dark cloud over good works of Gates Foundation,* in: *Los Angeles Times* vom 7. Januar 2007.

12 Siehe F. William Engdahl: *«Doomsday Seed Vault» in the Arctic. Bill Gates, Rockefeller and the GMO giants know something we don't.* Siehe www.globalresearch.ca

13 Matt Taibbi: *Die Plünderung Amerikas,* in: *Euro,* 5, 2009, S. 16.

14 Siehe Food and Agriculture Organization (FAO): *Development Education Exchange Papers,* September 1993. Zitiert in: Vandana Shiva: *Biodiversität. Plädoyer für eine nachhaltige Entwicklung,* Bern 2001.

15 Harald Schumann und Christiane Grefe: *Der globale Countdown. Gerechtigkeit oder Selbstzerstörung – Die Zukunft der Globalisierung,* Köln 2008, S. 287.

16 Vandana Shiva: *Biodiversität,* S. 35. – 1991 gründete Shiva die Organisation Navdanya (Neue Saaten), die sich der Erhaltung traditioneller Sorten und Anbaumethoden widmet.

17 *Everyones United Nations. A handbook on the world of the United Nations,* New York [10]1986, S. 248.

18 Zitiert in Jürgen Büschenfeld: *Chemischer Pflanzenschutz und Landwirtschaft. Gesellschaftliche Vorbedingungen, naturwissenschaftliche Bewertungen und landwirtschaftliche Praxis in Westdeutschland nach dem Zweiten Weltkrieg,* in: Andreas Dix und Ernst Langthaler (Hrsg.): *Grüne Revolutionen. Agrarsysteme und Umwelt im 19. und 20. Jahrhundert,* Innsbruck 2006, S. 129.

19 Zitiert ebenda, S. 102.

20 Justus von Liebig: *Die organische Chemie in ihrer Anwendung auf Agrikultur und Physiologie,* 1840 und 1842.

21 Frank Uekötter: *Die Chemie, der Humus und das Wissen der Bauern. Das frühe 20. Jahrhundert als Sattelzeit einer Umweltgeschichte der Landwirtschaft,* in: Andreas Dix und Ernst Langthaler (Hrsg.): *Grüne Revolutionen und Umwelt im 19. und 20. Jahrhundert,* S. 107.

22 Rudolf Steiner: *Geisteswissenschaftliche Grundlagen zum Gedeihen der Landwirtschaft. Landwirtschaftlicher Kurs,* Dornach [8]1999, S. 156.

23 Rudolf Steiner, zitiert in: Peter Selg: *Koberwitz, Pfingsten 1924. Rudolf Steiner und der Landwirtschaftliche Kurs,* Dornach 2009, S. 15.

24 Rudolf Steiner: *Geisteswissenschaftliche Grundlagen zum Gedeihen der Landwirtschaft,* S. 11.

25 Zitiert in Frank Uekötter: *Die Chemie, der Humus und das Wissen der Bauern,* in: Andreas Dix und Ernst Langthaler (Hrsg.): *Grüne Revolutionen,* S. 117.

26 Ebenda.

27 Ebenda, S. 118.

28 Rudolf Steiner: *Geisteswissenschaftliche Grundlagen zum Gedeihen der Landwirtschaft. Landwirtschaftlicher Kurs,* S. 102f.

29 Auf die Vorzüge des *golden rice* (S. 248f.) angesprochen, antwortete Kumi Naidoo in einem *Spiegel*-Interview: «Wir müssen sichergehen, keine neue, richtige Entwicklung zu verpassen.» *(Das eigene Leben riskieren. Der neue Greenpeace-Chef Kumi Naidoo über Menschenrechte, Hungerstreiks und seine offene Haltung zur Gentechnik,* in: www.spiegel.de vom 30. November 2009). Auf der Website von Greenpeace beeilte er sich, dies wieder zur korrigieren: «Greenpeace geht somit genau den richtigen Weg. Gen-Pflanzen sind eine Bedrohung für die Umwelt und bergen deutliche Risiken für den Menschen.» *(Fragen und Antworten zum Spiegel-Interview mit Kumi Naidoo,* in: www.greenpeace.de vom 1. Dezember 2009.)

30 Siehe Peter Moser: *Wie aus Züchtern Vermehrer gemacht wurden. Saatzüchtung und Saatgutwesen in der Schweiz im 20. Jahrhundert,* in: Andreas Dix und Ernst Langthaler (Hrsg.): *Grüne Revolutionen,* S. 79.

31 Siehe ebenda, S. 82f.

32 Siehe *Nature Reviews Genetics,* 2, 2001.

33 Vandana Shiva: *Biodiversität,* S. 126.

34 Zahlen bezogen auf Österreich für die Jahre zwischen 1965 und 1980. Siehe Fridolin Krausmann: *Vom Kreislauf zum Durchfluss. Österreichs Agrarmodernisierung als sozialökologischer Transformationsprozess,* in: Andreas Dix und Ernst Langthaler (Hrsg.): *Grüne Revolutionen,* S. 39.

35 Vandana Shiva: *Biodiversität,* S. 22.

36 Siehe zum Beispiel Tobias Schwaab: *Daewoo kauft Madagaskar auf,* in: www.fr-online.de vom 4. Februar 2009.

37 Vandana Shiva: *Biodiversität,* S. 131.

38 Vandana Shiva: *Biodiversität,* S. 133. Die Autorin bezieht sich auf Francesca Bray: *Agriculture for developing nations,* in: *Scientific American,* Juli 1994.

39 Siehe Jürgen Duenbostel: *Zum Beispiel Saatgut,* S. 29.

40 Rudolf Steiner und Ita Wegman: *Grundlegendes für eine Erweiterung der Heilkunst nach geisteswissenschaftlichen Erkenntnissen,* Dornach [7]1991, S. 36.

41 *ETC Group (Action Group on Erosion, Technology and Concentration)*: Kanadische Nichtregierungs-Organisation, deren Gründung aus der Sorge um das Saatgut erfolgte (www.etcgroup.org).

42 Zitiert in Mae-Wan Ho: *Das Geschäft mit den Genen. Genetic Engeneering – Traum oder Alptraum?,* München 1999, S. 72.

43 Siehe Marie-Monique Robin: *Mit Gift und Genen,* S. 292–303. *Bt-Baumwolle:* Transgene Baumwollpflanzen, die durch Einbau von Genen eines Bodenbakteriums *(bacillus thuringiensis)* Toxide produzieren, um bestimmte Schädlinge zu vernichten.

44 Vandana Shiva: *Biodiversität,* S. 79.

45 Angabe bezogen auf 2008; siehe *Biotech Crops in Africa. The Final Frontier,* hrsg. vom International Service for the Acquisition of Agri-biotech Applications (ISAAA), 2009, S. 17.

46 Bobby Jordan: *GM maize fails to produce,* in: *The Times* (Südafrika) vom 22. März 2009.

47 Siehe *Globale Anbauflächen 2008. Tendenzen steigend: Gentechnisch veränderte Pflanzen weltweit auf 125 Millionen Hektar* (Quellen: *ISAAA Brief,* 39, 2008, und United States Department of Agriculture USDA), in: www.transgen.de vom 11. Februar 2009.

48 *Vorreiter für sichere und höhere Erträge bei Nutzpflanzen,* gemeinsame Presseerklärung von BASF und Monsanto vom 17. September 2008, siehe www.basf.com

49 Vandana Shiva: *Biodiversität,* S. 75.

50 Siehe Food and Agriculture Organization of the United Nations (FAO): *The State of Food Insecurity in the World 2008,* Rom 2008, S. 6f.

Die Entstehung der Kulturpflanzen und das Saatgut als Kulturerbe der Menschheit

1 Siehe Markus Osterrieder und Peter Guttenhöfer: *Die Durchlichtung der Welt. Altiranische Geschichte,* Kassel 2008.

2 Rudolf Steiner: *Das Matthäus-Evangelium* (GA 123), Dornach [7]1988, S. 27ff.

3 Siehe Walther Hinz: *Zarathustra,* Stuttgart 1961.

4 Siehe Markus Osterrieder und Peter Guttenhöfer: *Die Durchlichtung der Welt. Altiranische Geschichte,* Kassel 2008.

5 Ebenda.

6 Rudolf Steiner: *Das Lukas-Evangelium* (GA 114), Dornach [9]2001, S. 120.

7 Rudolf Steiner: *Das Matthäus-Evangelium* (GA 123), [7]1988, S. 27ff.

8 Siehe Norbert Benecke: *Der Mensch und seine Haustiere. Die Geschichte einer jahrtausendealten Beziehung,* Stuttgart 1994, S. 95.

9 Siehe Ulrich Willerding: *Vor- und Frühgeschichtliche Kulturpflanzen in Mitteleuropa. Neue Ausgrabungen und Forschungen in Niedersachsen,* Band 5, Hildesheim 1970, S. 287–375.

10 Siehe Daniel Zohary und Maria Hopf: *Domestication of plants in the old world. The origin and spread of cultivated plants in West Asia, Europe and the Nile Valley,* Oxford und New York [3]2000.

11 Ebenda.

12 Einkorn *(triticum monococcum)* ist diploid und hat die genomische Bezeichnung AA oder 2n = 14 Chromosomen. Emmer *(triticum dicoccum)* und der ihm nah verwandte Hartweizen *(triticum durum)* sowie andere (Sammelname *triticum turgidum)* sind tetraploid und haben den genomischen Aufbau AABB oder 2n = 28, also die doppelte Chromosomenzahl. *Triticum aestivum,* von dem sich die heute weltweit verbreiteten Saat- oder Brotweizenformen herleiten, hat im Gegensatz zu den Erstgenannten keine Wildform. Er ist hexaploid mit dem Genomaufbau AABBDD oder 2n = 42 Chromosomen. Die Erweiterung des Genoms des tetraploiden Turgidum-Weizens um den Chromosomensatz DD wird auf die Einkreuzung des Wildgrases *aegilops squarrosa (syn. ae. tauschii, coss)* zurückgeführt. Siehe Daniel Zohary und Maria Hopf: *Domestication of plants in the old world. The origin and spread of cultivated plants in West Asia, Europe and the Nile Valley,* Oxford und New York [3]2000.

13 Hexaploide Zellkerne wie beispielsweise beim Aestivum-Weizen besitzen sechs Chromosomensätze.

14 Siehe dazu auch Elisabeth Schiemann: *Entstehung der Kulturpflanzen,* in: *Ergebnisse der Biologie,* Bd. 19, 1943, S. 409–552. Vgl. auch Karl Bertsch und Franz Bertsch: *Geschichte unserer Kulturpflanzen,* Stuttgart 1947.

15 Ebenda.
16 Ebenda.
17 Siehe Ulrich Willerding: *Ursprung und Entwicklung der Kulturpflanzen in vor- und frühgeschichtlicher Zeit,* in: Herbert Jankuhn (Hrsg.): *Vor- und Frühgeschichte vom Neolithikum bis zur Völkerwanderungszeit. Deutsche Agrargeschichte I,* Stuttgart 1969.
18 Siehe Frank Teichmann: *Der Mensch und sein Tempel. Megalithkultur in Irland, England und der Bretagne,* Stuttgart 1983.
19 Siehe Daniel Zohary und Maria Hopf: *Domestication of plants in the old world,* Oxford und New York ³2000.
20 Siehe Ulrich Willerding: *Ursprung und Entwicklung der Kulturpflanzen in vor- und frühgeschichtlicher Zeit,* in: Herbert Jankuhn(Hrsg.): *Vor- und Frühgeschichte vom Neolithikum bis zur Völkerwanderungszeit,* Stuttgart 1969.
21 Siehe Daniel Zohary und Maria Hopf: *Domestication of plants in the old world,* Oxford und New York ³2000.
22 Ebenda.
23 Ebenda.
24 Ebenda.
25 Ebenda.
26 Ebenda.
27 Gerhard Friedrich: *Handbuch des Obstbaus,* Radebeul 1993.
28 V. V. Ponomarenko: *Herkunft und Verbreitung von Malus domestica,* zitiert in: Josef Weimer: *Geschichte des Obstbaus und Entwicklung des biologisch-dynamischen Obstbaus,* unveröffentlicht.
29 Friedrich Sickler: *Allgemeine Geschichte der Obstkultur von den Zeiten der Urwelt an bis auf die gegenwärtigen herab,* Frankfurt am Main 1802.
30 Wachstumsschicht des Baums zwischen Rinde und Holz.
31 Siehe Daniel Zohary und Maria Hopf: *Domestication of plants in the old world,* Oxford und New York ³2000.
32 Ebenda.
33 Siehe Elisabeth Schiemann: *Entstehung der Kulturpflanzen,* in: *Ergebnisse der Biologie,* Band 19, 1943, S. 409–552. Vgl. auch Karl Bertsch und Franz Bertsch: *Geschichte unserer Kulturpflanzen,* Stuttgart 1947.
34 Siehe Werner Odenbach (Hrsg.): *Biologische Grundlagen der Pflanzenzüchtung,* Berlin 1997.
35 Siehe Nikolaj J.Vavilov: *Origin and geography of cultivated plants,* Cambridge 1992.
36 Siehe Frank Teichmann: *Der Mensch und sein Tempel. Megalithkultur in Irland, England und der Bretagne,* Stuttgart 1983.
37 Teil der Sprossachse zwischen zwei Knoten.
38 Siehe Elisabeth Schiemann: *Entstehung der Kulturpflanzen,* in: *Ergebnisse der Biologie,* Bd. 19, 1943, S. 409–552.
39 Siehe Markus Osterrieder und Peter Guttenhöfer: *Die Durch-*

lichtung der Welt. Altiranische Geschichte, Kassel 2008.

40 Siehe Frank Teichmann: *Der Mensch und sein Tempel. Megalithkultur in Irland, England und der Bretagne,* Stuttgart 1983.

41 Siehe Emil Bock: *Urgeschichte,* Stuttgart [8]1990.

42 Siehe Manfred Klett: *Der Mensch als Gestalter der Erde,* in: Bruno Endlich (Hrsg.): *Der Organismus der Erde. Grundlagen einer neuen Ökologie,* Stuttgart 1985.

43 Die Epigenese beschreibt Entwicklungsfaktoren eines Organismus, die nicht genetisch veranlagt sind.

44 Siehe Rudolf Steiner: *Geisteswissenschaftliche Grundlagen zum Gedeihen der Landwirtschaft. Landwirtschaftlicher Kurs* (GA 327), Dornach [8]1999.

45 Ebenda.

Agro-Gentechnik – Stolperstein für eine gesellschaftliche Neuorientierung

1 Erste Hybridzüchtungen gelangen bei Mais bereits um 1920.

2 Mündliche Mitteilung von Dieter Bauer, Dottenfelder Hof, Bad Vilbel.

3 Samenfeste Pflanzen können auf natürlichem Weg vermehrt werden.

4 Wie die künstliche Stickstofferzeugung durch das Haber-Bosch-Verfahren für die Munition des Ersten Weltkriegs oder Agent Orange als Totalentlaubungsmittel für den Vietnam-Krieg, dessen Abkömmling das Breitbandherbizid Roundup ist, das heute im Paket mit den meisten gentechnisch veränderten Pflanzen verkauft wird.

5 So wies die Lochow-Petkus GmbH zum Beispiel darauf hin, dass unabhängig von der Nachbaueignung der Nachbau von Hybridroggen gesetzlich verboten ist (siehe *Agra-Europe,* 38, vom 17. September 2007).

6 Verschmelzung zweier oder mehrerer Zellen unter künstlichen Bedingungen, ausgelöst durch elektrisch oder chemisch erzeugte Impulse oder mithilfe von Viren. Dabei entstehen Hybridzellen mit mehreren Zellkernen.

7 «Alle Kultivierung also ist, wenn wir auf den mit dem Worte anklingenden Sinn hören, nicht nur die Entwicklung eines Wesens über die seiner bloßen Natur erreichbare Formstufe hinaus, sondern nun auch Entwicklung in der Richtung eines inneren ursprünglichen Kerns, Vollendung dieses Wesens gleichsam nach der Norm seines eigenen Sinnes, seiner tiefsten Triebrichtungen.» (Georg Simmel: *Vom Wesen der Kultur,* in: *Das Individuum und die Freiheit,* Frankfurt am Main 1993.)

8 Siehe Michel Haring: *Blick ins Labor,* in: Christian Hiß (Hrsg.): *Der GENaue Blick. Grüne Gentechnik auf dem Prüfstand,* München 2003, S. 18.

9 Die Epigenese beschreibt Entwicklungsfaktoren eines Organismus, die nicht genetisch veranlagt sind.

10 Siehe Wolfgang Schad: *Transgene und klonende Züchtung aus evolutionsbiologischer Sicht,* in: *Der GENaue Blick. Grüne Gentechnik auf dem Prüfstand,* München 2003, S. 42.

11 Diese ganze Argumentationsbreite findet sich zum Beispiel in den Äußerungen von Christel Happach-Kasan, Sprecherin für Ernährung und Landwirtschaft der FDP-Fraktion im Deutschen Bundestag. Siehe: *Agra Europe,* 38, vom 17. September 2007, S. 17, und www.happach-kasan.de

12 Allerdings ist es der Forschergruppe nicht gelungen, die Presse von der Negativmeldung abzuhalten. So berichtete die *FAZ* am 18. Juli 2007 über diese Problematik der verminderten Spurenelemente-Aufnahme gentechnisch veränderter und mit Glyphosat behandelter Pflanzen.

13 Marion Gräfin Dönhoff: *Zivilisiert den Kapitalismus. Grenzen der Freiheit,* Stuttgart 1997.

14 Die gesellschaftliche Mobilisierung durch die Gentechnik-Debatte wird auch in einer Untersuchung von Franz Seifert bestätigt, die er 2007 im Auftrag des Wissenschaftsfonds FWF durchführte.

15 Die Ergebnisse einer 2007 durchgeführten Studie französischer Wissenschaftler lieferten eindeutige Ergebnisse im Hinblick auf die Gewichtsentwicklung bei Tieren, die mit dem Bt-Mais Mon863 von Monsanto gefüttert wurden. Daneben wurden Leber- und Nierenschäden festgestellt, deren Ursache möglicherweise in einer Störung des endokrinen Systems beziehungsweise des Hormonhaushalts liegen könnte. Siehe dazu die Greenpeace-Publikation: *MON863 vergiftet Ratten* (www.greenpeace.de). 1998 hatte erstmals Prof. Árpád Pusztai Untersuchungen über Wachstumsstörungen von Versuchstieren nach dem Verzehr gentechnisch veränderter Kartoffeln veröffentlicht. Siehe das Interview mit Árpád Pusztai: *Wir müssen die Wissenschaft verändern,* in: *Umweltnachrichten,* 102, 2005 (siehe auch umweltinstitut.org).

16 Ausführlich in Nikolai Fuchs: *Gentechnikkritik jenseits der Risikodebatte,* in: *Lebendige Erde,* 1, 2007, S. 18–21.

17 *Vom Winde verweht? – Die Gesetzesnovelle zur «Grünen Gentechnik» hemmt Innovation und Forschung in Deutschland. DFG* [Deutsche Forschungsgemeinschaft] *legt Stellungnahme zum Gentechnik-Gesetz vor.* Siehe www.dfg.de (Menüpunkt: Aktuelles / Pressemitteilungen / 2004). Siehe auch die Stellungnahme dazu unter www.sektion-landwirtschaft.org/aktuelles

18 Siehe Michael Kalisch: *Europas Hausrind aus «Urpersien». Herkunft der europäischen Hausrinder,* in: *Das Goetheanum,* 33, 2007.

19 Siehe Josef Weimer: *Vom Wild- zum Kulturapfel. Geschichte*

des Obstbaus und Entwicklung des biologisch-dynamischen Obstbaus, in: *Zur Vertiefung der biologisch-dynamischen Landwirtschaft. Gedanken, Erfahrungen, Forschungsergebnisse. Eine Werkstattarbeit,* hrsg. von Markus Hurter, Dornach 2007.

20 Siehe Edith Lammerts van Bueren: *Öko-Züchtung – weltweit eine Herausforderung,* in: *Ökologie & Landbau,* 2, 2006, S. 14–16.

21 Siehe *Agra-Europe,* 37, vom 10. September 2007 und www.bayercropscience.com

22 Siehe www.prospecierara.ch

23 Nach dem deutschen Gentechnikgesetz (GenTG) ist die zivilrechtliche Haftung bei Schäden durch gentechnisch veränderte Organismen eine sogenannte Gefährdungshaftung (§ 32), bei der die widerlegbare Vermutung ausreicht, dass bei einem Schaden durch gentechnisch veränderte Organismen diese Veränderungen ursächlich sind (§ 34). Die Haftung selbst ist auf 85 Millionen Euro begrenzt (§ 33).

24 Der Koalitionsvertrag von Unionsfraktion und SPD für die Legislaturperiode 2005 bis 2009 sah eine Überarbeitung des Gentechnikgesetzes vor, bei der auch die Einrichtung eines Haftungsfonds geplant war, der dann greifen sollte, wenn der Landwirt «gute fachliche Praxis» eingehalten hat und es dennoch zu einer Kontaminierung kommt (siehe dazu *Agra Europe,* 37, vom 10. September 2007). Dieses Vorhaben wurde bei der Neuregelung des Gesetzes nicht realisiert und scheiterte vor allem am Widerstand der Industrie gegen einen von ihr gespeisten Fonds. Auch eine Versicherungslösung kam nicht infrage, da es unmöglich gewesen wäre, das vorhandene Risiko zu kalkulieren.

25 Sie ist nur insofern aufgeweicht, dass der Nachbar auf diesen Schutz auch – ausdrücklich oder stillschweigend – verzichten kann.

Leere Versprechen, volle Kassen

1 «2008 war ein hervorragendes Jahr für die Landwirtschaft weltweit. [...] Landwirte in aller Welt setzen zunehmend hochwertiges Saatgut und Pflanzenschutzmittel ein», verkündet Michael Mack, Chief Executive Director von Syngenta im Jahresbericht 2008. «Auch 2008 erzielte Syngenta eine herausragende Performance, verstärkte ihre Innovationskraft, baute ihre führende Position in Wachstumsmärkten aus und half Landwirten, die Ernteerträge zu steigern» *(Syngenta Jahresbericht 2008,* S. 3).

2 «Satisfying the demand curve is a great business» (Hugh Grant in der *BusinessWeek* vom 11. Juni 2008, siehe www.businessweek.com).

3 «Food depends on well established seed industries and seed regulation.» – «Facilitation needed for the privatization of the

seed industry as well as easier access to germplasm.» – «Science based regulation for seed approval needed.» (Aussagen einzelner Vertreter des Privatsektors an der von Kofi Annan geleiteten Sitzung während des Welternährungsgipfels der FAO am 3. Juni 2008; persönliche Notizen der Verfasserin).

4 Jack Kaskey: *Monsanto pledges seeds to double crop yields by 2030,* in: www.bloomberg.com vom 4. Juni 2008.

5 Siehe *Swissinfo* vom 23. Juni 2008 und *Financial Times* vom 22. Juni 2008 (www.ft.com).

6 Anzeige in der *Neuen Zürcher Zeitung* vom 22. April 2009.

7 «How can we squeeze more food from a raindrop?» (www.monsanto.com/pdf/sustainability/advertisement.pdf).

8 Dominic Glove: *Made by Monsanto. The corporate shaping of GM-crops as a technology for the poor,* STEPS Working Paper 11, 2008 (www.steps-centre.org).

9 *Auswirkungen des Einsatzes transgenen Saatguts auf die wirtschaftlichen, gesellschaftlichen und politischen Strukturen in Entwicklungsländern,* TAB-Arbeitsbericht 128, April 2009.

10 www.tab.fzk.de/de/projekt/zusammenfassung/ab128.htm

11 Doug Gurian-Sherman: *Failure to yield. Evaluating the performance of genetically engineered crops,* Union of Concerned Scientists, Cambridge 2009 (www.ucsusa.org).

12 *Who benefits from gm crops? Feeding the biotech giants, not the world's poor,* hrsg. von Friends of the Earth International, Februar 2009 (www.foei.org).

13 R. W. Elmore u. a.: *Glyphosate-resistant soybean cultivar yields compared with sister lines,* in: *Agronomy Journal,* 93, S. 408–412 (http://screc.unl.edu/Research/Glyphosate/glyphosateyield.html).

14 SWISSAID: Schweizer Hilfswerk, das in mehreren Ländern Afrikas, Asiens und Südamerikas in der Entwicklungszusammenarbeit tätig ist.

15 Im Folgenden ist ausdrücklich von Bauern und nicht von Bäuerinnen die Rede. Aus einer Fallstudie von SWISSAID und ihrer Partnerorganisation YUVA (Youth for Unity and Voluntary Action) zum Einsatz von Bt-Baumwolle in kleinbäuerlichen Gemeinschaften in Vidarbha geht hervor, dass Frauen dieses aus ihrer Sicht als Risikotechnologie wahrgenommene Saatgut mehrheitlich nicht verwenden (unveröffentlichte Studie, Maharashtra, Indien 2005). Die im Text skizzierten Erfahrungen einzelner Bauern wurden im Verlauf dieser Fallstudie gegenüber unabhängigen Interviewern geäußert.

16 «Bt» steht für *bacillus thuringiensis,* ein für bestimmte Schädlinge giftiges Bodenbakterium. In die vom amerikanischen Agrokonzern Monsanto entwickelte gentechnisch veränderte Bt-Baumwolle wurde ein Gen dieses Bodenbakteriums eingebaut.

17 Dieser Vergleich ist angesichts der Lebens- und Arbeitsrealität der kleinbäuerlichen Gemeinschaften nicht einfach. Genaue Buchführung über Ausgaben für Produktionsmittel und Ertrag aus der Ernte findet nur in seltenen Fällen statt, was unter anderem auf ein niedriges Bildungsniveau zurückzuführen ist.

18 Frank Eyhorn: *Organic farming for sustainable livelihoods in developing countries? The case of cotton in India*, Zürich 2007.

19 Siehe Urs P. Gasche: *Jede achte Stunde bringt sich ein Bauer um*, in: *Tagesanzeiger* vom 27. Juni 2006, und Bernhard Imhasly: *Indiens vernachlässigte Landwirtschaft*, in: *Neue Zürcher Zeitung* vom 13. Juni 2006.

20 Pressekonferenz vom 4. November 2005 in Bern.

21 Abdul Qayum und Kiran Sakkhari: *Bt Cotton in Andhra Pradesh. A three-year assessment*, Deccan Development Society, Hyderabad 2005.

22 Für konventionelle Nutzpflanzen gilt der Sortenschutz – eine weniger weitgehende Form des geistigen Eigentumsrechts als ein Patent. Das in der Schweiz gültige Sortenschutzrecht erlaubt den Landwirten den freien Nachbau bestimmter, von der Regierung auf einer Liste genannter Pflanzen. In der Schweiz wird dies vor allem bei den Kartoffeln genutzt (circa 30 Prozent Nachbau , beim Weizen zwischen 5 und 10 Prozent).

23 ETC Group: *Global seed industry concentration 2005*, 90, September/Oktober 2005 (www.etcgroup.org).

24 ETC Group: *Who owns nature? Corporate power and the final frontier in the commodification of life*, November 2008 (www.etcgroup.org).

25 Jorge Fernandez-Cornejo und David Schimmelpfennig: *Have seed industry changes affected research effort?*, United States Department of Agriculture (USDA) 2004 (siehe www.ers.usda.gov).

26 Das wird in einem sogenannten *technology use agreement* zwischen der Firma Monsanto und den jeweiligen Bauern, die das Monsanto-Saatgut erwerben, festgehalten. Ein Beispiel ist das *technology use agreement* von Monsanto Kanada für Roundup-Ready-Raps (www.umweltinstitut.org/download/technologievertrag_monsanto.pdf).

27 *Monsanto vs. U.S. farmers. A report by the Center for Food Safety, 2005* (siehe www.percyschmeiser.com/MonsantovsFarmerReport1.13.05.pdf).

28 Beverly D. McIntyre u. a. (Hrsg.): *Agriculture at a crossroads. Global report, International Assessment of Agricultural Knowledge, Science and Technology for Development (IAASTD)*, Washington 2009 (siehe www.agassessment.org und www.agassessment-watch.org).

29 Siehe www.swissaid.ch/kolumbien

Getreidezüchtung am Bodensee

1 Nahrungsmittel, die das Demeter-Warenzeichen tragen, werden nach den Richtlinien des Demeter-Bundes erzeugt und entsprechen den Anforderungen der biologisch-dynamischen Wirtschaftsweise, die aus den Anregungen Rudolf Steiners (Landwirtschaftlicher Kurs von 1924) entwickelt wurde. In Deutschland werden gegenwärtig über 50 000 Hektar von rund 1400 Landwirten biologisch-dynamisch bewirtschaftet, weltweit sind es über 3500 Betriebe mit rund 100 000 Hektar Fläche in 38 Ländern.

2 In der Genbank des Leibniz-Instituts Gatersleben werden heute Samen von über 3000 verschiedenen Kulturpflanzen sowie verwandte Wildarten aufbewahrt. Erfreulich ist, dass wenigstens ein Teil der großen Vielfalt, die es vor 100 Jahren auf den Feldern gab, hier noch zu finden ist.

3 Empirische Betrachtungsweise, wie sie sich in Goethes wissenschaftlichen Hauptwerken, *Die Metamorphose der Pflanzen* (1790) und die *Farbenlehre* (1810), ausspricht und die ganzheitliche Betrachtung eines Gegenstands unter dem Gesichtspunkt seiner Entwicklungsmöglichkeiten anstrebt.

4 Hornmist- und Kieselpräparate werden im biologisch-dynamischen Landbau neben anderen Präparaten zur Verbesserung der Bodenfruchtbarkeit und Widerstandsfähigkeit der Kulturen eingesetzt. Mit ihnen soll die Sensibilisierung der Pflanzen für kosmische Einflüsse erreicht werden. Zerriebene Quarzkristalle oder Kuhdung werden in einem Kuhhorn ein halbes Jahr in die Erde eingegraben und danach bei Bedarf in Wasser verrührt (Dynamisierung) und auf dem Feld ausgespritzt. Ihre Wirkungsweise beruht auf dem homöopathischen Prinzip, nach dem Kräftewirkungen beim Verrühren auf das Wasser übertragen werden.

5 Typisch für die horntragenden Tiere ist ein zusätzlicher Magen, der Pansen.

6 Dem widerspricht nicht, dass die Kuh oder der Stier die Hörner zum Kämpfen benutzt.

7 Wolfgang Schad: *Zur Biologie der Gestalt der mitteleuropäischen buchenverwandten und ahornartigen Bäume,* in: *Goetheanistische Naturwissenschaft,* Band 2, Stuttgart 1982, S. 158.

8 Bertold Heyden: *Schossendes Getreide,* in: *Mitteilungen Keyserlingk-Institut,* 16, 2001.

9 Grannen sind borstenartige Fortsätze der Spelzen, der Blätter, die das Korn umhüllen. – Siehe dazu Bertold Heyden: *Das Grannenprojekt,* in: *Mitteilungen des Keyserlingk-Instituts,* 21, 2007.

10 Rudolf Steiner: *Geisteswissenschaftliche Grundlagen zum Gedeihen der Landwirtschaft. Landwirtschaftlicher Kurs* (GA 327), Dornach [8]1999, S. 42.

11 Siehe ebenda, S. 195ff.

12 Karl Snell: *Die Schöpfung des Menschen. Vorlesungen über die Abstammung des Menschen,* hrsg. von Friedrich A. Kipp, Stuttgart 1981.

13 *Bonitur:* Begutachtung zur Feststellung und Beurteilung der Prüfmerkmale bei der Pflanzenzüchtung.

14 Saatgutverkehrsgesetz, § 34.

15 Schäden an Wintersaaten durch Frost, Fäulnis, Ersticken (durch verdichtete Schneedecke) oder Befall von Schneeschimmel.

16 Gewicht von 1000 trockenen Samenkörnern, das als Sortenmerkmal gilt und für die Berechnung der nötigen Aussaatmenge erforderlich ist.

17 Der Sedimentationswert weist auf die Quellfähigkeit des Eiweißes einer Getreidesorte hin und gibt Auskunft über die sogenannte Kleberqualität. Er wird ermittelt, indem man das Mehl aufquellen lässt, durch Säurezusatz das Klebereiweiß ausflockt und nach einer bestimmten Zeit das Volumen dieser Flocken misst.

18 Die Kontrolle der Landwirtschaft unter der nationalsozialistischen Diktatur erfolgte ab 1933 durch den erzwungenen Zusammenschluss und die Gleichschaltung aller Betriebe und Verbände im «Reichsnährstand», wodurch neben der politischen Indoktrination im Sinne einer «Blut und Boden»-Ideologie die Steigerung der Produktivität und Verbesserung der Versorgungslage erreicht werden sollte.

19 Edith T. Lammerts van Bueren u. a.: *Sustainable organic plant breeding,* Driebergen 1999.

20 Erika Riese in ihrer Einleitung zu *Dornacher Veredlungsberichte 1928–1940 – eine Darstellung zur Pflanzenzucht,* zitiert nach Uwe Mos: *Die Wildgrasveredlung. Rudolf Steiners Impuls in der Pflanzenzüchtung,* Dornach 2006. – Es handelt sich hier wohl um eine mündliche Überlieferung aus zweiter Hand, denn Erika Riese war erst nach Steiners Tod seit 1926 im Versuchsgarten am Goetheanum in Dornach tätig. Hier befasste sie sich hauptsächlich mit der sogenannten Wildgrasveredlung, dem Versuch, aus Gräsern neue Kulturgetreide zu entwickeln.

21 Der Begriff Veredlungszüchtung ist heute nicht mehr üblich.

22 Rudolf Steiner: *Die Bedingungen zum Gedeihen der Landwirtschaft,* Vortrag vom 10. Juni 1924, in: *Geisteswissenschaftliche Grundlagen zum Gedeihen der Landwirtschaft. Landwirtschaftlicher Kurs* (GA 327), Dornach [8]1999, S. 51. Siehe auch den Vortrag vom 30. Dezember 1923 in: *Die Weltgeschichte in anthroposophischer Beleuchtung* (GA 233), Dornach 1962, S. 113ff.

23 Rudolf Steiner: *Geisteswissenschaftliche Grundlagen zum Gedeihen der Landwirtschaft. Landwirtschaftlicher Kurs* (GA 327), Dornach [8]1999, S. 51.

Genetische Vielfalt, geistiges Eigentum und Saatgutverkehr

1 Artikel 2 des *Übereinkommens über die Biologische Vielfalt,* zur Unterschrift geöffnet in Rio de Janeiro am 5. Juni 1992.

2 Siehe auch Vandana Shiva: *Biodiversität. Plädoyer für eine nachhaltige Entwicklung,* Bern 2001, S. 12ff.

3 Vgl. Artikel 1 CBD: Ziele.

4 Artikel 20a GG: «Der Staat schützt auch in Verantwortung für die künftigen Generationen die natürlichen Lebensgrundlagen und die Tiere im Rahmen der verfassungsmäßigen Ordnung durch die Gesetzgebung und nach Maßgabe von Gesetz und Recht durch die vollziehende Gewalt und die Rechtsprechung.»

5 Agreement on Trade-Related Aspects of Intellectual Property Rights (Übereinkommen über handelsbezogene Aspekte der Rechte des geistigen Eigentums).

6 Definition eines Begriffs innerhalb eines Gesetzestextes.

7 1987 entwickelte die World Commission on Environment and Development unter Vorsitz der damaligen norwegischen Ministerpräsidentin Gro Harlem Brundtland ein politisches Konzept für nachhaltige Entwicklung, das weitgehend der heute gebräuchlichen Verwendung dieses Begriffs zugrunde liegt. Der als Brundtland-Bericht bekannte Abschlussbericht *(Our Common Future)* ist insbesondere von den Bemühungen geprägt, Umweltschutz und wirtschaftliche Entwicklung in Einklang zu bringen.

8 Ordnungsrechtliche Instrumente sind solche, bei denen mit einseitigen (hoheitlichen) Ge- und Verboten gearbeitet wird und Verstöße staatlicherseits sanktioniert werden können.

Ernährung und Saatgutqualität

1 *Die große GU-Nährwert-Kalorien-Tabelle 2006/07,* München 2005, S. 25.

2 *Die große GU-Nährwert-Kalorien-Tabelle 2000/01,* München 1999, S. 41.

3 S. W. Souci, W. Fachmann und H. Kraut: *Die Zusammensetzung der Lebensmittel. Nährwert-Tabellen,* Stuttgart [7]2008, S. 766.

4 Ebenda, S. 1018.

5 Siehe *Chemie in Lebensmitteln,* hrsg. von der Katalyse-Umweltgruppe, Köln [37]1985.

6 *Voit'sches Kostmaß:* täglich für einen Mann 3000 kcal in Form von 118 g Eiweiß, 500 g Kohlenhydraten und 56 g Fett.

7 Werner Kollath: *Getreide und Mensch – eine Lebensgemeinschaft. Das Getreide als unentbehrliche Grundlage für eine vollwertige Ernährung mit einer Studie über die Ursachen des Gebissverfalls,* Bad Homburg 2003.

Für eine Handvoll Dollar

1 Bertolt Brecht: *Der gute Mensch von Sezuan,* Zwischenspiel nach der vierten Szene.

2 Joseph Collins und Frances Moore Lappé: *Vom Mythos des Hungers. Die Entlarvung einer Legende: Niemand muss hungern,* Frankfurt am Main 1980, S. 18.

3 Pat Mooney und Cary Fowler: *Die Saat des Hungers. Wie wir die Grundlagen unserer Ernährung vernichten,* Reinbeck 1991, S. 75.

4 Das Prinzip, Hilfeleistungen nur in Form von Almosen zu gewähren, kennzeichnet die amerikanische Entwicklungspolitik bis heute und wurde erstmals 2009 von Präsident Obama auf dem G8-Gipfel von L'Aquila behutsam infrage gestellt.

5 Zitiert in F. William Engdahl: *Die Saat der Zerstörung. Geopolitik mit genetisch veränderten Nahrungsmitteln,* in: *Zeit-Fragen,* 34, 2004.

6 Marie-Monique Robin: *Mit Gift und Genen. Wie der Biotech-Konzern Monsanto die Welt verändert,* München [2]2009, S. 226.

7 Darauf deuten Ergebnisse einer Studie von Dr. Jürgen Zentek an der Universität Wien im Auftrag des österreichischen Gesundheitsministeriums hin, bei der Ratten mit Genmais der Sorte Mon810 gefüttert wurden. Siehe Robert Thielicke: *Genmais als Verhütungsmittel,* in: www.focus.de vom 13. November 2008.

8 Siehe Claudia Ruby: *Kampf ums Korn,* in: *Die Zeit,* 33, 2002, sowie Vandana Shiva: *Biodiversität. Plädoyer für eine nachhaltige Entwicklung,* Bern 2001, S. 38.

9 Laufende Studien in den USA deuten angeblich «auf phantastische Werte hin, die viel besser sind, als man ursprünglich annehmen konnte» (Daniel Dreesmann: *Der Goldene Reis nähert sich dem Ziel,* in: www.nzz.ch vom 18. November 2007). Sogar Kochrezepte für den virtuellen Genreis wurden schon ins Internet gestellt. Konkrete Zahlen und überprüfbare Fakten stehen dagegen noch immer nicht zur Verfügung, wie Christoph Then noch im Februar 2009 anmerkt (siehe Anm. 11).

10 Ebenda.

11 Siehe Christoph Then: *Goldenen Reis überprüfen. Überstürzte klinische Tests mit umstrittenem Gv-Reis,* in: *GID – der Genethische Informationsdienst,* Februar 2009, S. 23-25. Eine Zusammenfassung der Kritikpunke bietet *Gentech-Pflanzen erfüllen Erwartungen nicht,* in: *Umweltnachrichten,* 100, November 2004 (siehe umweltinstitut.org).

12 *Gentechnisch veränderter Reis an Kindern getestet* vom 17. März 2009, in: foodwatch.de (Menüpunkt: Kampagnen & Themen).

13 Zitiert in Vandana Shiva: *Biodiversität,* S. 37.

14 *GURT:* Genetic Use Restriction Technology.

15 Zitiert in F. William Engdahl: *Monsanto kauft Firma für «Terminator»-Saatgut,* 27. August 2006 (www.engdahl.oilgeopolitics.net).

16 Harry B. Collins und Roger W. Krueger: *The benefits of GURTs. Potential impact of GURTs on smallholder farmers, indigenous and local communities and farmers rights*, 2003.

17 Siehe *Broken promise. Monsanto promotes Terminator seed technology*, in: www.etcgroup.org vom 23. April 2003.

18 Siehe ebenda.

19 F. William Engdahl: *Monsanto kauft Firma für «Terminator»-Saatgut*, in: www.engdahl.oilgeopolitics.net vom 27. August 2006.

20 Siehe *Terminator-Technologie. Sterilisierte Natur*, in: umweltinstitut.org. Weitere Hintergrundinformationen unter www.freie-saat.de und www.banterminator.org

21 Abraham Gotthelf Kästner: *Extra ecclesiam nulla salus.*

22 Meldung der Nachrichtenagentur Reuters vom 8. August 2005, zitiert in Rosemarie Jackowski: *IRAQ: CPA Order 81 is even worse than originally reported*, siehe www.corpwatch.org

23 Andreas Bauer: *Patente statt Bomben. Wie dem Irak seine Ernährungssouveränität geraubt wird*, in: *Der Freitag* vom 2. Dezember 2005 (www.freitag.de).

24 Siehe Food and Agriculture Organization of the United Nations (FAO): *The State of Food Insecurity in the World 2008*, Rom 2008, S. 6f. und S. 18.

25 Siehe Joseph Collins und Frances Moore Lappé: *Vom Mythos des Hungers*, S. 365.

26 Siehe Jeremy Smith: *Order 81: Re-engineering Iraqi agriculture. The ultimate war crime: breaking the agricultural cycle*, siehe www.globalresearch.ca

27 Rosemarie Jackowski: *IRAQ: CPA Order 81 is even worse than originally reported*, siehe www.corpwatch.org

28 Siehe Andreas Bauer: *Patente statt Bomben*, in: *Der Freitag* vom 2. Dezember 2005 (www.freitag.de).

29 Zitiert in Marie-Monique Robin: *Mit Gift und Genen*, S. 194.

30 Siehe *ISAAA Brief*, 39, 2008 (www.isaaa.org).

31 Siehe dazu Marie-Monique Robin: *Mit Gift und Genen*, S. 385ff.

32 Ebenda, S. 388.

33 P. V. Satheesh: *Die Geschichte von Monsanto in Andhra Pradesh, Indien*, Dokument 8, swissaid, November 2005 (www.swissaid.ch, Menüpunkt: Entwicklungspolitik / Gentechnologie). Die Studie *Bt Cotton in Andrah Pradesh. A three year assessment* findet man unter www.ddsindia.com

34 Fünftes Kapitel: Abenteuer des Freiherrn von Münchhausen während seiner Gefangenschaft bei den Türken. Er kehrt in seine Heimat zurück.

35 Siehe Andreas Bauer: *Gentechnik-Industrie macht sich größer*, in: *Umweltnachrichten*, 101, Mai 2005 (umweltinstitut.org).

36 Zitiert in Paul Virilio: *Die Eroberung des Körpers. Vom Übermenschen zum überreizten Menschen*, München 1994, S. 39.

37 Martin Qaim und David Zilberman: *Yield effects of genetically modified crops in developing countries,* in: *Science,* 299, 2003, S. 900–902, und Marie-Monique Robin: *Mit Gift und Genen,* S. 399. – Martin Qaim wartet mit solchen fantastischen Zahlen auch in einem aktuellen Interview vom 14. Oktober 2009 auf: «Wir beobachten in Indien inzwischen über sieben Jahre hinweg durchschnittliche Ertragsvorteile von etwa 35 Prozent und eine Reduktion des Pestizideinsatzes um etwa 40 Prozent. Der Gewinn, der den Bauern bleibt, hat sich im Durchschnitt um 135 US-Dollar pro Hektar erhöht [...]. Wir beobachten einen enormen Einkommensschub. Das Haushaltseinkommen von ländlichen Familien ist beim Anbau von Bt-Baumwolle im Vergleich zu konventioneller Baumwolle um fast achtzig Prozent erhöht und interessanterweise trifft das nicht nur auf die Baumwollbauern zu, sondern beispielsweise auch auf landlose Arbeiter oder Beschäftigte in anderen Sektoren wie Transport und Handel.» (www.biosicherheit.de, Menüpunkt: Debatte). Ein konträres Bild der Situation der indischen Baumwollbauern zeichnet Tina Goethe in ihrem Beitrag auf S. 117ff.

38 Siehe: *The state of food and agriculture 2003–2004. Agricultural Biotechnology. Meeting the needs of the poor?,* hrsg. von der FAO, Rom 2004, S. 48f. Siehe auch www.fao.org

39 *Bt-Baumwolle erhöht Ernteerträge in Indien. Kleinbauern könnten angeblich vom Anbau Schädlings-resistenter Pflanzen profitieren,* in: www.naturkost.de (Hervorhebung durch den Autor).

40 «It is rather remarkable, that a process as esoteric as the genetic modification of crops would become a subject of a global war of rhetoric.» Siehe Glenn Davis Stone: *Both sides now. Fallacies in the genetic modification wars, implications for developing countries, and anthropological perspectives,* in: *Current Anthropology,* 43, 4, 2002, S. 611.

41 Siehe Paul Virilio: *Die Eroberung des Körpers,* S. 31.

42 Siehe www.isaaa.org (Menüpunkt: ISAAA Programs / Support Projects / USAID).

43 Siehe dazu die Website der Brasilianischen Landlosenvereinigung Movimento dos Trabalhadores Rurais Sem Terra (www.mstbrazil.org und www.mstbrasilien.de) sowie der Beitrag von Kirsten Bredenbeck: *Prozess gegen die Mörder von Dorothy Stang wird neu aufgerollt* vom 3. Juni 2009 (kooperation-brasilien.org).

44 Siehe Kirsten Bredenbeck: *Genmais breitet sich in Südbrasilien aus* vom 2. Januar 2006 (siehe kooperation-brasilien.org).

45 *Siehe Monsanto leads list in biotech violations,* in: *Houston Chronicle* vom 17. Oktober 2003.

46 monsanto.de/biotechnologie/biotechnologie.php

47 Zu den Preisträgern des Right Livelihood Award und der Begründung der Jury siehe www.rightlivelihood.org

48 Siehe Marie-Monique Robin: *Mit Gift und Genen,* passim.

49 Siehe dazu die ausführliche Dokumentation *Monsanto vs. U.S. Farmers,* hrsg. vom Center for Food Safety, Washington 2004, sowie Marie-Monique Robin: *Mit Gift und Genen,* S. 281ff.

50 Siehe Marie-Monique Robin: *Mit Gift und Genen,* S. 285ff.

51 Food and Drug Administration: *Statement of policy. Foods derived from new plant varieties.* Zitiert in Marie-Monique Robin: *Mit Gift und Genen,* S. 197.

52 *Coordinated framework for regulation of biotechnology,* Office of Science and Technology Policy, 52 FR 23302. Zitiert in Marie-Monique Robin: *Mit Gift und Genen,* S. 193.

53 Siehe *Handelskonflikt um Grüne Gentechnik. US-Regierung leitet ein WTO-Verfahren gegen die EU ein,* in: www.biosicherheit.de vom 15. Mai 2003.

54 Zitiert in Joel Bleifuss: *Recipe for disaster,* in: *In These Times* vom 11. November 1996. Siehe auch www.grain.org

55 Vandana Shiva: *Biodiversität,* Bern 2001, S. 13.

56 1996 zeigte sich bei der transgenen Sojabohne von Monsanto, dass ein Allergen (Tripsin-Inhibitor), das auch als Wachstumshemmer wirkt, um mehr als ein Viertel erhöht war und dies in seiner Wirkung beim Versuch mit Ratten beobachtet werden konnte.

57 Siehe Vandana Shiva: *Biodiversität,* S. 89.

58 Mae-Wan Ho: *Das Geschäft mit den Genen. Genetic Engineering – Traum oder Alptraum?,* München 1999.

59 *«Wir müssen die Wissenschaft verändern»,* Interview mit Prof. Árpád Pusztai, in: *Umweltnachrichten,* 102, 2005 (siehe auch umweltinstitut.org), sowie Vandana Shiva: *Biodiversität,* S. 88, und Marie-Monique Robin: *Mit Gift und Genen,* S. 242ff.

60 *Internutrition begrüßt das Ende des EU-Moratoriums für Gentech-Lebensmittel,* Presseinformation vom 19. Mai 2004 (siehe www.internutrition.ch); Hervorhebung durch den Autor.

61 *Handelskonflikt um Grüne Gentechnik. US-Regierung leitet ein WTO-Verfahren gegen die EU ein,* in: www.biosicherheit.de vom 15. Mai 2003.

62 *Schavan will Verbot nicht hinnehmen,* in: www.focus.de vom 18. April 2009.

63 Siehe Cornelia Bolesch: *Irrationale Angst,* in: sueddeutsche.de vom 25. Juli 2003.

64 Marie-Monique Robin: *Mit Gift und Genen,* S. 382.

65 *Wachstum. Bildung. Zusammenhalt. Der Koalitionsvertrag zwischen CDU, CSU und FDP,* 17. Legislaturperiode, 2009, S. 50.

66 Siehe die EU-Presseerklärung IP/07/484 vom 11. April 2007: *EU setzt in der Biotechnologie auf Innovation.*

67 Offener Brief an Bundesministerin Frau Ilse Aigner und Staatsminister Herrn Doktor Markus Söder vom 18. Februar 2009. Siehe www.proplanta.de

68 Siehe *Wissenschaftliche Bewertung des Monsanto-Berichts zur Überwachung vom Mon810-Maisanbau in 2008 im Auftrag von Greenpeace* vom 8. April 2009.

69 *ETC Group:* Action Group on Erosion, Technology and Concentration (www.etcgroup.org).

70 Andreas Bauer: *Syngentas Griff nach dem Leben,* in: *Umweltnachrichten,* 101, Mai 2005 (siehe auch umweltinstitut.org)

71 Ebenda.

72 Marie-Monique Robin: *Mit Gift und Genen,* S. 274.

73 Siehe ebenda, S. 275

74 Wesentlich für die Agrarwirtschaft sind insbesondere das Allgemeine Zoll- und Handelsabkommen (GATT), diverse Sonderabkommen über die Landwirtschaft und das Übereinkommen über technische Handelshemmnisse (TBT-Übereinkommen) sowie das TRIPS-Abkommen über handelsrelevante Aspekte der geistigen Eigentumsrechte.

75 Bob Smith, Vorsitzender des Committee on Agriculture des amerikanischen Repräsentantenhauses während der Eröffnung einer Anhörung vom 18. März 1998.

76 Siehe zum Beispiel *Gen-Reisskandal geht um die Welt,* in: www.greenpeace.de vom 10. Oktober 2006.

77 Siehe Sigrid Totz: *Leinsamenskandal: Händler und Hersteller reagieren auf Greenpeace-Tests,* in: www.greenpeace.de vom 11. September 2009, sowie die Pressemeldung des Bundesamts für Verbraucherschutz und Lebensmittelsicherheit: *Nicht zugelassener gentechnisch veränderter Leinsamen. BVL ist mit seinem Referenzlabor an der Entwicklung von Nachweisverfahren beteiligt* (www.bvl.bund.de).

78 Christel Happach-Kasan: *Forderungen der Leopoldina nach neuer Politik in der Grünen Gentechnik sind agrar- und wissenschaftspolitisch gut begründet,* in: www.happach-kasan.de vom 17. Dezember 2009.

79 *Wachstum. Bildung. Zusammenhalt. Der Koalitionsvertrag zwischen CDU, CSU und FDP,* 17. Legislaturperiode, 2009, S. 49.

80 Amartya Sen: *Ökonomie für den Menschen. Wege zu Gerechtigkeit und Solidarität in der Marktwirtschaft,* München 1998, S. 220. – Sen erhielt 1998 den Nobelpreis für Wirtschaftswissenschaften.

81 Vandana Shiva: *Biodiversität,* S. 150.

82 *World development report. Agriculture for development,* hrsg. von der Weltbank, Washington 2008, S. 53.

83 Siehe Loretta Napoleoni: *Die Zuhälter der Globalisierung. Über Oligarchen, Hedge Fonds, 'Ndrangheta, Drogenkartelle und andere parasitäre Systeme,* München [2]2008, S. 174ff.

84 Jean Giono: *Die Terrassen von Elba,* München 1987, S. 117.

Agrobusiness – Hunger und Recht auf Nahrung, in: *Widerspruch,* 47, Zürich 2004

Bertsch, Karl, und Franz Bertsch: *Geschichte unserer Kulturpflanzen,* Stuttgart 1947

Buck, Matthias: *Freihandel und Umweltschutz,* in: Hans-Joachim Koch (Hrsg.): *Umweltrecht,* Köln ²2007, S. 681–718

Cerman, Markus, Ilja Steffelbauer und Sven Tost (Hrsg.): *Agrarrevolutionen. Verhältnisse in der Landwirtschaft vom Neolithikum zur Globalisierung,* Wien 2008

Collins, Joseph, und Frances Moore Lappé: *Vom Mythos des Hungers. Die Entlarvung einer Legende: Niemand muss hungern,* Frankfurt am Main 1980

Cooper, H.D., C. Spillane und T. Hodgkin (Hrsg.), *Broadening the genetic base in crop production,* Wallingford 2001

Dix, Andreas, und Ernst Langthaler (Hrsg.): *Grüne Revolutionen. Agrarsysteme und Umwelt im 19. und 20. Jahrhundert. Jahrbuch für Geschichte des ländlichen Raumes 2006,* Insbruck 2006

Duenbostel, Jürgen: *Zum Beispiel Saatgut,* Göttingen 1990

Engdahl, Frederick William: *Saat der Zerstörung. Die dunkle Seite der Gen-Manipulation,* Rottenburg ²2007

FAO: *The state of the world's plant genetic resources,* Rom 1998

Flitner, Michael: *Sammler, Räuber und Gelehrte. Die politischen Interessen an pflanzengenetischen Ressourcen 1895 bis 1995,* Frankfurt am Main 1995

Food and Agriculture Organization of the United Nations (FAO): *The State of Food Insecurity in the World 2008,* Rom 2008

Gray, John: *Die falsche Verheißung. Der globale Kapitalismus und seine Folgen,* Frankfurt am Main ²2002

Gröhn-Wittern, Ursula (Hrsg.): *Saatgut,* BUKO-Agrar-Koordination/Forum für Internationale Agrarpolitik, Stuttgart 1998

Hammer, Karl: *Agrobiodiversität und pflanzengenetische Ressourcen,* in: *Schriften zu Genetischen Ressourcen,* Bd. 10, Bonn 1998

Henne, Gudrun: *Genetische Vielfalt als Ressource. Die Regelung ihrer Nutzung,* Baden-Baden 1998

Hiß, Christian (Hrsg.): *Der GENaue Blick. Grüne Gentechnik auf dem Prüfstand,* München 2003

Ho, Mae-Wan: *Das Geschäft mit den Genen. Genetic Engeneering – Traum oder Alptraum?,* München 1999

Klett, Manfred: *Der Mensch als Gestalter der Erde,* in: Bruno Endlich (Hrsg.): *Der Organismus der Erde. Grundlagen einer neuen Ökologie,* Stuttgart 1985

Kühne, Petra: *Anthroposophische Ernährung – Lebensmittel und ihre Qualität,* Bad Vilbel 2009

Kühne, Petra: *Ernährungssprechstunde. Grundlagen einer gesunden Lebensführung,* Stuttgart 1993

Kühne, Petra: *Wie zeigt sich Ernährungsqualität bei Gemüsesorten?,* in: *Saatgutkatalog Kultursaat e.V.,* 2007

Leskien, Dan, und Michael Flitner: *Intellectual property rights and plant genetic resources. Options for a sui generis system,* in: *Issues in Genetic Resources,* 6, Rom 1997

Meyer, Thomas (Hrsg.): *Leben für den Geist. Ehrenfried Pfeiffer,* Basel 1999

Mooney, Pat, und Cary Fowler: *Die Saat des Hungers. Wie wir die Grundlagen unserer Ernährung vernichten,* Hamburg 1991

Nitsch, Markus: *Biodiversität und indigene Völker. Ausverkauf von biologischen Ressourcen und traditionellem Wissen,* Menschenrechtsreport 50 der Gesellschaft für bedrohte Völker, Mai 2008

Odenbach, Werner (Hrsg.): *Biologische Grundlagen der Pflanzenzüchtung,* Berlin 1997

Osterrieder, Markus, und Peter Guttenhöfer: *Die Durchlichtung der Welt. Altiranische Geschichte,* Kassel 2008

Prall, Ursula: *Die genetische Vielfalt der Kulturpflanzen. Das völkerrechtliche Gebot nachhaltiger Nutzung und seine Umsetzung im europäischen und nationalen Recht,* Baden-Baden 2006

Robin, Marie-Monique: *Mit Gift und Genen. Wie der Biotech-Konzern Monsanto unsere Welt verändert,* München ^{2}2009

Schiemann, Elisabeth: *Entstehung der Kulturpflanzen,* in: *Ergebnisse der Biologie,* Bd. 19, 1943, S. 409–552

Selg, Peter: *Koberwitz, Pfingsten 1924. Rudolf Steiner und der Landwirtschaftliche Kurs,* Dornach 2009

Sen, Amartya: *Ökonomie für den Menschen. Wege zu Gerechtigkeit und Solidarität in der Marktwirtschaft,* München 1998

Shiva, Vandana: *Biodiversität. Plädoyer für eine nachhaltige Entwicklung,* Bern 2001

Shiva, Vandana: *Geraubte Ernte. Biodiversität und Ernährungspolitik,* Zürich 2004

Steiner, Rudolf: *Geisteswissenschaftliche Grundlagen zum Gedeihen der Landwirtschaft. Landwirtschaftlicher Kurs* (GA 327), Dornach ^{8}1999

Steiner, Rudolf: *Spirituelle Ökologie. Ausgewählte Texte,* ausgewählt und kommentiert von Matthew Barton, Dornach 2009

Vavilov, Nikolaj J.: *Origin and geography of cultivated plants,* Cambridge 1992

Willerding, Ulrich: *Ursprung und Entwicklung der Kulturpflanzen in vor- und frühgeschichtlicher Zeit,* in: Herbert Jankuhn (Hrsg.): *Vor- und Frühgeschichte vom Neolithikum bis zur Völkerwanderungszeit. Deutsche Agrargeschichte I,* Stuttgart 1969

World development report. Agriculture for development, hrsg. von der Weltbank, Washington 2008

Ziegler, Jean: *Das Imperium der Schande. Der Kampf gegen Armut und Unterdrückung,* München 2008

Zohary, Daniel, und Maria Hopf: *Domestication of plants in the old world. The origin and spread of cultivated plants in West Asia, Europe and the Nile Valley,* Oxford und New York [3]2000

Bildnachweis

Manfred Christ, S. 56, 61; Carl Gustav Carus-Institut (aus Gerbert Grohmann: *Die Pflanze. Ein Weg zum Verständnis ihres Wesens,* Freiburg 1951), S. 183; Tina Goethe, SWISSAID, S. 143, 144; Bertold Heyden, S. 157, 159, 164, 165; Marie-Lan Nguyen, wikimedia commons, S. 15; Svalbard Global Seed Vault / Mari Tefre, S. 17; SWISSAID Indien, S. 131, 135; Verlag Freies Geistesleben (aus *Goetheanistische Naturwissenschaft,* Bd. 2: *Botanik,* Stuttgart 1982), S. 154; Christoph Ziechaus, S. 155.

Adressen aus der ökologischen Saatgutzüchtung und -erhaltung

Deutschland

Assoziation biologisch-dynamischer Pflanzenzüchter e. V.
29490 Neu Darchau, Darzau Hof, www.abdp.org

Bingenheimer Saatgut AG
61209 Echzell-Bingenheim, Kronstraße 24–26
www.bingenheimersaatgut.de

Dreschflegel
37213 Witzenhausen, In der Aue 31
www.dreschflegel-saatgut.de

Getreidezüchtungsforschung Darzau
Dr. Karl-Josef Müller
29490 Neu Darchau, Darzau Hof, www.darzau.de

Institut für biologisch-dynamische Forschung
Zweigstelle Dottenfelder Hof – Dr. Hartmut Spieß
61118 Bad Vilbel, Holzhausenweg
www.dottenfelderhof.de

Keyserlingk-Institut – Verein zur Förderung
der Saatgutforschung – Dr. Bertold Heyden
88682 Salem, Rimpertsweiler 3
www.saatgut-forschung.de

Kultursaat e. V. – Verein für Züchtungsforschung & Kulturpflanzenerhaltung auf biologisch-dynamischer Grundlage
61231 Bad Nauheim, Auguste-Viktoria-Straße 4
www.kultursaat.org

Verein für Pflanzenzucht Hof Grub e.V.
Eckart Irion
83567 Unterreit, Gruber 1, www.hofgrub.de

Verein zur Erhaltung der Nutzpflanzenvielfalt e. V.
45468 Mülheim an der Ruhr, Uhlandstraße 57
www.nutzpflanzenvielfalt.de

VERN – Verein zur Erhaltung und Rekultivierung
von Nutzpflanzen in Brandenburg e. V.
16278 Greiffenberg/Uckermark, Burgstraße 20
www.vern.de

Schweiz
Verein für Kulturpflanzenentwicklung
Getreidezüchtung Peter Kunz
8634 Hombrechtikon, Hof Breitlen, gz.peter-kunz.ch

Sativa Rheinau AG
8462 Rheinau, Klosterplatz, www.sativa-rheinau.ch

Poma Culta – Niklaus Bolliger
4577 Hessigkofen, Mühledorfstraße 17
www.pomaculta.org

ProSpecieRara
5000 Aarau, Pfrundweg 14, www.prospecierara.ch

Österreich
Arche Noah – Gesellschaft für die Erhaltung
der Kulturpflanzenvielfalt und ihre Entwicklung
3553 Schiltern, Obere Straße 40
www.arche-noah.at

Reinsaat – Verein zur Förderung biologisch-
dynamischer Gemüsezüchtung
3572 St. Leonhard am Hornerwald 69
www.reinsaat.co.at

Adressen für politisches Engagement zum Schutz des Saatguts und der Kulturpflanzenvielfalt
www.saveourseeds.org
www.bantam-mais.de
www.keine-gentechnik.de

„Es ist besser, eine Kerze anzuzünden, als über die Dunkelheit zu klagen."

(chinesisches Sprichwort)

Wussten Sie,

... dass über 67 % des kommerziellen Saatgutmarktes weltweit von nur zehn großen Agrarkonzernen beherrscht wird?

... dass der Ökolandbau bisher überwiegend von konventionellen Sorten abhängig ist, die aus konventionellen Zuchtgärten stammen?

... dass die Ernährungsqualität unserer Getreide- und Gemüsesorten auch von den Zuchtmethoden beeinflusst wird?

... dass die Entwicklung einer neuen Sorte mindestens zehn Jahre dauert und über 600 000 Euro kostet?

Daher fördert der Saatgutfonds der Zukunftsstiftung Landwirtschaft mit Hilfe vieler privater SpenderInnen, Unternehmen und Stiftungen die Züchtungsforschung von 26 ökologischen und biologisch-dynamischen Projekten.

Durch eine Spende tragen Sie zur ökologischen Weiterentwicklung des Kulturgutes Saatgut bei. Natürlich ohne Gentechnik und Patente. Denn über die zukünftigen Lebensmittel für unsere Kinder und Enkel sollten nicht nur die weltweit agierenden Agrarkonzerne bestimmen.

Spendenkonto
Zukunftsstiftung Landwirtschaft
Konto-Nr. 30 005 412
GLS Bank (BLZ 430 609 67)
Vermerk / Stichwort: sgf

Zukunftsstiftung Landwirtschaft

44789 Bochum, Christstraße 9, Tel. 0234–5797172

www.saatgutfonds.de oder www.zs-l.de

In der Reihe «entwürfe» sind bisher folgende Titel erschienen:

(16) **Christine Gruwez:** Zeitgenosse werden. Ein manichäischer Übungsweg

(15) **Lorenzo Ravagli:** Gespaltenes Antlitz. Amerika auf der Suche nach seiner Identität

(14) **Wilhelm Neurohr:** Ist Europa noch zu retten? Wie die EU den Europagedanken verfälscht

(13) **Kilian Hattstein:** Sympathie – Antipathie – Empathie

(12) **Jens Bjørneboe:** Der Mensch ist unsichtbar

(11) **Kai Ehlers:** Grundeinkommen für alle. Sprungbrett in eine integrierte Gesellschaft

(10) **Jens Loewe:** Das Wasser-Syndikat

(09) **Kai Ehlers:** Asiens Sprung in die Gegenwart

(08) **Udi Levy:** Zum Frieden bereit? Spirituelle Impulse des Judentums für eine Verständigung im Nahen Osten

(07) **Günter Kollert:** Die Apokalypse des Denkens

(06) **Andreas Laudert:** Würde

(05) **Friedrich Schiller:** Was heißt und zu welchem Ende studiert man Universalgeschichte?

(04) **Kai Ehlers:** Russland: Aufbruch oder Umbruch?

(03) **André Bjerke:** Das Ärgernis Rudolf Steiner

(02) **Hendrik Vögler/Johannes Stüttgen/Wilfrid Jaensch:** Dazwischen der Mensch

(01) **Peter Normann Waage:** Islam und die moderne Welt